KB040665

동물에게
배우는
노년의 삶

동물에게
배우는
노년의 삶

늙은 동물은
무리에서
어떻게 살아가는가

앤 이니스 대그 지음
노승영 옮김

시대의창

늙은 동물은 무리에서 어떻게 살아가는가
동물에게 배우는 노년의 삶

초판 1쇄 2016년 7월 1일 발행
초판 4쇄 2022년 5월 23일 발행

지은이 앤 이니스 대그
옮긴이 노승영
펴낸이 김성실
교정교열 김태현
책임편집 박성훈
제작 한영문화사

펴낸곳 시대의창   **등록** 제10−1756호(1999. 5. 11)
주소 03985 서울시 마포구 연희로 19−1
전화 02)335−6121   **팩스** 02)325−5607
전자우편 sidaebooks@daum.net
페이스북 www.facebook.com/sidaebooks
트위터 @sidaebooks

ISBN 978−89−5940−616−6 (03490)

잘못된 책은 구입하신 곳에서 바꾸어드립니다.

이 도서의 국립중앙도서관 출판시도서목록(CIP)은
서지정보유통지원시스템 홈페이지(http://seoji.nl.go.kr)와
국가자료공동목록시스템(http://www.nl.go.kr/kolisnet)에서 이용하실 수 있습니다.
(CIP제어번호: CIP2016014672)

노우老友
메리 F. 윌리엄슨과
로즈메리 A. 로에게

일러두기

병기한 로마자 가운데 동물 학명은 괄호 속에 이탤릭체로 표기했습니다.

감사의 글

원고의 일부를 읽어주거나 앞서 발표된 연구와 늙은 동물에 대한 정보를 보내주어 이 책의 집필에 이바지한 모든 이에게 감사하고 싶다. 그중에서도 앨런 케언스, 웬디 캠벨, 버니스 그랜트, 하이디 리베스만, 베브 소여, 일레인 심, 앤 젤러에게 감사한다. 또한 워털루 대학, 키치너 공립 도서관, 워털루 공립도서관의 트렐리스 3대학 공동 시스템에 속한 훌륭한 지역 도서관과 사서에게 감사한다. 이 책에 담을 정보를 수집하는 것은 쉬운 일이 아니었다. 자기 저서의 찾아보기에 '노년old age' 항목을 수록한 연구자와 저자에게 특별히 사의를 표한다. 여러분은 귀한 사람들이다. 고개 숙여 감사한다.

　마지막으로, 존스홉킨스 대학 출판부에서 일하는 사람들을 언급하고자 한다. 편집장 빈센트 버크 박사는 내가 책의 자료를 정리할 때 진심 어린 격려와 현명한 조언을 해주었고, 캐슬린 케이펄스는 매 장을 꼼꼼히 교정하고 범고래 이브의 행동을 이해할 수 있는 실마리를 제시했으며, 데버러 보어스는 이 책의 최종 작업에서 유용한 조언과 지도를 해주었고, 로빈 레닌슨과 브렌던 코인은 효율적이고 즐겁게 의견을 교환했다.

차례

머리말

이 책은 야생이든 포획 상태이든, 다른 개체와 교류할 수 있을 만큼 넓은 지역에서 살아가며 전성기가 지난 포유류와 조류의 사회적 행동을 다룬 책이다. 작은 우리에 갇힌 동물이나 연구 시설의 실험동물은 다루지 않았다.

우리는 늙은 사람을 쉽게 구별한다. 경로 할인을 받으려는 노인에게 신분증을 보여달라고 요구하는 경우는 거의 없다. 늙은 사람은 대체로 백발이며 그 밖에도 여러 신체적 단서가 있다.

그렇다면 주름살이나 점 같은 노화의 표시가 털이나 깃털에 가려 보이지 않는 동물은 늙었다는 것을 어떻게 알 수 있을까? 늙은 동물은 '살아갈 날이 얼마 남지 않은 동물'로 정의되지만, 동족 집단에서 이들을 구별하기란 쉽지 않은 일이다. 실제로 야생동물에 대한 대부분의 동물 행동 연구에서는 늙은 개체를 전혀 언급하지 않는다. 나는 동료들과 함께 여러 해 동안 야생에서 수집한 데이터와 출간된 모든 문헌 정보를 바탕으로 기린과 낙타에 대한 책을 출간했는데, 거기서도 늙은 동물에 대해서는 언급할 것이 거의 없었다. 당시에는 이 빈자리를 전혀 알아차리지 못했다.

스트러세이커는 붉은콜로부스원숭이red colobus monkey의 행동에 대한 방대한 연구에서 이 종의 개체를 어린 유아, 유아, 나이 든 유아, 어린 청소년, 청소년, 나이 든 청소년, 준準성체, 근近성체, 성체로 분류했다. '늙은 성체'라는 범주는 없었다.

과학자뿐 아니라 일반인들도 이 주제에 관심이 없기는 마찬가지였다. 2005년에 나는 노인 400명이 구독하는 소규모 소식지에 늙은 동물의 행동에 대해 알려줄 사람이 있는지 문의한 적이 있다. 많은 이들이 자기만큼 늙은 반려동물과 함께 살고 있었지만 일화를 들려준 사람은 아무도 없었다.

최근까지도 사람들은 야생동물이 늙을 때까지 살지 못하고 사고나 질병으로 죽거나 포식자에게 잡아먹힌다고 생각했다. 따라서 예전 책과 논문에는 나이 든 개체에 대해 얻을 수 있는 정보가 거의 없다. 이름난 박물학자 어니스트 시턴 톰프슨(훗날 자신을 톰프슨 시턴으로 불렀다)은 《아름답고 슬픈 야생동물 이야기》(푸른숲주니어, 2006)에서 "야생동물의 삶은 항상 비극적으로 끝나"며 "야생동물은 늙어서 자연사하는 법이 없다"고 말했다.

이제는 구글 같은 인터넷 검색엔진을 이용하여 방대한 정보를 찾을 수 있지만, '늙은 동물old animals'이나 '나이 든 동물aged animals'이라는 검색어를 입력하면 '구세계Old World' '고대 영어Old English' '3개월 된 새끼

고양이kittens aged 3 months '‘숙성시킨 치즈aged cheese' 같은 정보만 잔뜩 나온다.

이 책에 담긴 정보는 동물에 대한 수많은 책과 논문에서 뽑은 것으로, 그중에서도 동물원 사육사, 야생동물학자, 동물을 연구하거나 순수하게 좋아하는 개인이나 단체가 쓴 글이 가장 유익했다. 하지만 이런 책들을 찾아내기란 여간 힘든 일이 아니었다. '노년'이나 '나이 든 동물' 같은 단어가 찾아보기에 들어 있는 경우는 거의 없기 때문이다. 나는 최신 정보를 얻기 위해 2000년부터 2007년 중엽까지 출간된《미국 동물생태학 저널American Journal of Animal Ecology》,《미국 인간생물학 저널American Journal of Human Biology》,《미국 체질인류학 저널American Journal of Physical Anthropology》,《미국 영장류학 저널American Journal of Primatology》,《미국 박물학American Naturalist》,《동물 행동Animal Behaviour》,《행동생태학과 사회생물학Behavioral Ecology and Sociobiology》,《행동Behaviour》,《캐나다 동물학 저널Canadian Journal of Zoology》,《현대 생물학Current Biology》,《생태학Ecology》,《생태학 논총Ecological Monographs》,《국제 영장류학 저널International Journal of Primatology》,《포유류학 저널Journal of Mammalogy》,《네이처Nature》,《오이콜로기아Oecologia》,《영장류Primates》,《계간 생물학 리뷰Quarterly Review of Biology》,《사이언스Science》 등의 학술지에서 관련 데이터가 실린 논문을 검색했다.

머리말에서는 나이 든 동물에 대한 통념을 살펴본 뒤에 나이 든 동물의 사회적 행동에 대한 정보를 수집할 때 빠지기 쉬운 편견을 지적할 것이다. 이 책(영어판)에서는 나이 든 야생동물을 언급할 때 old가 아니라 older라는 단어를 쓰는데, 그 이유는 늙은 동물의 나이를 정확히 알기 힘들기 때문이다.

동물의 노화에 관한 10가지 사실

1. 동물원의 동물이 대체로 야생동물보다 오래 사는 이유는 잡아먹히거나 먹이와 물이 부족할 염려가 없기 때문이다. 하지만 범고래나 코끼리 같은 대형 포유류는 그렇지 않다. 코끼리는 야생에서 60~70년을 살 수 있지만 가둬놓으면 대체로 40대에 죽는다.

2. 늙은 동물은 젊을 때보다 느리고 굼뜨며 관절염, 당뇨병, 암, 심장병, 정신착란을 비롯한 건강 문제를 겪을 수 있다. 존 그로건이 늙은 개 말리를 묘사하면서 언급했듯, 늙은 동물은 귀가 먹고 눈이 어두울 뿐 아니라 털이 빠지고 오줌을 지리고 엉덩이 관절염 때문에 잘 일어서거나 눕지 못하고 이빨이 썩거나 부러지고 소심해지며 걸핏하면 꾸벅꾸벅 존다. 사람뿐 아니라 동물도 늙으면 골다공증에 걸릴 수 있다. 늙은 침팬지 암컷 한 마리는 골밀도가 사람의 골다공증 진단 수치보다 낮았다. 골절을 면한 것은 자세와 보행 방식, 몸통과 엉치뼈의 구조 덕분인 것으로 추정된다. 사람도 늙으면 같은 문제를 겪을 수 있지만, 모두가 그런 것은 아니다. 50대 여성 운동선수가 장거리 달리기에서 20대 선수를 이기기도 한다. 여성은 젊을수록 신체 능력이 뛰어나지만, 나이가 들면 마음가짐이 달라져 신체적 에너지뿐 아니라 정서적 에너지와 정신적 에너지를 활용할 수 있다.

3. 늙은 포유류는 곧잘 여위며 털이나 머리털이 회색이나 흰색으로 바랜다. 표범은 나이 들면 무늬 색깔이 바래는 경향이 있지만, 늙은 기린은 한창때보다 무늬가 짙어진다. 늙은 새의 깃털은 젊은 성체와 비슷하다. 예컨대 늙은(11세) 벼랑제비cliff swallow는 여느 성체와 똑같아 보였다.

4. 암컷과 수컷은 평균 수명이 매우 다를 수 있다. 이를테면 범고래 수컷은 수명이 약 40년이지만 암컷은 50대까지 사는 경우가 많다.

5. 건강한 포유류 암컷이 전보다 새끼를 적게 낳으면 나이가 든 것으로 (생식 노화reproductive senescence), 생식이 완전히 끝나면 확실히 늙은 것으로 규정한다. 하지만 예외도 있다. 아시아코끼리 테라는 대부분의 코끼리가 생식을 중단하는 시기보다 10년 뒤인 60대 중반에 새끼를 뱄다. 나이로비 국립공원의 나이 든 사자 한 마리는 2년 동안 새끼가 없어서 불임인 줄 알았는데 그 뒤에 새끼를 낳았다. 늙은 붉은원숭이rhesus monkey 암컷 수백 마리를 연구한 데이터에 따르면, 나이가 들면서 어김없이 수정 능력이 감소했지만 사람처럼 완전히 폐경이 되는(즉, 배란이 영구적으로 중단되는) 경우는 드물었다. 포유류, 조류와 달리 어류, 양서류, 파충류 암컷은 상당수가 평생 동안 계속 자라며 해마다 몸이 커질수록 새끼를 더 많이 낳는다. 대다수 종에서 암컷은 죽을 때까지 새끼를 낳는다.

6. 건강한 수컷은 늙으면 생식이 멈출 수 있다. 늙은 야생 늑대 한 마리는 고환이 쪼그라들었으며 더는 고환에서 정자를 생산하지 않았다. 오스트레일리아 시드니에 있는 타롱가 동물원에서 장수한 수컷 기린 얀 스머츠는 목과 얼굴이 여위고 무늬가 거의 까매서 나이 든 티가 났으며 주위의 암컷과 짝짓기를 하지 않았기 때문에 젊은 수컷 오이글이 자리를 물려받았다.

7. 작은 동물은 일반적으로 큰 동물보다 수명이 짧으며, 장수는 대사와 어느 정도 연관성이 있다. 보통 65세까지 사는 코끼리는 평균 심박수가 분당 25회 이내인 반면 1~2년밖에 못 사는 가면뒤쥐masked shrew는 평균 심박수가 분당 약 1,300회나 된다. 식충 박쥐는 활동할 때는 심장이 빨

리 뛰지만 수명이 가면뒤쥐보다 10배가량 긴데, 이는 하루의 대부분을 잠으로 보내기 때문이다.

8. 장수는 적응적 형질로, 비행 능력(일부 경우), 등딱지(거북과 아르마딜로), 지하 생활(두더지와 두더지쥐mole rat) 같은 고유한 특징과 양의 상관관계가 있다. 앵무새는 50년을 살 수 있는 반면에 거북은 약 175세까지 살 수 있다. 갈라파고스 제도 출신으로 최근에 죽은 해리엇은 찰스 다윈이 영국에 데려갔다가 기후가 알맞은 오스트레일리아로 보낸 거북이다. 알을 낳는 포유류인 가시두더지echidna는 원시 포유류이지만 수명이 매우 길어서 50세까지 살기도 한다. 인간은 몸집에 비해 수명이 예외적으로 길어서, 여느 영장류보다 훨씬 오래 산다.

9. 개의 경우 그레이트데인이나 콜리 같은 대형견은 수명이 8~10년으로 짧은 반면, 소형견은 보통 훨씬 오래 산다. 몸무게가 9킬로그램인 개 중에서 케른 테리어는 수명이 13~14년이며 미니어처 푸들은 15~16년인데, 캐벌리어 킹 찰스 스패니얼은 11~12년밖에 안 된다.

10. 연구자들이 어느 지역에서 연구하느냐에 따라 노년의 기준이 달라지기도 한다. 탄자니아 곰베에서 제인 구달은 늙은 침팬지를 33세 이상으로 정의했지만, 인근 마할레 산맥의 연구 지역에서는 41세 이상을 노년으로 간주했다.

이 책에서는 경우에 따라 나 자신의 판단을 기준으로 노년을 정의해야 했으나 일반적으로는 해당 저자의 판단을 따랐다. (이 방식은 종에 대한 다윈의 합리적인 정의와 닮았다. 다윈이 말하는 종이란 '해당 생물군의 전문가가 종으로 정의하는 것'이다. 처음에는 엄밀성이 결여된 듯한 이 말에 경악했지만, 지금은 다윈의 정의가 퍽 실용적이라고 생각한다. 그 동물을 연구하는 사람보다 더 나은 판단을 내릴 수 있는 사람이 어디 있겠는가?)

　물론 죽음을 앞둔 노령의 동물은 나이 들었음을 대체로 쉽게 알아차
릴 수 있다. 이런 동물은 이빨이 부러지거나 빠져서 먹이를 제대로 먹지
못하며, 이 때문에 죽는 경우도 많다. 또한 외톨이가 되는 경향이 있다.
먹이를 찾을 때 집단의 속도를 따라잡지 못하거나(코끼리) 나이 때문에
집단에서 쫓겨나기도 한다(하이에나). 같은 종 내의 비교 연구를 언급하
자면, 붉은원숭이를 모든 연령에 걸쳐 600마리 넘게 검사해보니 시력,
근육, 뼈에서 나이와 연관된 변화가 나타났다.

늙은 동물의 사회적 행동에 대한 편향된 정보

인간에게 살해되는 늙은 동물

조이스 풀의 매혹적인 책《코끼리와 어른이 되다 *Coming of Age with Elephants*》
(1996)는 아프리카에서 자라 고작 열아홉 나이에 케냐에서 코끼리 연구
를 시작한 저자 자신의 이야기다. 풀은 수천 일 동안 암보셀리 국립공원
을 차로 달리며 코끼리를, 특히 수컷을 관찰하고 이들의 행동을 기록했
다. 그리하여 몇 년 지나지 않아 멘토인 신시아 모스와 함께 사진과 컴
퓨터용 카드를 이용하여 수컷 어른 164마리, 암컷 어른과 새끼 451마
리 등 공원의 모든 코끼리를 크기, 엄니 모양, 귀 형태(크기, 가장자리 모
양, 뜯긴 모양, 구멍) 등의 특징으로 하나하나 식별할 수 있었다. 풀은 암보
셀리 국립공원에 천막을 치고 총 14년을 지내면서 대학원 연구 과제로,
또한 암보셀리 코끼리 프로젝트의 일환으로 수컷 코끼리를 연구했다.

1995년이 되자 수컷 개체 수는 450마리로 늘었다.

나는 한껏 들떴다. 늙은 코끼리의 행동을 알려주는 금광을 찾은 기분이었다. 풀과 모스는 틀림없이 이 코끼리 중 수십 마리를 오랫동안 관찰했을 터였다. 신나서 풀의 책을 펼쳤다. 아뿔싸! 헛다리 단단히 짚었다. 풀이 연구를 시작한 1975년에는 암보셀리 국립공원에서 밀렵이 성행하여 덩치 크고 나이 많은 코끼리는 상아를 얻기 위해 도살되었다. 풀은 자기가 알고 있는 수컷 68마리의 사진을 훑어보았는데, 큰 수컷은 하나도 남아 있지 않았다. 야생 상태의 어른 코끼리는 수명이 65년 정도지만, 암보셀리 국립공원에서는 어림도 없었다. 수컷 68마리 중에서 30세가 넘은 것은 여덟 마리뿐이었으며 40세가 넘은 것은 이언(M13) 한 마리뿐이었다. 1995년이 되자 그중 여섯 마리만이 생존해 있었다.

늙은 수컷의 행동에는 어떤 특징이 있을까? 이들은 가부장일까? 코끼리 사회에서 중요한 존재일까? 안타깝게도 이런 질문에 답하기에는 데이터가 부족하다. 코끼리를 도태하고 상아를 얻으려 밀렵한 탓에 아프리카의 많은 나라에서는 늙은 수컷이 한 마리도 없으며 이 때문에 자연적 개체 수가 유지되지 않는다. 밀렵과 도태를 억제하더라도, 코끼리 떼가 농지 근처를 돌아다니는 곳에서는 지금도 말썽이 생기고 코끼리가 죽임을 당하고 있다. 늙은 코끼리는 먹이 찾는 데 경험이 많고 대담하여 농작물을 짓밟기 때문이다.

자이르(콩고민주공화국)에서는 상아를 얻기 위해 코끼리를 죽이는 행위가 1977년에 금지되었으나 농작물을 약탈한다는 이유로 (심지어 농작물을 재배하지 않는 곳에서도) 여전히 코끼리를 죽이고 있다. 최근 조사에서는 코끼리 6,500마리의 상아가 발견되었는데, 늙은 코끼리는 엄니가 크기 때문에 주요 표적이 된다.

중앙아프리카공화국에서는 오래전부터 상아를 얻으려고 코끼리를 죽였는데 나이가 가장 많은, 따라서 가장 큰 코끼리가 제일 먼저 살해된다. 1986년, 농작물을 약탈한다는 핑계로 사살된 코끼리에게서 얻은 엄니 수천 개를 조사했더니 35세가 넘은 코끼리의 것은 하나도 없었다. 늙고 노련한 코끼리가 농작물에 가장 큰 피해를 끼치므로, 이 나라에는 중년을 넘은 코끼리가 거의 또는 전혀 없는 듯하다.

남획에 시달리기는 고래도 마찬가지다. 상업적 포경이 시작되기 전에는 대형 고래가 60~70대까지 생존했고 소형 북극고래bowhead whale와 향고래sperm whale는 훨씬 오래 살았다. 하지만 그 뒤로 포경 기술이 발전하면서 포경선들은 고래를 수천 마리, 아니 수백만 마리씩 더욱 손쉽게 살육했다. 1986년에 전 세계적으로 상업적 포경을 금지하고서야 고래잡이가 전반적으로 중단되었다. 덩치가 큰 고래일수록 짭짤한 표적이기 때문에 오늘날에도 늙은 고래보다 젊은 고래가 더 많다. (일본이나 노르웨이 같은 나라는 포경 금지에 대한 국제적 합의를 외면한 채 '연구'에 필요하다며 아직도 고래를 학살하고 있다.) 현재 고래 무리의 행동은 틀림없이 이러한 남획에 영향을 받았을 테지만, 어떤 영향을 받았는지는 알 수 없다. 인간이 대형 포유류의 생태에 계속해서 개입하는 한 많은 대형 포유류의 자연적 행동을 온전히 이해하기는 난망할 것이다.

자료를 찾기 힘든 10가지 이유

늙은 동물의 사회적 행동에 대한 정보가 편향되고 좀처럼 관찰되거나 보고되거나 이해되지 않는 데는 그 밖에도 여러 이유가 있다.

1. 경제적, 학술적, 오락적 이유로 사람들이 관심을 가지는 동물을 제외하면 동물의 나이를 판단할 방법이 거의 고안되지 않았다. 가축 수의학 책에는 늙은 동물에 대한 정보가 실려 있지 않다. 천수를 다하는 가축이 사실상 전무하기 때문이다. 식용으로 사육되는 동물은 성체 초기에 도살되며, 북아메리카에서는 열다섯 번째 생일이 지난 경주마는 출전 자체가 금지되어 있다.

2. 대부분의 동물은 동물행동학자의 연구 대상이 된 적이 없기 때문에 늙은 개체의 행동은 고사하고 일반적인 습성에 대해서도 알려진 바가 거의 또는 전혀 없다.

3. 어떤 동물 개체군에서든 늙은 개체는 소수에 불과하다. 이를테면 제인 구달이 연구한 침팬지 중에서 늙었다고 간주된 개체는 12퍼센트 정도였으며, 30년의 연구 기간 동안 "겉보기에 늙은 티가 나는" 침팬지는 암컷 세 마리와 수컷 여섯 마리에 불과했다.

4. 사회적 동물이 아닌 경우에는 연구 대상이 되었더라도 구성원의 사회적 행동에 대해 알려진 바가 사실상 전혀 없다. 이런 종에 속한 개체들은 좀처럼 상호작용을 하지 않는 경우가 많기 때문이다.

5. 일부 종은 (대체로 알려지지 않은) 과거의 임신 경험이 노화와 연관되어 있다. 북방쇠박새willow tit의 경우 해마다 새끼를 낳는 암컷은 일찌감치 번식을 중단하는 암컷보다 일찍 늙고 일찍 죽는다. 이와 비슷하게, 젊을 때 알을 적게 낳은 붉은부리까마귀red-billed chough 암컷은 알을 많이 낳은 암컷보다 오래 산다.

6. 야생의 소형 포유류는 노년까지 사는 경우가 드물며 이들의 행동을 관찰하는 것은 불가능에 가깝다. 하지만 실험실에서의 연구를 통해 이

들 동물도 나이가 들면서 행동이 변화함을 확인할 수 있다. 이를테면 포획 상태의 늙은 쥐는 젊은 쥐에 비해 움직임이 감소했으며 정서적, 사회적 행동에서도 차이가 났다. 조류는 포유류와 달리 새끼일 때 가락지를 달아두고 나중에 새그물로 잡아서 나이를 알 수 있다(2장 참고). 전 세계에서 2억 마리가량의 새가 가락지를 차고 있으나 그중 다시 포획된 새는 얼마 되지 않는다.

7. 이 책의 상당수 정보는 불가피하게 일화적이다. 하지만 한 늙은 개체에 대한 관찰이 같은 종의 다른 개체에게도 반드시 적용되는 것은 아니다. 집단마다 내력도 다르다. 개코원숭이baboon 집단 하나를 관찰하고서 그것이 개코원숭이의 사회적 행동을 대표한다고 생각할 수도 있겠지만, 그러려면 그 집단이 과거에(심지어 먼 과거에) 무슨 일을 겪었는지도 알아야 한다. 과거의 내력이 현재의 행동에 반영되기 때문이다.

8. 포식자, 특히 늙은 포식자는 인간이 배출한 독성 화학물질이 몸속에 축적되어 있다. 북아메리카 서해안의 퓨젓사운드 만에서 죽어가던 범고래 세 마리는 PCB(폴리염화바이페닐) 수치가 각각 250ppm, 370ppm, 661ppm이었다. 미국 식품의약국 기준에 따르면 사람이 섭취할 수 있는 어류의 PCB 허용량은 2ppm이다. 환경에 존재하는 내분비계 교란 화학물질은 야생동물에게서 이상 행동을 유발한다고 알려져 있다.

9. 종에 따라 다르지만 나이를 측정하는 방법이 늘 정확한 것은 아니며, 섭식이나 극단적 기후 조건도 영향을 미칠 수 있다. 우간다의 워터벅 waterbuck 암컷은 12년 넘게 사는 일이 드물지만, 이빨이 유독 튼튼한 암컷 한 마리는 18세까지 살았다. 이에 반해 늙은 침팬지 플로는 이빨이 잇몸까지 닳았는데도 8년을 더 살았다.

10. 야생에서는 다 자란 동물이 몇 살인지 알아내는 것이 대체로 힘들지만, 야생동물 전문가가 새끼에게 꼬리표를 붙이거나 이빨이나 뿔의 나이테를 세는 등의 측정 방법을 고안했다면 나이를 알 수도 있다. 바버라 스머츠가 관찰한 개코원숭이는 겉모습만 보고 나이를 파악하는 것이 불가능했는데, 특히 수컷이 더 그러했다. 1977년에 수컷 개코원숭이 보즈는 어른이 된 지 1년이 지났고, 알렉산더와 셜록은 몸이 거의 다 자란 준성체(약 8세)였다. 그로부터 6년 뒤 보즈는 몸무게 약 24킬로그램에 목과 어깨에 털이 수북한 것이 예전과 거의 똑같아 보였지만, 나머지 두 마리는 움직임이 굼뜨고 힘겨워 보였으며 아래턱이 늘어지고 얼굴에 흉터가 나 있는 등 늙어 보였다. 송곳니도 심하게 닳거나 부러졌다. (10장에서 보겠지만 보즈와 알렉산더는 친한 친구 사이가 된다.)

무엇보다 중요한 사실은 동물 행동을 연구하는 동물학자들이 대체로 새끼 낳는 일을 진화적 측면에서 바라보려 한다는 것이다. 이들은 '누가 가장 건강한 새끼를 낳는가?'나 '이 형질을 가진 개체가 저 형질을 가진 개체보다 새끼를 더 많이 낳는가?' 같은 문제에만 주목할 뿐 '더는 번식하지 않는 동물은 어떤 특징이 있을까?'라는 질문에는 관심을 두지 않는다. 하지만 이 질문을 무시해서는 안 된다.

동물 행동을 연구하는 과학자들은 동물에게도 사람과 마찬가지로 감정과 정서가 있다는 데 전반적으로 동의한다. 마크 베코프는 이렇게 말했다. "이구아나는 쾌락을 추구하고, 고래는 사랑에 빠지고, 코끼리는 외상후 스트레스 장애로 고통받고, 화난 개코원숭이는 다른 개코원숭이를 때리고, 물고기는 감각을 느끼고, 앞을 보는 개는 친구를 위해 맹도견 노릇을 합니다." 이는 한 동물의 행동이 종 전체를 대표한다고 생각해서는 안 되는 이유이기도 하다. 또한 윤리적 관점에서 이는 동물을 감각 있는 존재로 대해야 한다는 것을 의미하는데, 동물마다 이름을 불러주면 그렇게 대하는 데 도움이 된다. 이 책(영어판)에서는 동물을 가리킬 때 가능하다면 지시대명사 it이 아니라 인칭대명사 he, she, who, whom을 썼다.

1장
진화적 문제

EVOLUTIONARY MATTERS

• 이 장에 나오는 주요 동물

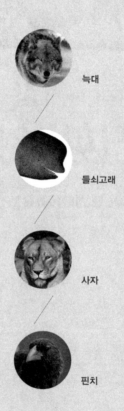

늑대

들쇠고래

사자

핀치

동물의 행동을 연구하는 동물학자는 동물의 행동과 적응을 분석하여 그러한 특징이 어떻게, 왜 발달했는지 알아낸다. 동물이 진화한 이유는 종의 번식 가능성을 높이기 위해서다. 동료에 비해 새끼를 많이 낳을수록 자신의 유전자가 생존할 가능성이 커지기 때문이다. 하지만 대다수 포유류와 조류에서 늙은 동물은 더는 번식하지 않거나 젊은 동물보다 번식이 느리다. 번식은 진화론의 주춧돌이다. 그렇다면 노년에 이른 사회적 동물의 삶이 진화적으로 중요할 수 있을까? 진화적 관점에서는 늙어서 식량을 축내기보다는 차라리 죽는 편이 더 현명한 선택일 것이다. 하지만 동물이 늙어서도 살아가는 것을 보면 무언가 진화적 이유가 있음이 틀림없다.

늙은 사회적 동물이 집단에 꼭 필요한 이유는 두 가지다. 첫째, 후손에게 물려줄 훌륭한 유전자를 가지고 있다. 둘째, 환경과 문화에 대한 풍부한 경험을 젊은 구성원에게 나누어줄 수 있다. 노년의 이러한 측면들은 서로 긴밀하게 연결되어 있는데, 이 장에서는 네 부분으로 나누어 설명할 것이다. 첫째, 노년까지 살아남은 동물은 성격 유전자를 비롯하여 전반적으로 훌륭한 유전자를 가지고 있음이 틀림없다. 사람과 마찬가지로 야생동물의 성격도 성년과 노년에 가장 온전하게 발달할 것이다. 늙은 동물은 방대한 지식을 어린 구성원에게 전해줄 수 있는데, 이는 집단 전체가 힘든 시기를 이겨내고 번성하는 데 필수적이다. 둘째, 일부 종에서 암컷이 번식 가능 연령을 훌쩍 넘기고도 살아가는 것을 보면, 어떤 이유에서든 이 늙은 암컷들이 중요하다고 짐작할 수 있다. 그렇지 않다면 어린 새끼를 기르는 데 요긴하게 쓸 수 있는 자원을 그들이 소모하는 것이 용납되지 않을 테니 말이다. 셋째, 일부 유전자는 나이든 동물의 행동에 영향을 미쳐 집단 전체에 긍정적 결과를 가져온다. 넷째, 상당수 늙은 동물은 족벌성nepotism이나 이타성altruism을 발휘하여 어린 친족의 삶을 개선함으로써 자기 유전자의 생존 가능성을 높인다.

성공 사례로서의 늙은 동물

늙은 동물은 대부분 동료들이 오래전에 죽었는데도 살아남았으니 승자일 수밖에 없다. 이들에게는 좋은 유전자가 있다.[1] 사고, 기근, 가뭄, 집단 내의 공격, 포식자의 공격 등 자신의 종에게 닥친 온갖 위험을 이겨내고 살아남았기 때문이다. 늙은 동물은 더 이상 번식에 관심이 없을 수도 있으나 대개는 이미 자신의 유전자를 물려받은 자손을 많이 두고 있다. 이들은 자신의 자손과 동료의 자손에게 롤모델이자 멘토이다.

사회적 종에 속하는 늙은 동물 중 일부는 진화적으로 특별히 중요한데(성격은 대체로 유전된다), 자신의 유전자를 다음 세대에 물려주는 데 다른 늙은 동물보다 훨씬 성공적이었기 때문이다. 종이 진화하는 이유는 변화하는 환경에 더 적합하도록 시간이 흐르면서 일부 개체의 DNA가 달라지기 때문이다. 이들은 남들보다 자손을 더 많이 남겨 자신의 DNA를 널리 퍼뜨림으로써 훗날 자기 종의 전형이 된다. 이를테면 다이앤 포시가 연구한 인기 많은 수컷 고릴라 베토벤은 늙어 죽을 때까지 자식을 19마리 넘게 남겼으며 아들 이카로스와 지즈, 파블로가 그의 역할을 물려받았다. 베토벤의 자식 중 상당수가 무리를 떠나 그의 유전자를 널리 퍼트렸다. 우두머리 암컷 에피도 베토벤처럼 커다란 유전적 영향력을 행사했다. 에피가 자연사했을 때 적어도 일곱 마리의 자식이 살아 있었다. 자식들은 새끼를 낳았고, 이 새끼들 또한 번식했다.

자신의 유전자를 퍼트리는 데 놀랄 만큼 성공을 거둔 또 다른 암컷인 캐나다 늑대Canadian wolf 9번은 1995년과 1996년에 다른 늑대 30마리와 함께 (늑대Canis lupus가 멸종한) 옐로스톤 국립공원에 방사되었다. 9번은 적응 우리에서 방사를 기다리던 1995년에 같은 무리가 아니었던 늑대 10번과 짝짓기를 했다. 첫해부터 이런 희소식이 있을 줄은 몰랐던 동물학자들은 무척 기뻐했다. 안타깝게도 10번은 방사된 지 얼마 지나지 않아 총에 맞아 죽었다. 홀로 남은 9번은 공원 외곽을 헤매다 땅을 파고는 새끼 여덟 마리를 낳았다. 하지만 암컷 혼자서는 새끼를 키우기가 어렵다. 어미가 먹이를 사냥하러 떠나면 새끼들이 포식자에게 노출될 수밖에 없기 때문이다. 그래서 연구자들은 9번과 새끼들을 헬리콥터에 실어 옐로스톤에 있는 우리로 다시 데려갔다가 새끼들이 많이 자란 가을에 공원에 풀어놓았다. 그곳에서 9번은 다행히도 힘센 수컷 8번과 짝을 맺어 8번은 새끼들의 새아버지가 되었다. 9번은 새로운 무리의 으뜸 암컷 alpha female이었다.[2]

9번과 8번은 그 뒤로 4년 동안 네 차례나 새끼들을 낳아 성공적으로 길렀으며, 1999년에 DNA 검사를 해보니 옐로스톤 늑대의 79퍼센트가 유전적으로 9번과 연관되어 있었다. 2000년이 되자 9번은 검은 털이 회색으로 바랬고 마지막으로 낳은 새끼들은 모두 죽었다. 9번은 8~9세로, 야생에서도 늙은 축에 들었다. 9번이 옐로스톤 늑대의 번성에 끼친 공로를 기리기 위해 동상을 세우자는 이야기가 나오기도 했다.

6년 뒤 9번의 무선 송신 장치 목걸이에 내장된 전지가 마침내 방전되었을 때 9번은 꼬리에 검은색이 약간 남아 있을 뿐 온몸이 눈처럼 희었다. 동물학자들은 9번에게 목걸이를 새로 걸어주지 않았다. 르네 애스킨스는 《그림자산Shadow Mountain》에 이렇게 썼다. "(9번은 마침내) 미스터리로 돌아갈 수 있었다. 인간의 간섭에서 벗어나 인간의 선한 의도를 뿌리치고, 자신이 원래 있던 빛과 그림자 속으로 들어갈 수 있었다. 옐로스톤 늑대의 어머니가 죽을 때 어디서 어떻게 죽는지 우리가 결코 알지 못했으면 좋겠다. 그래야 마땅하다."

한 마리가 왕성하게 번식할 수는 있지만, 그렇다고 해서 그의 유전적 계통이 늘 승승장구하는 것은 아니다. 조너선 와이너는 피터 그랜트와 로즈메리 그랜트의 21년에 걸친 핀치(되샛과) 연구를 담은 책 《핀치의 부리》(이끌리오, 2002)에서 가락지를 달아 눈으로 알아볼 수 있는 수백 마리 핀치 중 한 마리인 '잘난 새'를 묘사한다. 몸집이 참새만 한 이 녀석은 13세로, 갈라파고스 다프네 섬에 서식한 수천 마리 핀치 중에서 가장 나이가 많은 축에 들었다. 하지만 피터 그랜트 말마따나 "근처에서 돌아다닐 자손은 한 마리도 없을 것"이었다. "번식기에 새끼를 한 마리도 낳지 않았"기 때문이다. 잘난 새는 아버지가 된 적은 많지만 할아버지는 한 번도 되지 못했다. 잘난 새가 늙어 죽자 그의 혈통은 대가 끊겼다. 아들은 아버지의 노래를 부르므로, 잘난 새의 가락은 다시는 들을 수 없을 것이다.

쌍둥이 연구에 따르면 (뇌가 큰) 인간의 성격 특질은 20~50퍼센트가 유전에 바탕을 두고 나머지는 경험과 환경에 의해 형성되는 듯하다. 이에 반해 특정 행동을 하도록 교배된 순종 개는 성격 특질 중에서 고정된 특질의 비율이 훨씬 클 것이다. 래브라도는 대체로 온순하고 아이들에게 다정한 반면에 로트바일러와 핏불은 호전적인 견종으로 간주된다(물론 주인을 잘 만나면 온순할 수도 있지만). 야생동물의 성격에서 유전이 차지하는 비중은 이 두 가지 극단의 중간일 것이다. 피터 스타인하트는 《늑대와 더불어*In the Company of Wolves*》에 이렇게 썼다. "부드러운 늑대가 있는가 하면 뻣뻣한 늑대가 있고, 군인이 있는가 하면 간호사가 있고, 철학자가 있는가 하면 싸움꾼이 있다." 옐로스톤의 같은 무리에 속한 늙은 늑대 중에서 42번은 상냥한 어미인 반면에 40번은 악랄한 폭군이었다(11장 참고). 동물의 성격은 경우에 따라 부모로서의 역할에 이로울 때도 있고 해로울 때도 있다. 그래서 늙은 동물에 대한 정보가 일화적일 때에는(연구가 많이 이뤄지지 않았기에 그럴 수밖에 없다) 한 동물의 행동이 그 종을 대표한다고 말할 수 없다.

독거성(그렇다고 비사회적이지는 않은) 종에서는 늙은 개체의 번식 성공률이 더 높을 수도 있다. 물수리osprey와 퓨마 등이 이에 해당한다. 게다가 일부 개체는 이례적 성공을 거두기도 한다. 13세 야생 암표범 움파지는 나이가 들어 사냥 솜씨가 예전 같지는 않았지만, 아홉 번 새끼를 낳고 그중 아홉 마리가 살아남아 독립하는 놀라운 번식 기록을 세웠다.

생식 연령이 지난 암컷의 중요성

인간, 일부 영장류와 고래를 비롯한 몇몇 종은 늙은 동물이 무척 중요하기 때문에 생식이 중단된 뒤에도 오랫동안 살아간다. 늙은 동물이 죽으면 젊은 친족에게 돌아갈 자원이 많아지므로, 진화론에서는 이러한 '임기 연장'에는 분명히 그럴듯한 이유가 있을 것이라고 가정한다. 생식 연령을 넘긴 암컷은 후손의 삶을 개선하는 데 이바지할 가능성이 있다. 이 '할머니 가설'은 12장에서 자세히 살펴볼 것이다. 일부 가축과 애완동물도 생식 연령을 넘겨 생존하지만, 인간이 지나치게 개입하기 때문에 자연적이라고 볼 수는 없다. 생식 연령이 지난 야생동물 수컷에 대해서는 정보가 거의 없다. 어떤 수컷이 새끼를 낳았는지는 고사하고 새끼를 낳긴 낳았는지조차 알 수 없기 때문이다.

할머니 가설의 한 예는 거두고래pilot whale 암컷으로, 이들은 생식이 끝나고도 여러 해를 더 산다. 수 세기 동안 일본 어부들은 고래를 무리째 도살했는데, 그중에는 들쇠고래short-finned pilot whale(*Globicephala macrorhynchus*)도 있었다. 1975년부터 1984년까지 스무 무리, 총 717마리가 도살되었다. 오스트레일리아의 헬렌 마시와 일본의 과학자 가스야 도시오는 고래의 가죽을 벗기는 현장에서 번식 상태와 나이에 대한 자료를 수집했다. 두 사람은 생식기를 조사하고 이빨의 나이테로 고래의 나이를 판단했다.

늙은 들쇠고래에서 얻은 자료는 놀라웠다. 바다에서 야생으로 살아가는 36세 이상 암컷 92마리 중에서 임신한 고래는 한 마리도 없었다. 암컷들은 63세까지 살았지만 마흔을 넘어서 배란한 경우는 하나도 없었다. 전체 개체군에서 성숙한 암컷의 4분의 1가량이 더는 번식하지 않는 것으로 추정되었는데, 이는 믿을 수 없을 만큼 높은 비율이었다. 아마도 이 늙은 암컷들은 먹잇감의 위치 등을 기억했기 때문에 무리에 꼭 필요했겠지만, 상당수는 어린 고래의 생존과 건강에 결정적으로 중요한 역할을 했을 것이다. 이 나이 든 어미들은 새끼 고래가 성숙할 때까지(암컷은 8세, 수컷은 13세가 될 때까지) 유모 노릇을 했다. 17년 동안 새끼를 돌본 암컷도 있었다. 젊은 암컷에 비해 30세 이상 암컷에서는 임신한 암컷보다 젖 먹이는 암컷의 비율이 훨씬 높았다.

연구자들은 암컷이 일찍 죽으면 새끼들이 위험해질 것이라고 추정했다(암컷은 새끼를 평생 4~5마리만 낳는다). 그래서 번식을 일찍 중단하면 마지막 새끼를 성공적으로 기를 가능성이 커진다.

그뿐 아니라 향고래 같은 거두고래는 먹이를 찾으러 물속 깊숙이 들어간다. 해군 과학자에게 훈련받은 거두고래는 명령에 따라 600미터 이상 내려갈 수 있다. 어미는 먹이를 구하려고 이렇게 깊숙이 내려갈 때 새끼를 버려두어야 한다. 수면 가까이에 머물러야 하는 새끼를 데려가는 것이 물리적으로 불가능하기 때문이다. 남은 새끼들은 생식 연령이 지난 암컷과 머물며 그들의 젖을 빤다. 따라서 늙은 암컷은 '거두고래 사회에서 꼭 필요한 존재'다.

나이 들면 켜지는 유전자가 있을까?

젊은 동물과 다르게 늙은 동물에게서만 작동하는, 꼭 필요한 유전자가 무엇인지 현재로서는 알 수 없다. 이를테면 아프리카물소African buffalo 같은 사회적 동물 무리의 연장자 수컷은 곧잘 외톨이가 된다. 하지만 이것이 무리에서 쫓겨나거나 이동 속도를 따라잡지 못해서일 가능성은 희박하다. 늙은 일본원숭이Japanese monkey는 집단에 평온을 가져다주는 존재로 추앙받았으며, 다른 종의 늙은 개체도 젊을 때에 비해 더 여유롭고 덜 사교적으로 바뀌었다(16장 참고). 이러한 변화는 유전 때문일까, 아니면 단지 정신적으로 쇠약해졌기 때문일까?

랑구르원숭이langur 암컷이, 새끼를 기르는 전성기 때에는 호전적이지 않다가 훗날 무리를 위협하는 위험에 맞서 힘을 합칠 때에는 호전적으로 바뀌는 것은 유전적 이유 때문인 듯하다(12장 참고). 생식 연령 막바지에 이른 암컷이 이전의 새끼들보다 마지막 새끼에게 더 정성을 쏟는 것 또한 유전적 이유 때문일 것이다(6장 참고). 암컷이 마지막 새끼를 특별히 크게 낳기 위해 자원을 투자하고 이 새끼를 돌보는 데 시간과 정성을 더 많이 쏟는 것은 진화상 합리적이다. 9세 암말이 젊은 암말보다 새끼를 효과적으로 돌보는 것은 어째서일까? 둘 다 비슷한 방법으로 새끼를 돌보지만, 늙은 암말은 새끼가 가장 위험한 시기인 생후 20일까지 특히 정성을 쏟는다.

이타성, 상호이타성, 족벌성

이타성과 족벌성은 생물학계에서 여전히 논란인 주제다. 사회적 진화의 지배적 가설 중 하나인 친족 선택kin selection은 남보다는 친족을 돕고 돌보는 경향을 일컫는다. 족벌성은 가까운 친족을 유달리 아끼는 것이다. 자신과 유전자를 많이 공유하는 개체를 돕는 것은 개체군 내에서 자신의 유전자 수를 늘리는 데 이로울 것이다. 반면 남이나 먼 친척에게 먹이를 주거나 도움을 베풀면 자신이나 자손의 안녕을 희생하는 대가를 치르게 된다.

친족 선택의 대안으로 제시되는 가설은 남과 협력함으로써 미래의 번식 가능성을 높일 수 있다는 것이다. 이타적 동물이 다른 동물을 돕는 것은 친족이기 때문일까, 이웃이기 때문일까? 두 번째 가설은 이타적으로 행동하면서 그 혜택을 거둘 만큼 오래 산 늙은 동물에게서 효과적으로 작동한다. 장수하면 상호이타성reciprocal altruism의 가능성이 커진다.

집단의 사회적 구조에 따라 나이 든 동물이 이타성을 발휘할 수도 있고 족벌성을 발휘할 수도 있다. 둘 다 자신의 DNA를 다음 세대에 전달할 가능성을 높이기 때문이다. 세라 블래퍼 허디는 늙은 랑구르원숭이 (Presbytis entellus) 암컷과 일본원숭이(Macaca fuscata) 암컷의 행동이 각각 이타적 행동과 족벌적 행동을 대표한다고 주장했다. 여느 원숭이와 마찬가지로 랑구르원숭이 암컷은 나이가 들면서 움직임이 느려지고 몸무게가 줄고 얼굴에 주름살이 잡히고 피부 색소가 변색되고 털이 듬성해지고 이빨이 닳는다. 허디는 랑구르원숭이 집단이 위협받았을 때 이타주의자인 늙은 암컷이 앞으로 달려 나가 집단을 방어하고자 호전적으로 행동한다는 사실을 발견했다(12장 참고). 늙은 암컷은 부상을 입으면서도 젊은 암컷과 (자신이 낳지 않은) 새끼를 보호했다. 랑구르원숭이는 수컷 한 마리를 중심으로 작은 집단을 이루어 살기 때문에 새끼 대부분이 아버지가 같다. 암컷은 나이가 들수록 집단 내 서열이 낮아지는 반면에 생식 연령에 이른 젊은 암컷은 지배적 지위로 올라섰다. 나이 때문에 지배적 지위를 잃었음에도 늙은 암컷은 자신의 몸을 돌보지 않고 이타적으로 행동함으로써 모든 친족을 도와주었다.

허디의 관찰에 따르면 늙은 랑구르원숭이 암컷은 이타적으로 행동했지만 지배적 지위에 있는 젊은 암컷인 딸과 손녀는 그러지 않았다. 그들은 위험한 상황이 닥치면 이기적이게도 멀찍이 물러나서 늙은 암컷들이 자기 대신 싸우는 것을 구경했다. 어미의 동료 집단이 나이가 들면 딸들은 성미가 고약해져 늙은 암컷을 쫓아내거나 (심지어 자기 어미에게서도) 먹이를 낚아채거나 밀쳐내고 그늘 자리를 차지했다. 항상 싸울 각오가 되어 있는 늙은 암컷들은 젊은 세대에게 그런 수모를 당하고도 개의치 않았다.

랑구르원숭이가 수컷 한 마리를 중심으로 작은 집단을 이루는 것과 대조적으로 일본원숭이는 대규모 집단을 이루어 사는 데다 수컷이 여러 마리여서 구성원들이 서로 친족일 가능성이 낮다. 늙은 일본원숭이 암컷은 늙은 랑구르원숭이 암컷과 달리 무리를 지키지 않으며, 족벌적으로 행동하여 자신의 직계비속인 새끼만 보호한다.

캘리포니아의 한 시설에 사는 랑구르원숭이 무리(암컷 11마리)에 대한 광범위한 연구 결과는 허디의 연구와 일부 상충한다. 이 무리의 암컷들은 나이가 들어도 지배력이 약해지지 않았으며, 허디의 추정과 달리 번식에서 늙은 암컷의 가치가 그다지 낮지 않았다. 연구진은 다음과 같이 언급했다. "랑구르원숭이 암컷은 가혹한 환경 탓에 폐경기까지 생존하기도 힘들며, 허디는 부적절한 방법으로 나이를 추정했다." 연구진은 허디의 모형이 유효하려면 "늙은 암컷이 25~27세이고 번식 가능 시기가 지났어야" 하지만 이런 조건이 검증되지 않았다고 지적했다.

군거성 암사자(*Panthera leo*)들은 모두 혈연관계이며, 여건이 좋을 때는 자기가 낳지 않은 새끼에게도 젖을 물린다는 점에서 어느 정도는 이타적이다. 사자 무리는 늙은 암사자(닳은 이빨, 수척한 몸, 헝클어진 털로 알 수 있다)를 집단의 일원으로 받아들이며, 늙은 암사자가 사냥에 참여하지 않았어도 먹이를 먹게 해준다. 그런데 젊은 암사자들은 매몰차게 굴 때가 있다. 늙은 암사자들은 자신이 전성기 때 (고기가 부족한 시기에) 자기 새끼에게도 먹이를 나눠주지 않았던 것을 기억할까? 세렝게티 사자를 4년 동안 연구한 조지 샐러는 이렇게 말했다. "굶주린 새끼가 헝클어진 털가죽 아래로 갈비뼈를 고스란히 드러내며 비틀비틀 어미에게 다가갔는데 먹이를 먹고 있던 어미가 고기를 나눠주지 않고 새끼를 사납게 후려치는 장면을 보면서 안쓰러웠다."

이타적 행동은 진화상 의미가 있을 수 있지만, 개체는 성격과 경험에 따라 진화론에 반하는 행동을 할 수도 있다. 다이앤 포시가 연구한 고릴라 중 라피키는 나이 들어 아들 솔로몬과 사이좋게 지내지 않았지만(10장 참고), 베토벤은 아들 이카로스와 파블로가 지배적 수컷의 자리를 물려받도록 힘을 보탰다. 라피키는 아들을 괴롭히고 무리에서 내몰았다. 솔로몬은 외톨이로 지내다 결국 두 암컷과 새 무리를 이루었다. (물론 이러한 비진화적 행동은 인간 가족에서도 많이 일어난다.) 이타성, 상호이타성, 족벌성의 개념을 진화론적으로 이해하는 것은 분명히 복잡한 문제다.

요약하자면, 늙은 사회적 동물의 행동은 여러 측면에서 진화와 연관되어 있다. 늙은 동물은 젊은 암컷만큼 규칙적으로 번식하지 않으며 아예 번식이 중단되기도 하지만, 많은 종에서 여전히 집단에 중요한, 심지어 필수적인 존재로 남는다. 늙은 동물의 삶에 대한 정보를 더 많이 수집하면 유전과 경험이 행동에 미치는 상대적 영향을 파악할 수 있을 것이다.

2장

사회성,
서식 환경,
변이

SOCIALITY, MEDIA, VARIABILITY

• 이 장에 나오는 주요 동물

긴부리돌고래

코끼리

사회성

모든 동물은 타고난 본능이 있는데, 본능에는 유전적 토대가 있다. 1장에서 설명했듯 본능 중에는 노년과 연관된 것도 있다. 하지만 늙은 동물에게 더 중요한 것은 경험, 즉 "주변 세계와 의식적으로, 감각적으로 만나는 과정"이다. 모든 늙은 동물의 사회적 행동에는 과거의 경험이 깔려 있을 수밖에 없다. 이 장과 이어지는 장들에서는 노년에 이르러 행동 변화가 관찰된 늙은 동물에 주목할 것이다.

우선, 사회적 행동을 어떻게 정의할 것인가? 사회적 행동은 포유류와 조류의 사회적 종에서 두드러진다(많은 어류와 무척추동물도 사회적 행동을 하지만 이 책에서는 다루지 않는다). 모든 생물은, 수십억 년 전 유전적 본능에 따라 살며 안팎의 자극에 예측 가능한 방식으로 반응하던 외톨이 단세포 생물에서 진화했다. 진화 과정에서 많은 종이 집단을 이루어 살게 되었으며(이를테면 산호초, 개미, 군집 공룡, 사자 무리, 찌르레기 떼) 집단에 속한 개체들은 자원을 서로 공유했다. 여기서 핵심 조건은 집단을 이루어 살 때 생존 가능성과 번식 가능성이 증대될 수 있다는 것이었다.

간단히 말해, 포식자의 관점에서 사회적 생활이 의미가 있으려면 혼자 살 때보다 집단을 이루어 살 때 먹이와 배우자 등을 더 효율적으로 얻을 수 있어야 한다. 집단으로 행동하는 고래는 물고기 떼를 에워싸 한 마리도 남기지 않고 쉽게 먹어치울 수 있다(15장 참고). 며칠분 식량이 될 물소를 쓰러뜨리려면 사자 여러 마리가 달려들어야 한다. 초식동물에게 사회적 생활이 합리적인 이유는 포식자를 감시하는 눈이 많아지기 때문이다. 포식자가 사냥에 성공하더라도, 먹잇감이 많을수록 자신이 잡아먹힐 가능성은 줄어든다.

동물의 사회성을 설명하는 이러한 일반적 이유들은 통계 분석으로 뒷받침된다. 이를테면 아르헨티나에서 번식하는 바다사자는 집단을 이루었을 때 새끼를 무사히 키울 가능성이 훨씬 커진다. 무리를 이룬 암컷이 낳은 새끼 143마리 중 생식 연령이 끝나기 전에 죽은 것은 한 마리뿐이었지만 단둘이 짝짓기를 한 암수에게서 태어난 57마리 중에서는 60퍼센트가 죽었다. 마찬가지로 군거성 암사자는 유목성 암사자보다 더 많은 새끼를 성공적으로 기른다.

넓게 보면 독거성 동물(대체로 포식자의 눈을 피할 수 있는 울창한 환경을 좋아한다)도 사회적 행동을 한다. 어미는 새끼가 독립할 때까지 함께 살고, 암수가 짝을 이루어 번식하며, 사슴은 눈 쌓인 겨울에는 모여 산다. 호랑이는 덤불에 냄새로 표식을 남기고 나무에 발톱 표식을 남겨 다른 호랑이와 소통하며(자신의 정체, 성별, 생식 연령 여부 등을 알린다), 수컷 오랑우탄은 우렁찬 '긴 울음소리'를 내어 다른 오랑우탄에게 자신의 존재를 알린다.

수명이 긴 사회적 종에서는 늙은 동물이 꼭 필요하다. 경험이 많으며 과거에 문제를 어떻게 해결했는지 기억하기 때문이다. 기억이 생사를 가를 수도 있기에 이러한 경험은 긴요하다. 가뭄이 닥치면 늙은 코끼리 가모장matriarch은 40년 전에 갔던 수원지로 무리를 이끌고 가서 모래를 퍼내 물을 찾는 방법을 어린 코끼리에게 보여줌으로써 무리의 목숨을 구할 수 있다. 마찬가지로 인간이 코끼리를 도살한다는 것을 경험으로 배웠기에 무리가 인간에게 접근하지 못하도록 한다.

사회적 생활 방식을 선택하면서 집단 내 개체는 서로 의지하도록 진화했다. 어린 코끼리는 어미와 친족이 돌봐주지 않으면 죽는다. 이 연장자들은 어른들이 어떤 먹이를 먹는지, 어떻게 상호작용하는지 등의 전통적인 방식을 어린 코끼리들에게 보여준다. 늙은 동물이 어린 동물에게 경험을 전수하는 것은 사회적 삶의 고갱이다.

종의 서식 환경

동물학자들이 어떤 종의 행동에 대해 알아낼 수 있는 것은 그 종이 어떤 서식 환경에서 살아가느냐에 전적으로 달려 있다.[3] 대형 육상 동물의 연구에서 성과를 얻기 쉬운 것은 그 동물들이 우리와 비슷하게 살아가며(우리보다 후각이 훨씬 발달했다는 점은 다르지만), 개체가 서로에게 또한 환경에 어떻게 반응하는지 우리가 공감할 수 있기 때문이다.

우리는 젊건 늙었건 수생 동물의 행동에 대해서는 아는 바가 거의 없다. 수생 동물이 물속에서 무엇을 하는지, 물속에서 산다는 것은 어떠한지 알 수 없다. 사람은 물속에서 움직임의 제약을 받고 늘 호흡에 주의해야 하는 데다 중력이 지상에서와 다르게 작용하고 말도 물이라는 매질을 통해 전달되기 때문이다. 야생에서 서식하는 늙은 물고기의 행동에 대해서는 밝혀진 것이 사실상 전무하다. 그래서 이 책에서는 늙은 고래와 돌고래의 행동에 대한 (제한된) 지식만을 살펴볼 것이다. 사회성은 바다에 서식하는 포유류에게는 규범이다. 수생 포유류는 가혹한 환경에서 살아간다. 평생 하루도 빼놓지 않고 몇 분마다 수면으로 올라와 숨 쉬지 않으면 죽는다. 그래서 헤엄치고 잠수하고 먹이를 잡고 새끼를 보살피는 능력이 대부분 본능에 내재되어 있다. 이들 개체는 육상 동물만큼 오래 살지 못한다. 집단의 이동 속도를 따라잡지 못하면 뒤처져 포식자에게 잡아먹히기 때문이다. 뒤에서 설명할 긴부리돌고래도 마찬가지다.

하늘을 자유로이 날아다니는 새와 박쥐의 행동을 연구하는 것은 돌고래와 고래에 비해 훨씬 어려워 보이지만 꼭 그런 것은 아니다. 우리는 둥지를 트는 새를 자세히 연구하여 나이를 먹으면서 어떻게 번식 경험을 습득하는지 정확히 이해할 수 있다. 둥지와 새끼는 번식 시기에 한곳에 묶여 있어서 과학자들이 새끼와 어미를 꼼꼼히 살펴볼 수 있기 때문이다. 이에 반해 포유류는 원하는 대로 이동할 수 있으므로, 늙은 암컷이 새끼를 몇 마리나 낳았는지, 아비가 누구인지, 얼마나 훌륭히 생존했는지 확실히 아는 것이 대체로 불가능하다.

종내 행동의 변이

이 책의 수많은 예에서 보듯 늙은 동물의 행동은 일반적으로 전성기 성체와 다르다. 대다수 종에서 수컷은 나이가 들면 젊은 전성기 수컷을 힘으로 제압하지 못한다. 싸움에서 패하고 무리 내에서의 서열이 낮아진다. 굴종하는 피지배자가 되는 것이다. 이것은 고통스러운 경험이다(8장과 9장 참고). 하지만 몇몇 종은 나이가 들어도 행동이 별로 변하지 않는다. 이 장에서는 늙은 수코끼리의 공격성과 긴부리돌고래의 사회성을 살펴볼 것이다. 마지막으로, 인간 노인의 행동— 문화로 인해 형성되는 행동—의 놀라운 다양성을 언급할 것이다.

수코끼리

나이가 들어도 수코끼리가 여전히 호전적인 이유는 대다수 포유류와 달리 전성기가 되어도 성장이 멈추지 않고 몸집이 계속 커지기 때문이다. 어마어마한 덩치와 길고 단단한 엄니 덕에 젊은 성체와 싸워도 승산이 있다. 다 자란 수컷은 주기적으로 발정광포musth 상태가 되는데, 이때는 혈중 테스토스테론 농도가 높아진다. 그러면 무리를 떠나 (짝짓기 할 수 있는) 발정기 암컷이 있는 모계 무리를 찾아다닌다. 그러다 두 경쟁자가 혈투를 벌여 한 마리가 죽기도 한다. 한번은 수컷 두 마리가 으르렁대고 괴성을 지르며 서로를 밀어대고 엄니로 버티면서 0.5헥타르를 누빈 적도 있다. 둘의 목표는 상대방의 몸통에 엄니를 꽂아 넣어 숨통을 끊는 것이었다. 코끼리 두 마리가 머리를 맞대고 용을 쓰는데 한 마리가 겁먹고 등을 보였다가는 상대방의 엄니에 목이나 옆구리가 찔려 죽을 수도 있다. 조이스 풀은 암보셀리 국립공원에서 오랫동안 코끼리를 연구했는데, 발정기 암컷이 미숙한 젊은 수컷보다는 발정광포 상태의 덩치 큰 수컷과 짝짓기 하고 싶어 한다는 것을 발견했다. 수컷이 나이가 들어도 호전성을 유지해야 하는 것은 이 때문이다. 풀은 늙은 수컷을 밀렵하고 도태하면 코끼리의 성공적 번식이 위태로워지고 개체 수의 회복 가능성이 낮아질 것이라고 전망했다.

긴부리돌고래

긴부리돌고래(*Stenella longirostris*)도 매우 사회적인 동물이다. 케네스 노리스는 긴부리돌고래 한 마리를 온전한 개체로 간주할 수 없다고 주장했다. 실제로 탁 트인 바다에서 혼자 헤엄치는 긴부리돌고래는 금세 공격받아 잡아먹힐 것이다. 그래서 위험이 닥치면 노소를 막론하고 모든 구성원이 밀집 대형을 이룬다. 범고래는 평생 가족과 함께 다니지만 긴부리돌고래는 무려 1,000마리의 개체군이 매일같이 이합집산한다. 친족 아닌 개체와 곧잘 무리를 이룬다는 점에서 이 유동적 연합은 특이한 현상이다.

긴부리돌고래의 영어 이름은 '스피너 돌핀spinner dolphin'인데 여기서 '스피너'는 긴부리돌고래가 울음소리를 낸 뒤에 물 위로 뛰어올라 최대 네 바퀴 회전spin하는 습성에서 유래한 말이다. 등이나 옆구리로 착수着水하는 것을 제외하면 피겨스케이트 선수의 4회전 점프와 비슷하다. 긴부리돌고래가 착수할 때면 거품과 커다란 물보라가 이는데, 이는 해수면에서 동료에게 위치를 알려주기 위한 것임이 틀림없다. 한낮에 육지 근처의 얕은 바다에서 천천히 움직이거나 바싹 붙어 쉴 때는 이렇게 점프하는 일이 드물지만, 밤에 넓은 바다에서 먹이를 찾느라 구성원이 멀찍이 흩어져 있을 때는 점프 횟수가 많아지기 때문이다.

다른 종의 늙은 동물은 대부분 동족보다 덩치가 크거나 작거나 쪼그라들었거나 경험이 많거나 주름살이 많거나 색이 바래는 등 나머지 구성원과 뚜렷한 차이를 보인다. 그런데 긴부리돌고래가 흥미로운 이유는 늙은 개체가 젊은 성체와 똑같아 보이고 똑같이 행동하기 때문이다. 케네스 노리스는 동료들과 함께 하와이긴부리돌고래를 촬영하고 슬라이드 사진 2만 장을 정리하여 이 돌고래의 행동을 방대하게 연구했다. 연구진은 독특한 개체를 눈여겨보아 몇 마리를 식별할 수 있었다. (등지느러미dorsal fin가 변형된) '올드 핑거 도설Old Finger Dorsal'은 11년간 49번 관찰되었으며, '올드 포 닙Old Four Nip'은 69번 관찰되었는데 대개 무리의 새끼들을 돌보고 있었다. 하지만 둘 다 나이는 밝혀지지 않았다.

노리스는 《돌고래의 하루하루Dolphin Days》(1991)에서 섬세하고 부리가 가는 몸무게 65킬로그램의 긴부리돌고래들에게 이른바 '요술 방패'가 얼마나 중요한지 자세히 설명했다. 하와이긴부리돌고래는 낮에 바닷가 근처에서 쉬다가 저녁 어스름에 먹이를 찾아 바다로 나가는데, 그동안 상어와 들고양이고래pygmy killer whale의 끊임없는 위협에 시달린다. 늙은 긴부리돌고래는 상어의 공격에서 살아남은 흔적인 흉터가 온몸에 남아 있다. 긴부리돌고래는 무리의 이동 대형으로 안전을 도모한다. 포식자가 가까이에 있으면 모든 개체가 바싹 붙은 채 나란히 헤엄쳐 '요술 방패'를 형성하는 것이다. 모든 긴부리돌고래는 태어나는 날부터 60마리가 넘는 무리와 함께 생활한다. 이렇게 집단에 의존하기 때문에 어부에게 잡힌 긴부리돌고래는 "믿을 수 없을 만큼 유순"하다. 긴부리돌고래는 결코 어부에게 저항하지 않는다. 그런 행동은 긴부리돌고래의 선택지에 없다.

방패 안에 있는 긴부리돌고래는 우리가 들을 수 있는, 혹은 우리의 가청 범위를 넘어서는 소음을 낸다. 이 소리는 외침, 폭발적 파동음, 의미를 알 수 없는 협화음 또는 불협화음의 휘파람 소리, 먹잇감과 그 밖의 물체가 어디에 있는지 감지하기 위한 반향정위성 따라라락 소리click 등으로 이루어진다.

돌고래, 민물도요 같은 섭금류나 많은 어류 종처럼 동물들이 빽빽하게 뭉쳐 빠르게 이동하면 포식자는 한 마리를 일관되게 주시하지 못한다. 다들 똑같아 보이는 데다 일종의 감각 통합 체계의 지령에 따라 전광석화처럼 일사불란하게 움직이기 때문이다. 조류학자 W. K. 포츠는 하늘을 나는 민물도요를 관찰했는데, 몇 초마다 끊임없이 방향을 바꾸는 민물도요 무리는 포식자 매가 반응할 수 있는 최대 속도의 2.6배로 구성원끼리 정보를 교환했다. 무리 짓기의 중요성을 보여주는 또 다른 실험에서는 물고기를 파란색으로 염색한 뒤 무리로 돌려보냈는데, 이 물고기들은 포식자에게 훨씬 많이 공격받았다. 옆에 있던 물고기들도 위험에 더 많이 노출되었다. 파랗게 염색한 물고기들이 포식자가 시선을 고정할 수 있는 기준점 노릇을 했기 때문이다.

파란 물고기 실험에서 보듯 무리 짓기 행동이 효과를 발휘하려면 구성원 모두가 비슷하게 생겨서 포식자가 특정 개체에 시선을 고정할 수 없어야 한다. 암컷과 수컷의 크기가 같고(긴부리돌고래는 수컷과 일부 암컷이 새끼를 에워싸 보호한다) 색상 패턴도 같아야 한다. 긴부리돌고래는 암수가 매우 닮아서 하와이의 맑은 물에서도 연구자들이 암수를 구별하기 힘들다. 몸 아래쪽의 생식기나 젖틈새mammary slit를 확인해야만 알 수 있다. 성체는 모두 길이 2미터가량에 호리호리하며 등에 검은 줄무늬가 있고 옆구리에는 회색 줄무늬가 있으며 배는 흰색이다. 늙은 수컷은 항문 뒤의 혹이 커지고 등지느러미가 약간 커지며 색이 짙어지는 등 사소한 변화가 나타난다.

하와이긴부리돌고래는 늘 무리를 이루어 생활하지만, 뭍에서 멀리 떨어진 참치 어장에 서식하는 긴부리돌고래의 다른 아종은 그렇지 않다(해마다 수천 마리가 참치 그물에 걸려 죽는다). 이곳은 물이 탁한데, 이 긴부리돌고래 아종의 수컷은 배의 혹이 크고 등지느러미가 높아서 암컷과 쉽게 구별된다. 이 아종은 밀집 대형을 이루어 스스로를 보호할 필요가 없는 듯하다.

긴부리돌고래 수컷을 암컷과 구별하기 힘들고 야생의 늙은 긴부리돌고래를 알아보는 것은 불가능하기 때문에 늙은 긴부리돌고래에 대해서는 특별히 알려진 바가 거의 없다. 늙은 개체는 나머지 성체와 똑같이 행동한다. 긴부리돌고래는 헤엄치면서 서로를 곧잘 어루만진다. 브라운 리와 노리스에 따르면 "낮의 활동적인 무리에서는 대체로 30퍼센트 이상이 서로를 어루만지고 있다." 상대방에게 몸을 문지르거나 부리를 상대방의 생식기 틈새에 밀어넣고 밀어주는 이러한 행동은 밤까지 이어지기도 한다. 서로를 어루만지지 않을 때에는 쉬거나, 물고기를 찾아 하루에 65킬로미터를 헤엄치거나, 암컷이 먹이를 찾아 잠수하는 동안 수컷이 새끼를 돌보기도 한다. 나이가 가장 많은 수컷이 반드시 무리의 지도자인 것은 아니지만(긴부리돌고래는 지도자가 없는 것처럼 보인다) 암컷과 새끼를 안전한 얕은 물로 이끄는 역할을 (다른 수컷과 함께) 하는 것으로 추정된다.

　노리스는 늙은 긴부리돌고래의 최후를 이렇게 상상했다. "늙은 암컷이 40년 만에 처음으로 호흡 실수를 저지른다. 공기 대신 바닷물을 들이마시고는 모로 누운 채 아래로 가라앉는다. 문제가 생긴 것을 감지한 동료들이 다가와 부리로 들어 올리려 해보지만 소용없다. 이내 암컷이 죽었음을 알아차리고 서둘러 무리에 합류한다. 자신들이 알고 있는 유일한 피난처로."

인간

늙은 성체가 젊은 성체처럼 행동하는 동물의 대척점에는 노년에 대한 대우와 노년의 행동(노년에 대한 대우는 노년의 행동에 영향을 미치기 마련이다)이 무척이나 다양한 종이 있다. 그 종은 바로 호모 사피엔스다. 《다르게 늙는 법Other Ways of Growing Old》(1981)에서 다양한 문화를 연구한 인류학자들은 여러 사회에서 노인이 어떻게 살아가는지 묘사한다. '원시' 사회와 급속히 서구화되는 사회 사이에는 눈에 띄는 차이점이 있다.

　보츠와나에서 수렵·채집으로 살아가는 쿵족은 다섯 가지 중요 부문에서 노인이 꼭 필요하다. 노인은 지역 내의 물과 자원에 대한 접근권을 관리하고, 사막 지대에서 자신과 가족이 생존하는 데 필요한 지식과 기술이 있으며, 아이들을 가르치고 돌보며, 사람들의 정신적 가치를 보전하는 치유자로 제의에서 우선권을 누린다. 노인 남성은 덫을 놓고 식량을 채집하고 도구를 만들고 사람들을 방문하고 이야기를 하면서 하루를 보낸다. 노인 여성도 식량을 채집하고 도구를 만들고 아이를 돌보며 병을 치유하기도 한다. 노인들은 남녀 모두 일상생활을 하면서 전문 지식을 젊은 구성원에게 전수하는데, 그렇기에 노인은 공동체에 꼭 필요한 일원이다.

아프가니스탄 키르기스족 노인들은 자긍심이 크다. 혹독한 고산 환경에서 늙도록 살아남은 것은 대단한 업적이기 때문이다. 유목민인 키르기스족의 연장자들은 그들의 지혜 덕분에 중요한 사람으로 대우받는다. 키르기스족은 해마다 지혜가 자란다고 생각하기에 노인들은 더더욱 존경받고 권위를 누린다. 키르기스족 노인들은 신체 능력이 저하되더라도 적극적으로 일상생활을 영위하며, 죽음을 앞두고 신앙심이 더욱 커진다.

물론 일부 초기 사회에서는 노인이 쓸모 있는 존재가 될 기회가 거의 없는 경우도 있었다. 이누이트족은 오로지 사냥으로 식량을 얻는데, 기근이 닥쳤을 때 노인은 젊은 구성원이 살아남을 수 있도록 스스로 가족의 이글루를 떠나 얼어 죽기도 했다.

남태평양 에탈 섬에 사는 미크로네시아인들의 행동은 미크로네시아 전통 사회와 사뭇 다르다. 서구화가 진행된 에탈 섬에서는 노인이 자긍심을 느끼지 못한다. 민주적이고 서구화된 정치적 가치가 도입되면서 (대체로 노인인) 부족장은 권력을 잃었다. 남녀 연장자는 길 찾기, 영매, 매듭 점, 주술, 전쟁 등의 전문적 역할과 활동 덕분에 존경받았는데, 서구식 교육은 이러한 역할과 활동의 가치를 깎아내렸다. 노인이 소외되고 있는 데 반해 교육을 받고 더 나은 미래를 찾아 섬을 떠난 젊은이들은 임금을 벌어 섬에 보낸다는 이유로 존경받는다. 젊은이들이 에탈 섬을 떠나는 바람에 노인들은 마을의 대소사를 혼자 힘으로 처리하느라 애를 먹고 있다.

캐나다의 치페위안족은 거대한 무리를 이루어 캐나다 툰드라를 누비는 순록 떼를 사냥하며 수 세기 동안 생존한 인디언의 후손이다. 지금은 많은 이들이 작은 공동체에 붙박여 살게 되었는데, 헨리 샤프는 그중에서 서스캐처원 북부에 있는 두 마을을 연구했다. 샤프는 치페위안족이 '어르신senior people'과 '노인네old people'를 구별한다는 사실을 발견했다. 어르신은 혈통으로 구별되거나 개인적 성취로 존경받는 떳떳한 사람이다. 반면 노인네는 과거에 하던 일을 더는 할 수 없어서 집단에게 또한 자신에게 짐이 된 사람을 일컬었다. 전성기의 남성은 근력, 사냥으로 고기를 얻는 능력, 문화 전통의 수호 등을 내세워 아내를 지배했지만 시간이 지나면서 영향력이 줄어든 반면에 여성은 자녀와 손주가 자라면서 영향력이 커졌다.

늙은 치페위안족 여성은 기력이 쇠하더라도 노인 남성보다 사회적 지위를 훨씬 오래 유지한다. 첫째, 기간은 다르지만 손주를 '입양'하여 자녀로 키우고 어머니로 인정받는 경우가 많다. 이 아이들은 땔감을 나르고 물을 긷는 데 쓸모가 있어서 나이 든 여성의 노동 강도를 줄여준다. 둘째, 노인 여성은 평생 해온 구슬 세공과 바느질 등의 수공예에 여전히 능하다. 정교한 작업을 직접 하지는 못해도 젊은 여성에게 가르칠 수 있다. 셋째, 노인 여성은 식량을 준비하는 일에 오랜 경험이 있다. 노인 여성은 이 모든 장점 덕에 공동체 생활에서 주류로 남을 수 있다. 하지만 더는 사냥을 못 하는 남자들은 집단에서 영향력을 발휘하거나 존경받지 못한다. 남성의 역할은 마을의 사회적 삶보다는 숲을 위주로 하기 때문이다. 남자들은 골초가 많아서 40대 후반이나 50대 초반이면 노화가 시작되어 폐병이나 심장병을 앓기 시작한다.

일부 노인은 지위가 훌쩍 상승하기도 했다. 캐나다의 많은 인디언 노인들은 유럽으로부터 큰 영향을 받기 이전의 집단 문화에 대한 지식을 간직한 덕분에 존경받고 있다. 이들은 젊은이에게 언어를 가르치며, 부족 전승의 보유자로서 꼭 필요한 존재가 되었다. 이를테면 워싱턴 주와 브리티시컬럼비아의 코스트살리시족 인디언 연장자들은 식량을 마련하고 카누를 제작하고 옷을 만드는 지식과 전문성 덕에 귀한 대접을 받았다. 그런 일에 관심이 있는 젊은이는 거의 없지만, 노인들이 새로운 방식으로 명성을 얻게 된 것이다. 노인들은 과거의 전통에 대해 거의 독점적인 지식을 보유하고 있다는 이유로 막대한 권력을 얻었다. 이들은 부족의 종교적 표현을 재현함으로써 인디언의 정체성을 유지하는 데 핵심적인 역할을 하고 있으며 인디언 문화를 젊은이들에게 되살리고자 적극적으로 노력한다. 구전으로 내려온 노인들의 기억은 캐나다 원주민 부족들이 협정을 맺는 데 중요한 역할을 하기도 한다. 자신의 조상이 특정 지역에 살았음을 원주민이 입증할 수 있다면 협정에 영향을 미쳐 작은 공동체에 수백만 달러를 지급하도록 할 수도 있다. 많은 노인들이 노화의 무기력한 희생자이기는커녕 사회를 개선하는 데 적극적으로 활동하고 있다.

모든 인간 사회에서(심지어 노인이 나이 때문에 홀대받는 곳에서도) 연장자는 자녀 양육, 의료, 가족 문제, 혼사, 종교 의식, 사회적 문제 등에 대한 지혜와 조언을 다음 세대에 전달하는 중요한 존재로 자리매김해왔다.

요약하자면, 동물은 외따로 살 때보다 집단을 이루어 살 때 더 잘 산다. 우리가 각 종에 대해 아는 바는 그들의 서식 환경에 영향을 많이 받는다. 육지에 사는 동물은 우리와 서식지를 공유하지만, 하늘을 나는 동물은 관찰하기 힘들며, 물속에 사는 동물의 일상생활은 거의 밝혀지지 않았다. (수컷) 코끼리와 돌고래 같은 몇몇 종은 집단 구성원이 나이를 먹어도 다른 구성원과의 상호작용에 거의 변화가 없는 반면에 인간은 노인에 대한 인식과 노인의 행동에 문화가 큰 영향을 미친다. 다음 장에서는 암코끼리 가모장의 경험이 무리에게 얼마나 중요한지 살펴볼 것이다.

3장
연장자의
지혜

THE WISDOM OF ELDERS

• 이 장에 나오는 주요 동물

아프리카코끼리

1996년 남아프리카공화국 필런스버그 야생동물 보호구역에서 젊은 '무
뢰한 코끼리'가 관광객을 공격했다(무뢰한 코끼리rogue elephant 란 무리와 떨어져
살며 난폭한 행동을 하는 코끼리를 일컫는다_옮긴이). 이튿날 녀석은 자신을 총
살하려고 찾아온 전문 사냥꾼을 죽였다. 통제 불능의 젊은 수컷들은 흰
코뿔소 열아홉 마리를 공격하고, 겁탈하려 하고, 엄니로 들이받아 죽였
다. 대체 이곳에서 무슨 일이 벌어지고 있는 걸까?

연장자의 감독 부재

1980년대에 남아프리카공화국 크루거 국립공원
직원들은 서식지에 비해 코끼리 개체 수가 너무 많아지자 상당수를 사

살했다. 공중에서 마취총을 발사하고는 쓰러진 코끼리에게 엽총을 쏘아 목숨을 끊었다. 이 악몽을 지켜봐야 했던 어린 코끼리들은 직원들에게 사로잡혀 코끼리가 없는 공원과 보호구역으로 보내졌다.

　서두에서 묘사한 문제들은 그로부터 15년 뒤에 터졌다. 이제 스무 살쯤 된, 이 집단의 젊은 수컷들이 테스토스테론을 마구 분비하기 시작할 때였다. 이들의 병적 행동은 가족을 잃은 경험과 서식지 이전의 스트레스와 어느 정도 관계가 있었다. 과학자들은 코끼리의 스트레스가 "비정상적 놀람 반응, 우울, 예측 불가능한 반사회적 행동, 과도한 공격성"을 동반한다는 점에서 인간의 외상후 스트레스 장애에 해당한다고 주장했다. 하지만 젊은 수컷들이 기괴한 공격성을 나타낸 주된 이유는 고아로 자라면서 어른의 감독을 받지 못했기 때문이다. 정상적 상황이었다면 청소년기에 가모장으로부터 사회화 과정을 거쳤을 것이다. 성숙기에 접어든 10대의 젊은 수컷은 자신이 태어난 무리를 떠나 다양한 수컷과 마주치고 어울리면서 여생을 보낸다. 이 기간에 젊은 수컷은 늙은 수컷에게서 행동거지를 학습한다. 젊은 수컷이 첫 발정광포 시기를 맞아 테스토스테론의 증가로 닥치는 대로 공격해댈 때 나이 든 수컷은 이들을 제지하는 데 중요한 역할을 한다. 이 연장자들은 젊은 수컷과 힘겨루기를 하며 적개심을 가라앉히고 진정시킨다. 대부분의 종에서 늙은 수컷은 전성기의 젊은 수컷에게 상대가 되지 못하지만, 나이가 들어도 몸집과 엄니가 계속 자라는 코끼리는 예외다. 심지어 나이가 아주 많은 수컷도 만만찮은 적수가 될 수 있으며, 대체로 이런 지배적 수컷이 암컷을 차지하고 새끼를 낳는다.

　코끼리의 행동을 다루는 이 장에 '지혜'라는 제목을 붙인 것은 오랫동안 경험을 쌓은 늙은 코끼리가 얼마나 지혜로운지 서술하기 때문이다. 수컷과 마찬가지로 암컷 역시 어른이 된 뒤에도 계속 자란다. 가장 크고 가장 경험을 많이 쌓은 암컷이 가장 지위가 높다. 대부분의 사회적 종에서처럼 (경험은 적지만 힘이 더 센) 젊은 코끼리는 집단의 지도자 자리를 탐내지 않는다. 코끼리 가모장은 풍부한 지식을 젊은 코끼리에게 나누어주며 무리의 질서와 조화를 유지한다. 어린 코끼리가 대열에서 이탈하면 코로 후려쳐 본때를 보이며, 싸움이 벌어지면 신속히 진압한다.

밀렵이나 도태로 늙은 동물이 우선적으로 도살되면 동물 가족이 파탄나고 무리가 제 기능을 못하게 된다. 가모장의 문화적 지식과 학습된 정보, 다른 코끼리와 교류하는 법, 갈등을 해소하는 법, 효과적으로 소통하는 법, 가장 중요하게는 야생에서 살아남는 법을 잊어버리기 때문이다. 새끼와 준성체만 남은 코끼리 무리는 인간을 두려워하며 달아난다. 공포에 사로잡히는 것이 당연하다. 늙은 가모장이 지휘하지 않으면 아수라장이 벌어지기 때문이다. 어미 코끼리가 사라지면 통계적으로 2세 미만의 새끼는 모두 죽고, 3~5세 사이의 코끼리는 30퍼센트만이 생존하며, 6~10세 사이의 코끼리는 절반만이 살아남는다. 이렇듯 모성적 감독이 부재하면 무리의 새끼는 치명적 타격을 입을 수 있다. 연장자가 경험에서 얻은 지혜가 이토록 중요한 종은 코끼리 말고는 없다.

가모장의 중요성

늙은 아프리카코끼리(*Loxodonta africana*) 암컷의 행동은 감탄을 자아낸다. 가모장은 무리를 위해 모든 일상적 결정을 내린다. 암컷과 새끼로 이뤄진 코끼리 무리는 굉장히 사회적이어서 암컷들이 평생 함께 산다. 가모장은 고조할머니인 경우가 많으며 새끼 한 마리와 어린 코끼리 몇 마리를 데리고 다닌다. 가모장은 주위에서 일어나는 활동을 감독하며, 모든 구성원은 가모장을 존경하고 따른다. 코끼리는 가모장, 어미, 새끼, 이모, 형제, 사촌, 조카의 시야나 청야聽野를 결코 벗어나지 않는다. 독립성을 중시하는 사람들은 경악하겠지만.

장수는 중요하다. 늙고 거대하며 경험과 사회적 지식이 가장 풍부한 코끼리가 최고의 지도자(암컷)와 전사(수컷)가 되기 때문이다. 도태 과정에서 총살당하는 가모장의 평균 나이는 약 49세이며, 40~55세를 늙은 코끼리로 정의하기는 하지만 60세를 넘긴 가모장도 있다. 그로닝과 샐러는 55세 이상의 코끼리에 대해 '노쇠senile'라는 표현을 쓰지만, 이는 독일어 문헌을 번역하면서 생긴 오류다. 코끼리는 70대까지 살 수 있는데, 이 연장자들이 '노쇠'하다고 가정할 이유는 전혀 없다. 실비아 사이크스는 늙은 암컷(60세, 어쩌면 70세가 넘은 가모장)이 새끼 세 마리를 데리고 다니면서 가장 어린 새끼에게 여전히 젖을 물리는 장면이 인상적이었다고 말했다. 사이크스가 총살당한 가모장의 사체를 부검했더니 하지정맥류, 대동맥 및 관상동맥 죽종이 관찰되었다. 하지만 가모장은 마지막까지 무리를 절대적·호전적으로 통솔했다.

야생 코끼리를 오랫동안 연구한 신시아 모스는 케냐 암보셀리 국립공원의 코끼리 650마리를 일일이 식별하고 이들의 다양한 관계를 파악할 수 있었다. 큰 무리는 두 가모장이 함께 지도자를 맡는데(둘은 자매인 경우가 많다) 구성원들 모두 그 둘을 존경하고 따른다. 이제는 쇠약하고 느려져 무리를 따라다니는 것만도 힘에 부치는 전직 가모장이 무리 중에 끼어 있는 경우도 있다. 먹이가 풍부할 때는 보통 혈연관계를 중심으로 20마리가량의 작은 무리를 형성하는데, 때로는 100여 마리의 집단을 이루기도 한다. 구성원이 많아질수록 위험을 감지하고 대처하기 쉬워진다. 연합 무리가 위협을 받으면 코끼리들이 끼리끼리 뛰쳐나와 자신의 가모장 주위에 모여 새끼를 보호한다. 이것을 보면 큰 집단의 내부 구성을 알 수 있다. 덩치 큰 수컷들은 독립적이어서 동료를 돌보지 않고 사방으로 달아난다.

케이티 페인은 가모장이 무리를 불러 모아 먹이를 찾기 시작할 때 뚜렷한 '출발' 신호를 낸다는 사실을 발견했다. 이 소리는 너무 낮아서 사람 귀에는 들리지 않지만 마이크로는 분명하게 감지된다. 가모장이 없는 코끼리 무리는 어디로 갈지 몰라 갈팡질팡한다. 마이크로 녹음해보니, 아무도 '출발' 신호를 하지 않아서 몇 차례 혼선을 빚은 뒤에야 길을 정할 수 있었다. 코끼리는 매우 사회적인 동물이기 때문에 뿔뿔이 흩어져서 먹이를 찾는다는 건 생각할 수도 없다. 코끼리는 의사소통을 할 때 공기 중으로 전달되는 저주파 음성뿐 아니라 땅으로 전파되는 소리를 이용하기도 한다. 이 같은 지진성 경고음은 공기 중으로 전달되는 소리보다 멀리까지 전파된다. 아프리카코끼리 암컷은 가족이나 무리의 안부 울음소리contact call를 2.5킬로미터 밖에서도 알아들을 수 있다.

새끼 코끼리 키우기

아이 하나를 키우려면 마을 하나가 필요하듯 아기 코끼리를 키우려면 무리 전체가 필요하다. 코끼리는 협동심이 커서 자기 새끼뿐 아니라 다른 새끼까지 돌본다. 새끼에게 젖을 먹이는 것은 어미지만, 다른 친족들도 양육을 거든다. 많은 새끼가 이모나 할머니와 대부분의 시간을 보낸다. 이모와 할머니는 새끼를 데리고 다니면서 경험을 전수하고 환경에 대한 지식(어떤 행동이 용인되는지, 어떤 식물을 먹어도 되는지, 무엇이 위험한지)을 알려준다. 햇볕이 뜨거운 날에는 그늘이 되어주기도 한다. 신시아 모스가 암보셀리 국립공원에서 관찰한 어린 수컷 한 마리는 어미 테오도라와 보내는 시간보다 할머니 테레시아와 보내는 시간이 훨씬 많았다. 테레시아는 58세의 암컷으로, 과거에 무리의 가모장이었다. 새끼는 매일 테오도라에게서 젖을 먹은 뒤에 테레시아에게 가서 함께 지냈다. 테레시아는 훨씬 큰 아들 톨스토이와도 정이 두터웠다. 톨스토이는 13세가 되었는데도 무리를 떠나려는 기미가 없었다.

테레시아는 끔찍한 최후를 맞았다. 62세가 되었을 때 마사이족 청년세 명이 암보셀리 국립공원 바깥을 돌아다니던 테레시아 무리를 뒤쫓았다. 테레시아는 걸음이 가장 느렸기 때문에 목과 어깨에 창 세 자루를 맞았다. 테레시아가 덤벼들자 청년들은 겁에 질려 달아났지만, 테레시아는 부상이 너무 심해서 공원에 있는 가족에게 돌아가지 못하고 수풀에 몸을 숨겼다. 상처가 곪아서 쓰라렸다. 결국 테레시아는 바닥에 쓰러져 숨을 거두었다. 모스는 테레시아의 죽음에 충격을 받았지만, 도태 과정에서 총에 맞는 것보다는 낫다고 생각했다. 그랬다가는 가족이 전부 몰살당하고 "자신의 암컷 후손, 대부분의 유전자, 62년 가까이 돌본 거의 모든 것"을 잃었을 테니 말이다.

60세쯤 되는 제저벨은 암보셀리 국립공원의 또 다른 가모장이다. 제저벨에게는 일곱 살 난 아들이 있었다. 제저벨의 나이로 보건대 마지막 자식이었을 것이다. 제저벨은 여전히 아들을 돌보았다. 이따금 열 살짜리 조카 조슈아와 연구자 조이스 풀이 장난치는 모습을 바라보기도 했다. 풀이 물소 똥이나 샌들을 던지면 조슈아는 코로 집어서 되던졌다.

전성기 암컷은 4년에 한 번 새끼를 낳는다. 가모장은 젊은 자매들처럼 정기적으로 새끼를 낳지만, 40세쯤 되면 임신 간격이 길어진다. 어느 경우든 어미가 갓난새끼, 6~7세 새끼, 성숙기의 10대를 훈련하려면 누군가의 도움이 꼭 필요하다. 어미 혼자서 이 모든 일을 할 수는 없다. 무리 전체의 건강과 안전을 책임지는 가모장이라면 더더욱 힘들다. 큰 무리가 이동할 때 선두의 가모장은 가장 어린 구성원도 따라올 수 있을 만큼의 속력을 유지하고, 후미의 가모장은 쓰러지거나 언덕을 못 오르거나 강을 못 건너는 새끼를 돕는다. 새끼 코끼리는 어른 코끼리에게서 직접 많은 것을 배우며, 자라면서 환경에 대해 알아간다. 출생 직후 새끼 뇌의 무게는 성체의 35퍼센트에 불과하다(인간 신생아는 23퍼센트다).[4]

가모장의 여러 임무 중 하나는 새끼 코끼리를 고통에서 건져내는 것이다. 우간다에서 암코끼리가 총상으로 죽어가자 나머지 무리가 주위를 에워쌌다. 다들 흥분해 있었지만 그중에서도 어린 아들이 가장 흥분했다. 암컷이 죽자 가모장이 상징적 장례 의식처럼 풀과 식물로 머리와 어깨를 덮었음에도 충격에 휩싸인 새끼는 여전히 어미에게 몸을 부벼댔다. 그 뒤 무리는 천천히 자리를 떴지만, 거리가 어느 정도 멀어졌을 때 가모장(아마도 죽은 암컷의 어미였을 것이다)이 돌아와 코로 새끼를 감싸 사체에서 떼어놓았다. 비탄에 빠진 새끼는 두 차례 가모장을 뿌리치고 죽은 어미에게 돌아갔지만, 결국 가모장은 손자를 끌어내 앞다리 사이에 품은 채, 기다리는 무리에게로 돌아왔다.

무리 돌보기

가모장은 새끼뿐 아니라 상처 입거나 아픈 구성원도 돌본다. 어빈 버스가 코끼리에게 총을 쏘아 쓰러뜨렸더니 무리의 가모장이 괴성을 지르며 달려가 쓰러진 동료를 일으켜 세우려 애썼다. 그러고는 나팔 소리 같은 울음소리를 내면서, 이 재앙을 일으킨 원인을 공격하려는 듯 사방으로 사납게 덤벼들었다.

가모장이 무리 구성원을 얼마나 아끼는지는 칼 그로닝과 마틴 샐러의 코끼리 같은 책(무게가 3.6킬로그램이나 된다)《코끼리의 문화사와 자연사 Elephants: A Cultural and Natural History》(1999)에 잘 묘사되어 있다. 여섯 장의 사진에는 ① 늙은 암컷이 무리를 떠나는 장면, ② 나머지 구성원들이 멈추어 암컷을 기다리는 장면, ③ 가모장이 암컷에게 다가가는 장면, ④ 암컷이 (아마도 심장발작으로) 쓰러지는 장면, ⑤ 열다섯 마리가량 되는 친구들이 슬픔에 잠겨 암컷 주위에 모여드는 장면, ⑥ 더는 해줄 일이 없어 무리가 떠나는 장면이 담겨 있다.

무리의 가모장은 늘 위험을 경계한다. 탕가니카(지금의 탄자니아)에서 갓난새끼 두 마리가 끼어 있는 코끼리 무리가 웅덩이에 모여들어 물 마시고 몸을 씻는 광경이 목격되었다. 그런데 갑자기 가모장이 흙탕물에 들어가더니 4.5미터짜리 악어를 코로 감아 물가로 끌어냈다. 가모장은 무게가 줄잡아 450킬로그램은 나갈 듯한 악어를 머리 위로 쳐들었다가 몇 번이고 바닥에 내리쳤다. 그러고는 웅덩이에서 멀찍이 떨어진 나무로 가서 악어를 나무줄기에 내동댕이쳤다. 마지막으로, 악어를 바닥에 내려놓고 동료와 함께 짓밟았다. 악어는 형체를 알아볼 수 없을 정도로 짓이겨졌다.

하지만 공격자의 대다수는 사냥꾼이며, 이들의 공격 앞에서 코끼리는 속수무책이다. 밀렵꾼이 활동하는 지역에서 가모장은 사람 냄새를 맡자마자 무리를 이끌고 다른 곳으로 피한다. 무리가 공격받으면 나머지 구성원을 지키려고 앞으로 달려들어 종종 최초의 희생자가 된다.

1950년, 코끼리 사냥꾼이 세 마리를 죽이고 무리 가까이에 서 있던 거대한 수컷에게 부상을 입혔다. 늙은 가모장은 수척한 모습으로 무리를 피신시켰다. 하지만 다섯 마리가 따라잡지 못하고 뒤처졌다. 사냥꾼이 뒤처진 다섯 마리를 쌍안경으로 관찰했더니 큰 암컷 두 마리가 부상당한 매우 늙은 수컷 한 마리를 양쪽에서 어깨로 떠받치고 있었다. 뒤에서는 암컷 두 마리가 이마로 수컷의 엉덩이를 밀었다. (큰 수컷은 사회성이 부족하기 때문에 이런 구조 활동에 결코 동참하지 않을 것이다.)

이 행동은 19세기의 '엽사' R. 고든 커밍스가 관찰한 부상당한 수컷 코끼리의 행동과 뚜렷이 대조된다. 그 수컷은 커밍스가 쏜 총에 어깨를 맞았으며, 총상 때문에 달아날 수 없었다. 커밍스가 커피를 끓이는 동안 부상당한 수컷은 무력하게 고통을 참으며 나무에 기대 있었다. 커밍스는 코끼리의 어느 부위가 가장 약한지 궁금해서 시험 삼아 고문을 가하기로 마음먹었다. 그래서 코끼리에게 다가가 머리의 여러 부위를 쐈다. 코끼리는 꼼짝 않은 채 굵은 눈물을 떨어뜨리며 코로 총알구멍을 더듬었다. 그 장면을 본 커밍스는 그제야 자신의 행동이 당혹스러웠는지 코끼리의 어깨 뒤에서 아홉 발을 쐈으며, 마침내 코끼리는 쓰러져 죽었다.

코끼리 사회가 늘 화목한 것은 아니다. 1981년에 짐바브웨에 극심한 가뭄이 닥치자 물이 귀해졌다. 코끼리는 생존하려면 하루에 열여섯 시간 넘게 먹고는 먼 거리를 걸어 물웅덩이를 찾아야 했다. 웅덩이가 말라 있을지도 몰랐다. 이따금 가모장이 엄니로 모래에 구멍을 파고서야 물이 천천히 배어나오기도 했다. 때로는 물을 차지하려고 싸움이 벌어졌다. 어미가 새끼를 밀어내지는 않았지만, 다른 약한 코끼리를 배려할 여유는 없었다. 한 관리인은 이렇게 말했다. "수컷은 어린 고아 코끼리를 밀쳤고 가모장과 늙은 암컷은 부하들을 엄니로 내몰았다." 많은 코끼리가 목말라 죽었다. 하지만 새끼가 죽으면 어미가 사체를 지키다 저마저 탈수로 죽기도 했다.

늙은 가모장의 장점

암보셀리 국립공원에서 가장 나이 많은 가모장이 이끄는 무리는 번식 성공률이 가장 높으며, 어린 암컷이 이끄는 무리보다 새끼를 많이 낳아 기른다. 7년에 걸친 실험에서 캐런 매콤과 동료들은 늙은 가모장이 다른 무리의 많은 코끼리(공원에 서식하는 100마리가량)를 안부 울음소리로 구별할 수 있다는 사실을 발견했다(이에 반해 젊은 가모장은 안부 울음소리를 알아듣는 솜씨가 서툴렀다). 이런 사회적 지식을 가진 덕에 늙은 가모장은 다른 코끼리가 접근하면 새끼를 한데 모아 방어 태세를 취하는 것이 적절할지, 협력하는 것이 최선일지 효율적으로 판단할 수 있었다. 연구진은 이렇게 썼다. "늙은 가모장이 있는 가족은 번식상의 이점이 있다. 가모장이 낯선 울음소리에만 경고를 발하기 때문이다." 연구진은 코끼리가 평생의 경험으로부터 얻은 생태적 지식에서 적합도의 이점fitness benefit이 비롯한다고 추측한 선행 연구자들의 고찰을 언급하며 "노화는 사회적 지식의 습득에 영향을 미침으로써 성공적 번식에도 영향을 미칠 수 있으며, 무리에서 가장 늙은 개체에게 뛰어난 식별 능력이 있으면 무리 전체의 사회적 지식이 향상된다"고 결론 내렸다. 이러한 이유로, 환경에 피해를 입히는 코끼리의 개체 수를 줄이는 과정에서 연륜 있는 가모장을 죽이면 무리가 사회적으로 제 기능을 못 하게 된다.

모계 사회에서는 암컷이 가족의 결속력을 다지는 역할을 도맡아 수컷에게서 부모 역할을 덜어준다. 코끼리 무리에서 보듯 모계 사회는 이타심과 새끼에 대한 애정을 바탕으로 큰 무리를 이룰 수 있다. 이에 반해 고릴라 무리 같은 부계 사회는 결코 커질 수 없다. 지배적 수컷은 성적 질투심이 강하기 때문에 무리 안에 다른 수컷을 용납하지 않으며, 따라서 암컷의 개체 수도 제한적일 수밖에 없다. 프레이저 달링은 "동물의 세계에서 이타적인 모계제의 출현은 윤리 체계의 발전을 향한 한 걸음이다"라고 주장했다. 모계제는 사회성을 함양하며, 코끼리를 비롯한 수백 종에서 놀라운 성과를 거두고 있다.

4장
지도자

LEADERS

• 이 장에 나오는 주요 동물

범고래

향고래

참고래

로키산양

3장에서 늙은 동물이 어떻게 연륜을 바탕으로 뛰어난 지도자가 되는지 설명했다. 다양한 고래 무리에서 지도자 역할을 하는 고래들이 코끼리 가모장 못지않게 경험 많고 현명하다는 사실은 의심할 여지가 없지만 고래가 살아가는 바닷속을 관찰하지 못하기에 추측하는 수밖에 없다. 이 장에서는 장수하는 대형 고래목인 범고래와 향고래의 늙고 경험 많은 암컷에 대해 살펴볼 것이다(범고래와 향고래는 여느 수생 포유류보다 알려진 정보가 많다). 이 두 종의 늙은 암컷은 늙은 암코끼리와 마찬가지로 태어나면서부터 결속력이 강한 집단 속에서 살아가기에 죽는 날까지 혼자 힘으로 사는 법이 없다. 하지만 범고래는 암수가 함께 사는 반면에 향고래는 대체로 암수가 따로 산다. 아직 연구가 덜된 참고래right whale도 살펴볼 것이다. 확증되지는 않았지만 나이 든 개체가 지도자가 되는 듯하기 때문이다. 으뜸alpha 개체가 지도자이거나 전직 지도자인 경우는 다음 장들에서 다룰 것이며, 이 장에서는 양, 염소, 산양, 붉은사슴, 말코손바닥사슴, 개코원숭이, 랑구르원숭이 등 육상 동물의 지도자에 대한 여러 정보를 소개하며 마칠 것이다.

수생 동물의 지도자

범고래

브리티시컬럼비아의 남서부 앞바다를 항해하는 카페리의 관광객들은 난간에 기댄 채 범고래(Orcinus orca) 무리가 지나가는 광경을 보며 환호성을 지른다. (이 책에서는 범고래의 영어 이름을 killer whale(살인자 고래)이라 하지 않고 orca로 표기한다. 'killer'는 인간을 비롯한 모든 포식자 종에 해당하는 부정적인 함의가 있기 때문이다.) 하지만 페리 승객들이 볼 수 있는 것은 파도를 가르는 등지느러미뿐이다. 큰 수컷은 등지느러미 길이가 1.5미터에 이르고 수컷보다 몸집이 작은 암컷은 그보다 0.6미터 짧다. 고래 연구자가 배에 타고 있었다면, 이 지역에 사는 범고래 수백 마리를 과학자들이 하나하나 알고 있다고 말해줬을 것이다. 범고래는 등지느러미 모양, 등지느러미의 흠집이나 긁힌 자국, 등 무늬saddle marking(등지느러미 주위의 회색 또는 흰색 무늬_옮긴이) 등의 특징으로 구별된다.

과학자들은 어떤 범고래가 함께 헤엄치는지는 알 수 있을지 모르나 이것 말고는 지느러미나 꼬리를 언뜻 볼 수 있을 뿐 눈뜬장님이나 마찬가지다. 범고래가 내는 복잡한 소리를 수중 청음기hydrophone로 들어봐도 서로 뭐라고 말하는지 해독할 수 없다. 다만 특징적 울음소리를 통해 누구 소리인지는 알 수 있다.

브리티시컬럼비아 존스턴 해협에 서식하는 범고래 암컷의 나이를 계산하기 위해 연구자들은 암컷이 바닷길을 분주하게 누비면서 새끼를 몇 마리 데리고 다니는지 셌다. 범고래 암컷은 12세에 성적으로 성숙해지고, 임신 기간은 16개월이며, 첫 새끼는 대체로 죽는다. 암컷은 갓난새끼를 몇 년간 키운 뒤에야 새로 임신하여 다음 새끼를 낳는다. 유일한 포식자인 인간의 손에 죽지만 않는다면 범고래 암컷은 야생에서 60년 넘게 살 수 있다. 하지만 포획된 범고래 암컷은 (한 전문가에 따르면) 고작 30대에 '늙은' 개체로 간주되었으며, 25세에 이빨이 심하게 마모되기도 했다.

수컷은 나이를 알아내기가 훨씬 힘들다. 다만 스무 살이 되면 거대한 등지느러미가 다 자라기 때문에, 사진에서 어린 개체가 어른 지느러미를 달고 있다면 적어도 최저 연령을 추산할 수는 있다. 수컷은 수명이 40년 정도밖에 안 되는데, 헤엄치고 잠수할 때 이 돌출 부위 때문에 저항을 받아 기력을 소모하는 것이 한 가지 이유일 것이다.

브리티시컬럼비아와 워싱턴 주 앞바다에 서식하는 (연구가 많이 이루어진) 범고래는 모계 사회를 이룬다. 구성원은 늙은 지도자의 일생 동안 함께 지내며, 암컷도 수컷도 딴 무리에 합류하지 않는다. 어미와 새끼가 평생 함께 사는 것은 고래의 사회적 구성을 이루는 토대다. 무리의 성체는 다른 무리의 성체와 수시로 만나기 때문에 근친 교배의 염려는 없다. 하지만 이른바 뜨내기 범고래는 넓게 분포하며 물고기보다는 물범과 쇠돌고래porpoise를 잡아먹기 때문에 안정적 체계를 이루지 않는다. 먹잇감이 일정하지 않기 때문에 어린 범고래는 성숙하면 무리를 떠나며 세대마다 가족이 해체된다.

알렉산드라 모턴이 범고래를 연구하려고 1979년에 브리티시컬럼비아 앞바다로 가기 얼마 전까지만 해도 범고래는 취미용 사냥감이었다. 아이들은 범고래에게 돌을 던지면 칭찬을 받았다. 정부에서는 기관총을 동원하여 범고래 개체 수를 줄이려 들었다. 다행히 그 뒤로 범고래의 처지가 부쩍 나아지기는 했지만, 부끄럽게도 여전히 범고래들이 수족관에서 사육되고 있다. 이는 무고한 동물을 감옥에 가두는 짓이다. 이제는 많은 사람들이 범고래를 높이 평가하며 범고래의 지능과 복잡한 사회적 관계를 이해한다.

늙은 암컷은 번식이 끝났을지라도 여전히 무리에게 귀중한 존재다. 지도자로서, 몸을 비빌 장소나 쉴 장소, 연어가 다니는 길 같은 전통적 장소로 무리를 안내할 뿐 아니라 사냥 전략, 반향정위 기술, 근처 고래 집단의 방언 등 평생 얻은 지식을 전수하기 때문이다. 늙은 암컷의 교육 방식은 시범 보이기다. 수족관이나 해양공원에서 보듯 범고래는 모방 능력이 대단하다. 나이 든 암컷은 어미들이 먹이를 먹거나 쉬고 있을 때 새끼를 대신 돌보기도 한다.

늙은 개체, 특히 암컷은 어린 친족을 데리고 영역을 돌아다니기도 하는데, 이는 섬과 수로가 미로처럼 얽힌 수백 킬로미터의 영역에서 특별한 장소를 기억하도록 하기 위해서다. 일흔 살 넘은 암컷이 얼마 전 여름에 아들과 바다 일대를 순찰했다. 둘이 헤엄치는 동안 근처의 고래들이 하나같이 가모장에게 다가와 몇 분 동안 곁에 머물렀다. 마치 기나긴 평생을 살아온 바닷길을 환영을 받으며 행진하는 것 같았다.

이 지역에서 20년 넘게 범고래를 연구한 알렉산드라 모턴은《고래에게 귀 기울이다*Listening to Whales*》(2002)에서 암컷 지도자의 이야기를 들려준다. 이브[5]는 모턴과 처음 만났을 때 42세쯤 되었는데, 9년 전에 번식이 끝났기 때문에 노년이라고 보았다. 이브는 젊은 암컷 코키와 함께 A5 무리에 속해 있었다. 코키는 모턴이 로스앤젤레스 근처 머린랜드에서 일할 때부터 알던 포획 범고래였다. 10년 전 이브의 무리에서 열두 마리가 배들에 쫓겨 밴쿠버 북쪽 펜더 항구에 들어왔다. 코키를 비롯한 여섯 마리가 포획되어 여러 해양공원과 수족관에 실려 갔으며, 이 바람에 그 무리에서 야생의 어린 범고래 한 세대가 완전히 사라졌다. 붙잡힌 어린 고래들은 대부분 좁은 수조 감옥에서 얼마 버티지 못하고 죽었다.

이브는 이 사건으로 틀림없이 충격을 받았을 것이다. 이브가 자라던 시절에는 모터보트가 이따금 부르릉거리며 다가와 고래 가족에게 총질을 해댔다. 이브의 등에는 깊이 파인 상처가 있었다. 프로펠러가 척추 가까이까지 파고들어 하마터면 죽을 뻔했던 때의 흔적이다. 이브는 여전히 배를 두려워하여 멀찍이 거리를 두었다. 종종 무리를 훌쩍 앞질러 먹이를 찾아다닌 것은 사납고 소란스러운 젊은 범고래들이 성가셨기 때문이었을 것이다.

어느 날 모턴은 이브와 관련된 사건으로 충격에 빠졌다. 고래와 돌고래는 물에 빠진 사람을 수면이나 해변으로 밀어 구해준다는 속설이 있다(이따금 사람을 물속으로 끌고 들어가는지도 모르지만). 하지만 모턴의 남편 로빈은 이런 식으로 구조받지 못했다. 1986년 9월, 알렉산드라와 로빈은 존스턴 해협의 로브슨 만 근처에서 고래를 촬영하고 있었다. 나 같은 카약 애호가가 휴식을 취하러 들르기도 하는 아름다운 장소였다. 로빈은 잠수 장비를 갖추고 해안에서 9미터 떨어진 곳에서 수심 9미터 물속을 헤엄치고 있었으며, 알렉산드라는 근처에서 어린 아들과 함께 한가로이 고무보트를 타고 있었다. 그때 느닷없이 이브가 물 위로 떠올랐다. 무리를 이끌지 않고 혼자 나타난 것은 무척 이례적이었다. 이브는, 카메라로 바다 밑바닥을 찍고 있던 로빈을 향해 잠수하더니 다시 수면으로 올라와 고무보트를 들이받고 돌아섰다. 이렇게 짧은 시간에 두 번이나 수면으로 올라오는 것은 흔치 않은 일이어서 알렉산드라는 무척 놀랐다.

알렉산드라는 몇 분 동안 남편이 올라오기를 기다렸다. 이브의 영상을 건진 게 있는지 궁금했다. 하지만 남편은 나타나지 않았다. 남편의 시신은 물속에서 카메라 옆에 엎드린 채 발견되었다. 처음에는 이브에게 살해당한 줄 알았으나 경찰 조사에 따르면 잠수 장비에 문제가 생겨 산소가 공급되지 않았다고 했다. 죽어가는(혹은 이미 죽은) 로빈을 이브가 물 위로 밀어 올리지는 않았을지 모르지만, 무언가 문제가 생겼음을 알렉산드라에게 알리려 한 것은 분명했다. 직접 도움을 준 것은 아니지만 간접적 방법으로 도우려 한 것이었는지도 모른다.

1990년에 이브는 53세의 나이로 사망했다. 사망 원인은 알 수 없었으며 사체는 황량한 바닷가로 밀려 올라왔다. 다 자란 아들 탑노치와 포스터가 주위를 헤엄치며 이브를 불렀지만, 평생 처음으로 아무 대답도 없었다. 알렉산드라가 꼬리 묶는 일을 도왔으며 사체는 텔레그래프 만으로 인양되었다. 그곳에서 생물학자들이 이브의 사체를 부검하고 골격을 보존처리 했다. 범고래는 사체가 발견되는 일이 드물다. 이브는 과학계에 새로운 정보를 선사했다. 이브의 위장에는 물고기 59마리의 잔해가 들어 있었는데, 상당수는 바닥고기였으며 13종에 이르렀다. 과학자들은 분수공의 해부학적 구조를 분석했으며 가슴지느러미를 해부하여 작은 손가락 같은 것들이 숨어 있음을 밝혀냈다. 골격은 다시 끼워 맞춰 밴쿠버 섬 시드니 박물관에 전시했다.

또 다른 인상적인 암컷으로는 스터브스가 있는데, 에릭 호이트가《살인자라 불린 고래*The Whale Called Killer*》(1990)에서 묘사한 열여섯 마리 범고래 무리의 지도자였다. 스터브스는 등지느러미가 잘려나가고 삐죽삐죽 밑동만 남아 금방 알아볼 수 있었다. 아마도 배의 프로펠러에 부딪혀 그렇게 되었을 것이다. 스터브스는 배를 특별히 경계하지는 않았지만, 다른 범고래와 어울리기보다는 혼자 지내려 했다. 천천히 헤엄쳤고 한 번도 속력을 내거나 물 위로 뛰어오르지 않았으며, 나머지 무리가 앞장서 헤엄치는 동안 수면에 누워(아마도 물 위에 떠 있는 바닷말을 깔고 누웠을 것이다) 오랜 시간을 보냈다. 다른 고래들이 속력을 늦추면 그제야 합류했다. 스터브스는 딴 고래보다 숨을 자주 쉬었으며, 이따금 배를 드러내고 수면에 누워 해류에 몸을 맡긴 채 떠내려가기도 했다. 성격은 온화했다. 근처에 배가 있으면, 물속에서 올라올 때 배가 뒤집히지 않도록 조심했다. 배가 얼마나 연약한 물체인지 안다는 듯이.

늙은 범고래는 지도자 노릇뿐 아니라 매일같이 어미들이 물고기를 잡으러 잠수하면 새끼를 돌보는 보모 노릇도 해야 한다. 나이 든 수컷이나 연장자 범고래가 새끼 집단에 합류하면 일종의 학교가 된다. 이곳에서 새끼들은 연어 잡는 법 등을 배운다. 범고래의 행동을 깊이 연구한 사람들은 아무도 범고래가 '살인자 고래'라고 생각하지 않는다. 오히려 사교적이고 똑똑하고 유능한 동물이라고 생각한다.

향고래

향고래sperm whale*(Physeter macrocephalus)*는 우리 눈에 기이하게 보인다. 향고래는 아래턱이 비교적 작고 머리가 터무니없이 크며 머리에는 경뇌유가 많이 들어 있다. 경뇌유는 영어로 spermaceti oil인데 정액과 색깔이 비슷해서 sperm이라는 이름이 붙었다. 경뇌유 기관은 몸의 3분의 1을 차지하며, 반향정위 소리를 내는 데 관여하는 것으로 알려져 있다. 수심 2,500미터나 되는 깜깜한 바닷속에서 물고기와 오징어를 '보고' 잡을 수 있는 것은 이 반향정위 덕분이다. 향고래는 거대한 몸집에 걸맞게 소리도 우렁차다.

향고래는 길이가 18미터에 이르며, 큰 수염고래baleen whale를 닮았지만 실제로는 돌고래 중에서 가장 몸집이 큰 종이다. 그래서 입 속의 수염판이 아니라 아랫니와 (드물게는) 윗니로 먹이를 섭취한다. (이빨고래아목Odontocetes은 나이를 측정할 때 대체로 이빨의 나이테 개수를 세지만, 향고래는 치강齒腔이 닫혀서 정확한 나이를 알 수 없다.) 향고래의 꼬리 모양을 보고 수천 마리를 식별할 수 있는 연구자들은 늙은 향고래일수록 작은 등지느러미에 자잘한 굳은살이 많다고 말한다.

허먼 멜빌은 《모비딕》에서 향고래를 '바다의 공포'라고 표현했다. 유명한 《라루스 동물 사전*Larousse Encyclopedia of Animal Life*》(1967)에서는 향고래가 호전적인 동물로, "고래잡이배를 통째로 공격하여 튼튼한 턱으로 산산조각 낸다"고 설명했다. 사실 향고래는 사람이 쏜 작살에 맞거나 시달리지 않는 이상 천성적으로 소심하고 온순하다. 20여 마리의 향고래 무리가 물 위에서 쉬다가 일제히 방어 태세로 잠수했는데, 알고 보니 수면에 올라온 물개 한 마리를 보고 달아난 것이었다. 하지만 향고래가 이렇게 경계하는 것은 1986년 이전에(그 뒤에도 불법적으로) 고래잡이들에게 친족을 학살당한 경험 때문일 것이다. 대부분은 학살이 벌어지는 광경을 보지 못했겠지만, 매우 먼 거리에서도 낮은 울음소리로 수중통신 하는 능력 덕분에 상당수가 학살에 대해 알았을 것이다.

늙은 동물은 오랜 경험을 바탕으로 무리의 지도자 역할을 한다. 이를테면 늙은 향고래 암컷은 코끼리 무리와 마찬가지로 모든 연령의 암컷과 (어미를 떠날 준비가 되지 않은) 어린 수컷으로 이뤄진 사회적 유목성 모계 무리에서 살아간다. 무리의 구성원은 늘 함께 다니며 헤엄치고 쉬고 먹고 이야기하고 물 위로 뛰어오르고 이따금 서로 몸을 비벼 각질(이 피부 조각은 DNA 검사에 매우 유용하다)을 떨어낸다. 늙은 암컷은 무리에 없어서는 안 될 구성원이지만, 먹여 살릴 새끼가 있는 경우는 드물다. 암컷은 나이가 들면서 번식 횟수가 감소한다. 전성기 때는 평균 5년에 한 번 번식하지만, 40대가 되면 드물게(아마도 15년에 한 번) 번식한다.

암컷은 80대까지 살 수 있지만 번식은 40대까지만 하므로, 친족들에게 헌신할 기간이 충분하다. (이따금 '현자'로 불리기도 하는) 늙은 암컷이 무리에 꼭 필요한 이유는 좋은 섭이지攝餌地(먹이가 있는 곳. 생물학적으로 생산력이 높은 지역을 일컫는 말로, 열대와 온대에 수백 킬로미터에서 수천 킬로미터 너비로 펼쳐져 있으며 수심이 1킬로미터 이상인 곳이다)의 위치를 기억하기 때문이다. 향고래 무리는 늘 움직이는데, 섭이지에서 얻을 수 있는 먹이가 달라지면 연장자를 따라 이곳에서 저곳으로 옮겨 다니며 해마다 약 35,000킬로미터를 이동한다.

이 현자들은 오랫동안 습득한 문화적 정보를 어린 향고래에게 전달한다. 여기에는 알맞은 이동 패턴, 좋은 먹잇감, 방언(방언은 귀중한 정보로,

근친 교배를 피하려면 같은 방언을 쓰는 배우잣감과 번식해서는 안 된다) 등이 포함된다.

향고래 무리는 코끼리와 마찬가지로 새끼를 함께 돌보고 보호하는 암컷의 소집단으로, 먹이를 찾아 먼 거리를 이동하며 다른 향고래들과 마주친다. 최근 코끼리 연구에서 드러난바 늙은 가모장은 무리에 중요한 존재이며 가모장이 살해당하면 혼란이 벌어진다(3장 참고). 향고래 무리에서도 같은 문제가 생길 수 있다. 페루, 칠레, 일본, 심지어 유럽 북서부의 앞바다에 사는 향고래는 고래를 죽이지 않는 카리브 해 같은 곳에 사는 정상적인 향고래 무리보다 예외 없이 출산율이 낮다. 이는 1986년까지 고래잡이들이 크고 나이 많은 개체를 도살했기 때문일 것이다. 향고래 무리가 사회적 지식을 잃고 제대로 생존하지 못한 것은 이런 연유에서인지도 모른다.

참고래

전 세계 대양을 누비며 풍부한 경험을 쌓은 늙은(그러나 가장 늙지는 않은) 참고래(Eubalaena glacialis)는 지도자가 될 수 있을까? 확신할 수는 없지만 그런 것 같다. 그렇지 않다면 더는 번식하지 않는 늙은 개체가 극지방(주 서식지)에서 따뜻한 바다로 해마다 길고 고된 여행을 하는 이유가 무엇이겠는가? 로저 페인(고래의 생물음향학을 연구하다 코끼리 발성 연구로 전향한 케이티 페인의 전 남편)은 《고래와 함께Among Whales》(1995)에서 참고래의 출생지인 아르헨티나 앞바다에서의 참고래 연구를 설명한다.

늙은 참고래는 맛있는 먹잇감의 위치를 가장 잘 기억하며 나머지 무리를 그곳으로 이끌 수 있다. 하지만 참고래의 먹잇감인 빽빽한 플랑크톤 더미는 드넓은 바다 위를 정처 없이 떠다니기 때문에 참고래가 어떻게 그 위치를 아는지는 밝혀지지 않았다. 플랑크톤을 감지할 수 있는 화학수용체가 있는 것일까? 후각이 발달한 것일까? (참고래는 뇌의 후각 영역이 이빨고래나 돌고래보다 상대적으로 크다. 이빨고래와 돌고래는 반향정위로 먹이를 찾는다. 넓은 플랑크톤 군집에서는 사람 코로도 맡을 수 있는 독특한 냄새가 난다.) 아니면 늙은 참고래는 일정한 온도 범위에 먹잇감이 밀집한 것을 알아서 따라다니는 것일까?

늙은 참고래가 지도자가 아니라면 이주는 왜 할까? 더는 번식하지 않으면 이주할 필요가 없으니 말이다. 고래잡이 기록에 따르면 늙은 개체와 매우 늙은 개체도 번식지에서 발견되었다고 한다. 페인은 대서양이 내려다보이는 절벽에서 주름진 피부의 늙은 남방참고래southern right whale 암컷을 직접 목격했다. 거대한 몸집의 암컷은(암컷이 수컷보다 크다) 새끼가 없었으며 만의 다른 고래와 거의 아무런 교류 없이 천천히 움직였다. 페인 부부의 관찰에 따르면 번식지의 늙은 남방참고래가 젊은 세대에 직접적으로 유익한 측면은 전혀 없었다.

어쩌면 늙은 참고래가 이주하는 것은 습관 때문인지도 모른다. 지금껏 살면서 해마다 해오던 일이니 말이다. 아니면 극지방 바깥에 먹잇감이 있어서인지도 모른다. 그러면 크릴새우를 먹으려고 남쪽으로(북방참고래의 경우는 북쪽으로) 출발하기 전에 배를 곯는 기간이 짧아지기 때문이다. 참고래의 이주는 먼 거리를 헤엄치면서 피부에 붙은 따개비를 떨어내기 위해서일지도 모른다. 따개비는 고래에게 골칫거리다. 모양이 울퉁불퉁해서 헤엄칠 때 저항을 받아 속력이 느려지기 때문이다. 하지만 적어도 혹등고래humpback whale에게는 따개비가 이롭다. 싸움이 벌어졌을 때 날카로운 가장자리를 이용하여 상대방의 피부를 찢을 수 있기 때문이다.

참고래는 대체 왜 이주하는 것일까? 페인은 참고래 새끼가 찬물을 견딜 준비가 되지 않아 따뜻한 바다에서 태어나야 한다고는 생각지 않았다. 오히려 사나운 폭풍우 속에서 물을 들이마시지 않고 제대로 숨 쉬는 법을 배우려면 찬물이 필요하며 상어와 범고래 같은 천적을 피하려면 얕은 바다에 있어야 한다고 생각했다. 참고래의 행동에 대해서는 아직도 알아내야 할 것이 많다.

뭍의 지도자

대부분의 사회적 동물은 무리가 어디에서 먹고 마시고 잘지 결정하는 지도자가 있다. 늙은 동물은 환경에 대해서 그리고 무리의 능력에 대해서 경험이 가장 많기 때문에 훌륭한 지도자가 될 수 있다. 좋은 지도자가 있는 무리는 번성할 것이고 나쁜 지도자가 있는 무리는 쇠락할 것이다. 사람들은 인류 문화에 빗대어 동물도 경쟁과 싸움을 통해 지위를 차지한다고들 생각한다. 사자, 늑대, 개코원숭이, 침팬지를 비롯하여 암수가 1년 내내 함께 지내는 거의 모든 종의 수컷에 대해서는 그 통념이 옳다(단, 하이에나 무리는 암컷이 지배적이다). 힘이 가장 센 시기의 동물이 우두머리가 되며, 늙은 동물은 이에 해당하지 않는다. 따라서 이런 지도자는 이 책의 관심사가 아니다. 하지만 모든 지도자, 특히 암컷과 새끼를 책임지는 지도자가 신체적으로 전성기에 있는 것은 아니다.

　존 폴 스콧은 양에 대한 중요한 연구에서 지도력이 지배와 공격이 아니라 (대체로 훈련에 의존하는) 사회적 행동을 통해 획득된다고 주장했다. 스콧은 2헥타르의 면적에서 사람의 개입 없이 살아가는 작은 양*(Ovis aries)* 무리의 행동을 4년여에 걸쳐 관찰했다. 스콧은 갓 태어난 새끼 양이 어미를 따라다니고 어미는 보상으로 젖을 준다는 사실을 발견했다. 따라다니는 행동은 본능적인 것이 아니라 훈련의 결과였다. 어미 잃은 양은 따라다니는 법을 훈련받지 못하여 훨씬 독립적이었다. 새끼 양과 어린 양이 (훈련받은 대로) 어미를 따라다닌 반면에 숫양은 또 다른 이유로(교미하고 싶어서) 암양을 따라다녔다. 그 결과 무리의 우두머리 지위는 거의 모든 숫양보다 힘과 싸움 실력이 열등하고 종종 젊은 암양보다도 못한 늙은 암양에게 돌아갔다. 지위를 차지하는 방법은 주로 자식을 돌보고 먹이는 것이었으며 늙은 암양은 (관찰자가 보기에) 자식에게 결코 폭력을 행사하지 않았다.

　엘마 윌리엄스는 《동물의 골짜기*Valley of Animals*》(1963)에서 방목 염소*(Capra hircus)*의 지도자도 늙은 가모장이라고 보고했다. 13세인 니얼은 열두 마리로 이루어진 무리의 어엿한 지도자였다. 들판에서 무리와 함께 풀을 뜯다가 날이 저물면 니얼은 몸을 곧추세우고는 턱수염을 하늘로 쳐들었다가 땅으로 내렸다. 그런 다음 천천히 앞으로 나서며 '이리 와'라는 의미의 울음소리를 냈다. 그러자 다른 염소들이 한 줄로 니얼을 졸졸 따라갔다. 니얼이 덤불을 뜯어 먹으려고 멈추면 전부 걸음을 멈추었다. 윌리엄스는 이 줄을 '염소 기차'라고 불렀다. 폭풍우가 몰아치면 염소 기차는 염소 고속철로 변신하여 니얼을 따라 일사불란하게 피난처로 돌진했다. 먹는 데 정신이 팔려 기차를 놓친 염소는 겁에 질려 애처로운 울음소리를 내며 사방팔방 뛰어다녔다.

야생 로키산양(Oreamnos americanus)의 암컷 무리에서도 늙고 경험 많은 암컷이 무리를 이끈다. 봄과 가을의 이주 시기에 위험한 산사태를 피하려면 어떻게 해야 하는지, 맛있는 식물이 어디에서 자라는지 알기 때문이다. 다 자란 로키산양 암컷은 직선적이고 안정된 서열을 이루고 있으며, 지배적 개체가 새끼를 많이 낳는다. 지도자의 인도는 자신의 어린 자매, 딸, 조카딸, 손녀를 안전하게 지켜줄 것이다. 지도자에게 복종하려는 성향이 유전자로 전달되는 것이라면, 똑똑한 암컷의 친족은 그 성향을 세대에 걸쳐 전달할 것이다.

붉은사슴(Cervus elaphus) 모계 집단의 지도자는 다 자랐거나 늙은 암컷이다. 딴 암컷들이 지도자에게 도전하는 일은 없지만, 해마다 새끼를 낳다가 멈추게 되면 곧 지도자 자리를 내놓는다. 만일 새끼를 계속 낳는다면 죽을 때까지 지도자 자리를 유지한다. 스코틀랜드에서 붉은사슴을 연구한 프레이저 달링은 지도자가 정기적으로 새끼를 낳으면 모성애가 발동하여 무리를 새끼처럼 돌볼 것이라고 주장했다. 이와 관련하여 스콧은 후손을 많이 둔 늙은 양이 지도자가 되는 이유 중 하나는 새끼를 돌볼 때 복종 성향이 감소하기 때문이라고 주장했다.

이름난 박물학자 앤디 러셀은 로키 산맥에 사는 카우엘크cow elk (유럽붉은사슴과 같은 종) 올드벅의 지도력을 묘사했다. 올드벅은 새끼를 둔 100마리 가까운 암컷과 한 살배기 수컷 몇 마리로 이루어진 무리의 지도자였다. 올드벅은 깊이 쌓인 눈 사이로 길을 냈고, 어느 길로 다닐지 선택했으며, 위험이 닥쳤을 때 재빨리 결정을 내렸다. 올드벅이 권위를 얻은 것은 싸움을 통해서가 아니라(하지만 말을 안 듣는 카우엘크가 있으면 번개처럼 빠른 앞발로 벌주었다) 강인하고 경험이 많기 때문이었다.

늙은 수컷 개코원숭이는 겉보기에는 지도자 같지 않지만, 한스 쿠머가 에티오피아의 망토개코원숭이hamadryas baboon(*Papio cynocephalus hamadryas*)에 대한 방대한 현장 조사로 밝혀냈듯 사실은 지도자인 경우가 많다. 무리가 그날의 일정을 시작할 준비가 되면 젊고 활기찬 수컷 한 마리가 한 방향으로 행진하는데, 뒤에 있는 늙은 수컷은 특정한 방향을 염두에 두고 있어서 무리를 따르기도 하고 따르지 않기도 한다. 이 늙은 수컷이 가만히 앉아 있으면 '지도자'는 방향을 바꾸고는 이 방향이 늙은 수컷이 염두에 둔 방향인지 확인한다. 둘은 눈빛만 교환할 뿐 결코 대놓고 다투지 않는다. 젊은 수컷은 암컷과 새끼를 많이 거느린 반면 깡마른 늙은 수컷에게는 아무것도 없더라도 여전히 늙은 수컷이 행렬의 맨 뒤에서 방향을 정한다. 늙은 수컷이 쇠약해져 무리를 따라잡을 수 없게 되면 마침내 팀워크가 무너진다. 젊은 수컷은 늙은 수컷의 결정을 보면서 어디에 먹잇감과 물과 잠자리가 있는지 배우며, 잠복하고 있는 표범을 피하기 위해서는 경로에 변화를 주어야 한다는 사실을 터득한다. 드물긴 하지만 진득하게 밀고 당기기를 못하는 늙은 수컷도 있다. 이 수컷은 성큼성큼 무리 한가운데로 걸어 들어가 뒤도 돌아보지 않고서 10초 만에 모든 구성원을 줄 세웠다.

랑구르원숭이 암컷은 나이가 들면 지배력을 잃기 때문에 늙은 동물이 무리의 삶에서 중심을 차지하지 않는다. 늙은 동물은 눈에 띄지 않는 언저리에서 서성거린다. 하지만 늙은 암컷의 풍부한 경험은 여전히 존경받는다. 늙은 암컷은 어느 나무에 열매가 달리는지, 어느 밭의 경계가 삼엄한지, 어디에 물이 있는지, 어느 마을이 원숭이에게 적대적인지 가장 잘 안다. 세라 허디는 인도에서 연구하던 중에 암컷이 무리의 이동 방향을 결정할 경우 예외 없이 젊은 암컷이 아니라 늙은 암컷이 결정권을 행사한다는 사실을 발견했다(늙은 암컷은 서열이 낮기 때문에 무리의 중심에는 좀처럼 나서지 않는다).

늙은 동물은 지도자가 되어 무리를 직간접적으로 이끄는 경우가 많다(종의 사회적 구성에 따라 늙은 수컷이 지도자가 되기도 하고 늙은 암컷이 지도자가 되기도 한다). 이들의 공통된 특징은 경험이다. 다들 오랜 세월을 살았고 환경과 자신의 집단에 관해 풍부한 경험을 쌓은 덕에 자신과 젊은 구성원의 생존에 이바지할 수 있다.

5장
가르침과
배움

TEACHING AND LEARNING

• 이 장에 나오는 주요 동물

버빗원숭이

붉은여우

필리핀원숭이

북아메리카꼬마땃쥐

가르침

　　　　　　동물은 교사가 될 수 있을까? 동물에게도 말 그대로 '가르침'이라고 이름 붙일 수 있는 활동이 있을까? 도러시 체니와 로버트 사이파스는 《원숭이는 세상을 어떻게 볼까*How Monkeys See the World*》(1990)에서 (여느 포유류보다 똑똑한 것으로 추정되는) 원숭이가 관찰과 사회적 강화, 시행착오 학습을 통해 남에게서 새로운 기술을 습득할 수 있다고 주장했다. 하지만 남의 행동을 모방할 수 있는지에 대해서는 회의적이었으며, 가르치지는 못한다고 주장했다. 최근에 베넷 갈레프 연구진은 어미 쥐*(Rattus norvegicus)*가 새끼에게 무엇을 먹으라고 가르치지 않음을 밝혀냈다. 하지만 다른 연구자들은 인간 아닌 동물에게서도 (기록된 것은 거의 없지만) 가르침이 이루어진다고 생각한다. 이 장에서는 가르침을 전반적으로 살펴보고, 늙은 동물의 가르침과 배움으로 간주할 수 있는 (여러 해에 걸쳐 찾은) 몇 가지 사례를 논의해볼 것이다.

가르침이란 무엇일까? 인간에게 가르침이란 지식이 많은 사람이 지식이 적은 사람(대체로 아이나 젊은이)에게 의도적으로 정보를 전달하는 것을 일컫는다. 인간 아닌 고등동물(대체로 어미)도 어떻게 먹이를 찾을지, 어떻게 포식자를 피할지, (종에 따라) 어떻게 다른 동물을 잡아먹을지 등을 새끼에게 가르치는 것으로 보인다. 하지만 동물에게도 지향성이 있음을 입증하기란 불가능하다. 그래서 티머시 캐로와 마크 하우저는 동물에게서 일어나는 가르침의 과정을 아래와 같이 정의했다.

개별 행위자 A가 특정 지식이 없는 관찰자 B가 보고 있을 때에만 모종의 대가를 치르고서 또는 (적어도) 그 자체로 즉각적인 이익을 얻지 않고서 자신의 행동을 변경하면, A가 가르친다고 말할 수 있다. 이에 따라 A의 행동은 B의 행동을 격려 또는 처벌하거나 B에게 경험을 선사하거나 B에게 본보기를 제시한다. 그 결과 B는 이렇게 하지 않았다면 전혀 배우지 못했을 지식과 기술을, 이렇게 하지 않았을 때보다 더 일찍 또는 더 빠르게 습득하고 학습한다.

대체로 이 정의는 늙은 동물이 젊은 동물을 대상으로 가르치며 늙은 동물이 가르침 행위로부터 이익을 얻어서는 안 된다는 의미로 해석된다. (이를테면 늙은 동물이 열등한 동물을 싸움에서 물리쳐 훗날 자신을 피해 다니도록 가르치는 것은 이익을 얻는 것이다.) 두 연구자는 가르치는 개체가 제자의 기술 변화에 민감하거나 다른 개체에게 마음 상태를 부여할 수 있어야 할 필요는 없다고 언급했다. "선행 연구에서 가정하듯, 그러한 것들은 인간 아닌 동물의 가르침에서는 필수 조건이 아니다. 그러한 전제 조건 없이 본보기식으로 가르치는 것이 자연 선택 과정에서 여전히 선호될 수 있기 때문이다."

캐로와 하우저는 많은 사례 연구를 두 범주로 묶었다. 첫 번째 범주는 새끼 포식자가 먹잇감 죽이는 법을 연습할 수 있도록 어미가 먹잇감을 가지고 노는 것 같은 '기회 교수법opportunity teaching'이고, 두 번째 범주는 새끼가 어떤 행동을 하느냐에 따라 어른에게 칭찬이나 벌을 받는 '코칭coaching'이다. 두 연구자는 늙은 동물의 가르침(으로 보이는 것)에 적용할 수 있는 네 가지 공통 메커니즘을 제시했는데, 이 메커니즘들이 반드시 서로 배타적인 것은 아니다.

1. 모방이나 사회적 촉진을 통한 사회적 학습
2. 개체에게 더 많은 배움의 기회를 주는 것
3. 격려하는 것
4. 벌주는 것

모방

'모방에 의한 가르침'이라고 부를 수 있는 사례는 일본원숭이에게서 찾아볼 수 있다. 고구마 씻기와 밀 띄우기 행위를 처음 시작하여 집단에 퍼뜨린 것은 젊은 원숭이들이었다. 어느 날 젊은 암컷이 흙투성이 고구마를 물에 담가 흙을 씻어내어 먹었다. 곧 어미와, 가까운 동료들이 그 행동을 따라 했으며 다른 원숭이에게도 이 습성이 퍼져 나갔다. 10년이 채 지나지 않아 중년 이하의 모든 개체가 고구마를 씻어 먹었다.

마크 하우저는 케냐 암보셀리 국립공원에서 오랫동안 버빗원숭이

vervet monkey(*Cercopithecus aethiops*)를 연구하면서 '모방에 의한 가르침'을 분석했다. (하우저의 관심사는 사회적 학습, 사회적 상호작용, 시범, 전염성 행동 등이었다.) '선생'은 1983년 당시 14세였던 만년의 보르자였다(보르자는 1987년에 죽었다). 보르자는 어른 수컷 세 마리, 어른 암컷 네 마리, 청소년 세 마리로 이루어진 무리에서 가장 나이가 많았다. 심한 가뭄이 들자 보르자는 아카키아 토르틸리스(*Acacia tortilis*) 나무의 홈에 고인 끈적거리는 삼출액에, 마른 토르틸리스 꼬투리를 집어넣었다. 그러고는 꼬투리를 삼출액에 2분가량 담갔다가 꺼내서 먹었다. 버빗원숭이는 정상적인 상황에서는 마른 꼬투리를 많이 먹지 않지만, 딴 먹이를 구하기 힘들 때는 마른 꼬투리가 중요한 먹잇감이 된다. 꼬투리를 액체에 몇 분간 담그면 (버빗원숭이가 좋아하는) 삼출액을 머금기 때문에, 마른 꼬투리도 맛이 좋아진다.

하우저는 이 흥미로운 행동을 발견한 지 여드레 뒤에 보르자 무리의 청소년 아들 두 마리가 똑같은 행동을 하는 장면을 목격했다. 이튿날, 다 자란 딸과 또 다른 어른 암컷도 그 방법을 터득했다. 15일째 되는 날에는 또 다른 어른 암컷이 함께했고, 22일이 지나자 우두머리 수컷도 동참했다. 삼출액에 적신 꼬투리는 버빗원숭이의 중요한 구황 식단이 되었다. 하지만 나머지 두 어른 수컷과 세 번째 청소년(암컷)은 한 번도 꼬투리를 적셔 먹지 않았다.

여기서 무슨 일이 일어난 것인지 정확하게 판단하기란 쉽지 않다. 보르자의 행동은 새로운 것이었을까? 아니면 버빗원숭이 현장 연구가 시작된 1977년 이전에 보고 배운 것이었을까? 무리의 최고 연장자가 꼬투리에 수분을 함유시킨 행동은, 자신이 고안했든 훨씬 과거의 일을 기억한 것이든, 세 마리의 자식을 비롯해 대부분의 무리 구성원이 가뭄에서 살아남는 데 중요한 역할을 했다. 이 행동은 이 소규모 집단의 문화 또는 전통의 일부가 되었다. 이 학습은 모방 행위로 보였다(이에 반대하는 연구자들도 있지만). 그렇게 짧은 기간에 버빗원숭이들이 스스로 그런 행동을 고안했으리라고는 믿기 힘들기 때문이다. 인간 아기는 생후 2주 만에 자신을 바라보는 어른의 표정을 모방할 수 있으므로, 어린 원숭이에게 모방 능력이 있다고 해도 놀랄 일은 아니다.

사회적 학습(또는 모방이나 관찰 학습)이 '가르침'(또는 '훈련')의 수단으로 쓰이는 예는 양과 새에게서도 관찰되었다. 존 폴 스콧은 대부분의 논문에서 양의 행동이 대체로 본능적이라고 가정하지만 양의 행동을 쉽게 조건화할 수 있음이 실험 연구에서 밝혀졌다고 언급했다. 스콧은 학습이 모방 유발allelomimetic 행동(상호 모방을 비롯한 여러 행동으로 정의되며, 양에게서 매우 흔하다)과 지도력에서 매우 중요한 요인이라고 생각했다. "유전은 행동을 형성하는 데 중요한 역할을 하지만 학습에 따라 바뀌기도 한다."

많은 과학자들은 새 역시 양처럼 대부분 행동이 본능적이며 학습에 서툴다고 생각했다. 코스타리카 코코 섬에 사는 코코섬핀치Cocos finch(Pinaroloxias inornata)는 다양한 열매, 꽃꿀, 곤충을 먹기 위해 온갖 방법을 동원한다. 하지만 각각의 행동을 꼼꼼히 살펴보았더니 실제로는 새마다 한두 가지 방법만 쓰고 있었다. 하루 중 언제인지, 몇 월인지, 서식지의 어느 지역인지와도 무관했다. 같은 덤불에서 먹이를 먹더라도 개체마다 먹는 방법이 달랐다. 어린 코코섬핀치는 1~2미터 떨어진 곳에서 어른이 먹이 찾는 모습을 보고 흉내 냄으로써 가지에서 곤충 잡기,

마른 잎에서 귀뚜라미 찾기, 꽃을 탐색하여 꽃꿀 얻기 등의 기술을 배운 것으로 보인다.

늙은 코커스패니얼 러스티의 딸 진저는 모방에 의한 학습의 또 다른 예를 보여준다. 주인 칼 마티는 오랫동안 위스콘신 스리레이크스에서 숱한 야생 동식물을 돌봤다. 스털링 노스는 《아메리카너구리는 똑똑해 Raccoons Are the Brightest People》(1966)에서 러스티가 여러 배고픈 동물과 오랫동안 함께 살아왔으며 그중에서도 야생 여우 루이랑 야생 아메리카너구리 스누피와 친해졌다고 말했다. 러스티는 죽기 8개월 전에 새끼 진저에게 "새끼 수달, 아메리카너구리, 오소리, 여우, 작은 곰, 스컹크, 심지어 호저와 놀고 그들을 돌보는 법"을 보여주기 시작했다. 머지않아 진저는 "새로운 업둥이의 기분을 아빠 못지않게 정확히 알아차렸다. 진저는 대체로 몇 분 안에, 늦어도 한두 시간 안에는 숲 친구들의 신뢰를 얻을 수 있었다." 이 놀라운 능력은 아빠에게 '배운' 것이 틀림없었다.

물론 보면서 배우는 것은 사람에게도 중요하다. 위대한 박물학자 시거드 올슨은 《북부의 노래 Songs of the North》(1987)에서 신참 자연 가이드는 고참 가이드에게 배우지 않는 것에서 자부심과 남자다움을 찾지만 잔뼈 굵은 고참이 카누를 젓고 야영하는 모습을 하나하나 살펴보면서 많은 것을 배운다고 이야기했다.

배울 기회

어린 개체에게 배움의 기회를 선사하는 가르침의 두 번째 유형은 코끼리와 여우, 두 늙은 어미에게서 그 예를 찾아볼 수 있다. 코끼리 가모장은 마른 강바닥에 우물을 파는데 새끼가 자꾸 우물 벽을 무너뜨리자 짜증이 났다. 처음에는 발로 새끼를 몇 번 가볍게 쳤다. 그래도 말을 듣지 않자 몇 미터 떨어진 공터로 데려가 새끼만을 위한 작은 구덩이를 하나 팠다. 어미는 새끼를 축축한 모래 속에서 놀게 내버려둔 채 우물 공사를 마무리했다.

데이비드 맥도널드는 잉글랜드 옥스퍼드 근처에서 적외선 쌍안경을 이용하여 붉은여우(Vulpes vulpes)가 밤에 어떤 활동을 하는지 관찰했다. 초원에서는 고요하고 따뜻한 밤이면 지렁이가 굴에서 땅 위로 몸을 내밀다 여우에게 끌려 나온다. 아홉 살이 다 되었지만 닳은 이빨은 하나뿐인 암컷 투디픽은 지렁이 잡기 선수였다. 투디픽은 지렁이의 끄트머리를 잡고 팽팽하게 당긴 다음 천천히 구멍에서 끄집어내다가 지렁이가 홱 튕겨져 나와 주둥이에 달라붙으면 우적우적 먹었다. 투디픽의 새끼도 옆에서 지렁이를 공격했다. 하지만 솜씨가 형편없어서 경중경중 뛰기만 할 뿐 지렁이는 다시 구멍으로 숨어버렸다. 마침내 새끼가 투디픽 옆에 자리 잡았다. 투디픽은 두 번째 지렁이를 잡아 바짝 끌어당겨 새끼에게 건네주었다. 하지만 새끼가 너무 세게 잡아당기는 바람에 지렁이가 두 토막 났다. 두 번째에도 같은 결과가 벌어졌다. 세 번째로 지렁이가 고개를 빼꼼 내밀었다. 투디픽은 지렁이를 단단히 붙잡고는 발로 살살 두드리며 힘겨루기를 벌였다. 지렁이는 점차 힘이 빠지더니 구멍에서 천천히 끌려 나왔다. 지렁이의 3분의 2가 구멍에서 빠져나오자 투디픽은 군침을 흘리는 새끼에게 지렁이를 낚아채게 해주었다. 새끼는 어미의 기술을 따라 하려고 여러 번 시도했지만 금방 성공하지는 못했다. 하지만 일주일이 지나자 어미가 네 마리 잡는 동안 한 마리를 잡을 수 있었으며 한 달 뒤에는 어미의 실력을 따라잡았다.

격려

격려로 가르침을 촉진하는 예는 샌디에이고 야생동물원의 열두 마리 고릴라(Gorilla gorilla gorilla) 무리에게서 관찰되었다. 앨버타(21세)는 딸 아이온이 첫째 새끼를 방치하고 걸핏하면 바닥에 버려두어 결국 사람들이 데려가 키우게 된 뒤에 둘째 손자의 탄생에 각별한 관심을 보였다. 아이온이 갓난새끼 수컷을 앨버타 근처의 땅에 내려놓자(고릴라 새끼는 6개월이될 때까지 어미와 끊임없이 신체 접촉을 하므로 아이온의 행동은 자연스러운 것이 아니었다) 할머니 앨버타는 새끼를 들어 아이온에게 건네주었다. 앨버타는 몇 번이고 새끼를 아이온에게 주었지만 그때마다 아이온은 거부했다. 그 뒤로 며칠 동안 앨버타는 이따금 새끼를 잠깐씩 안기는 했지만 그러다 다시 어미에게 건네주었다. 새끼가 태어난 지 나흘째가 되자 아이온은 앨버타의 도움을 받아 육아에 필요한 모성 행동을 습득했다. 연구자들은 "다 자란 젊은 딸의 육아 솜씨는 출산 후 첫 나흘에 걸쳐 뚜렷이 향상되었는데, 여기에는 어미의 격려가 한몫했다"라고 결론 내렸다.

처벌

암염소 니얼(13세)은 엘마 윌리엄스가 '약초 지식'이라고 부른 것을 두 딸에게 가르치는 수단으로 간접적 처벌을 활용하는 듯했다. 니얼은 만병초rhododendron 잎이 염소에게 독성이 있다는 것을 알고 있음이 틀림없었다. 염소 거젤이 자신에게 걷어차이고서 만병초 잎을 씹는 모습은 그냥 지켜보기만 했지만, 두 딸이 만병초 잎을 먹으려 하자 뿔로 세게 들이받아 제지했기 때문이다. 거젤은 이튿날 심하게 앓다가 가까스로 회복되었다. 거젤은 니얼의 무리가 아니라 윌리엄스가 데려와 키운 염소였다. 니얼은 담쟁이덩굴로 덮인 나무가 땅바닥에 쿵 하고 쓰러졌을 때에도 예리한 관찰력을 발휘했다. 열매에는 독이 있지만 먹음직스러운 잎에는 독이 없다는 사실을 알고 있었다. 니얼과 두 딸은 담쟁이덩굴을 먹으려고 몰려든 젊은 염소들을 사납게 공격하여 몰아내고는 잎을 실컷 먹었다(하지만 열매는 건드리지 않았다). 거젤이 니얼의 사위와 짝짓기 하여 딸 실번을 낳자 니얼은 거젤과 실번을 무리의 일원으로 받아들였다.

늙은 암컷이 어미의 의무를 다하지 않은 젊은 암컷을 직접 처벌한 두 가지 사례도 있다. 둘 다 포획 동물이었는데, 이 경우 지속적으로 관찰할 수 있기 때문에 처벌 장면을 보고 기록할 수 있다. 첫 번째 사례는 듀크 대학 영장류연구소에서 기르는 호랑이꼬리여우원숭이ringtail lemur(Lemur catta)다. 어느 날 석 달 된 새끼 한 마리가 전기 울타리를 오르다 머리에 전기 충격을 받고서 경련을 일으키며 땅바닥에 쓰러졌다. 어미는 사고를 목격하지 못했지만 할머니는 현장을 보았다. 할머니는 기절한 새끼에게 황급히 다가가(전에는 한 번도 못 보던 행동이었다) 새끼를 10분 동안 날라 조용한 곳에 내려놓았다. 그러고는 얼마 지나지 않아 손녀를 다시 여기저기로 데리고 다녔다. 무슨 일이 있었는지 모르는 어미가 어슬렁거리자 새끼가 잠시 어미 등에 올라탔다. 하지만 어미는 새끼를 업어주지 않았다. 일어서더니 새끼를 떨어뜨리려고 몸을 격렬히 흔들었다. 할머니는 이것을 보자마자 딸을 공격했다. 유순해진 딸은 새끼가 올라오도록 내버려두었다.

연구자들은 이 행동을 보고서 깜짝 놀랐다. 할머니의 행동은 이 원시적 영장류가 남이 어려움에 처한 것을 인식하고 그에 따라 행동할 수 있음을 보여주었기 때문이다. 할머니가 자기 딸을 공격했다는 사실은 심지어 무엇이 어미의 의무인지—"인간의 경우라면 도덕적 관점에서의 사회적 압력이라 불러 마땅한 것"—를 알고 있음을 시사하는 듯했다.

'가르침으로서의 처벌'의 또 다른 예는 오리건 주 포틀랜드의 워싱턴 동물원에서 사육하는 암컷 아시아코끼리(Elephas maximus) 무리에게서 관찰되었다. 우두머리 암컷 하나코는 새끼를 세 마리 낳았지만, 근친 교배 때문에 세 마리 모두 중증 장애로 곧 죽었다. 넷째 루크차이는 멀쩡한 상태로 태어났지만 하나코는 새끼 기르는 법을 전혀 몰랐다. 젖 먹이려는 기미를 전혀 보이지 않은 채 앞뒤로 불안하게 서성거리기만 했다. 그러자 하나코와 같은 우리에 있는 암코끼리가 하나코의 모성 결핍에 화가 난 듯 머리로 하나코를 들이받아 시멘트 벽에 몰아붙였다. 하나코가 충격으로 꼼짝 못하는 사이에 루크차이는 하나코의 앞다리 사이에서 잠시 젖을 빨 수 있었다. 하지만 하나코는 다시 새끼를 외면했다. 이번에는 육아 경험이 많은 늙은 암컷 두 마리가 하나코를 벽에 밀어붙였다. 그 뒤로도 며칠 동안 루크차이가 젖을 먹고 싶어 할 때마다 하나코가 움직이지 못하도록 같은 행동을 되풀이했다. 두 나이 많은 '이모'는 하나코에게 어미의 책임을 일깨우고 있는 것이 분명했다. 루크차이의 할머니 투이호아는 불쌍한 마음에 직접 젖을 먹이기 시작했다. 안타깝게도 루크차이는 두 살밖에 안 되었을 때 어미와 할머니에게서 떨어지는 바람에 코끼리로 자라는 법을 제대로 배우지 못했다.

배움

바버라 우드하우스는 늙은 동물의 배움을 기록으로 남겼다. 동정심이 많은 젊은 여인이던 우드하우스는 조랑말 토미(27세)를 구입했다. 토미는 몸이 수척하고 등이 굽었다. 우드하우스는 "토미의 지칠 대로 지친 마음을 회복시키고" 싶었다. 꾸준한 반복과 보상 덕에 토미는 사다리를 오르고 뒷다리로 걷고 숫자를 세는 법을 배웠다. 우드하우스는 '카우보이와 인디언' 놀이를 했다. 우드하우스는 토미를 타고 가상의 적에게서 탈출한 뒤에 토미에게서 내려 뒤에 숨은 채 응사했다. 우드하우스는 자신들이 어떤 놀이를 하는지 토미가 모른다고 말했지만, 젊음을 되찾은 토미는 우드하우스가 원하는 것이라면 무엇이든 하고 싶어 했다. 둘은 손발이 척척 맞았다.

이따금 동물이 어떻게 경험을 얻는지 추측조차 어려울 때가 있다. 중국의 목동들은 늙은 사슴(어떤 종인지는 알려지지 않았다)이 젊은 사슴과 달리 하수오fleeceflower(*Polygonum multiflorum*)의 쓴맛 나는 껍질과 뿌리를 먹는다는 사실을 발견했다. 하수오를 부위별로 분석했더니 노인에게 유익한 성분이 들어 있었다. 하수오는 원기를 북돋고 고혈압, 고지혈증, 심장병을 완화하는 것으로 알려져 있다. 젊은 사슴은 늙은 사슴의 본보기를 관찰하여 하수오가 몸에 이롭다는 사실을 추측할 수 있을까? 나이가 들었을 때, 자신이 본 것을 활용해야겠다고 생각할 수 있을까? 늙은 사슴은 애초에 하수오에 대해 어떻게 안 것일까?

배움에 대한 연구

얼마 전까지만 해도 포유류는 뇌의 모든 신경세포를 처음부터 타고나며 나이를 먹으면서 점차 신경세포를 잃는다고 생각했다. 하지만 풍족한 환경에서 살아가는 늙은 쥐와 사람에게서 신경 발생neurogenesis이 일어난다는 사실이 최근 발견되었다. 심지어 죽어가는 사람의 뇌 해마 부위에서 발달 중인 신경세포도 있었다.

야생의 늙은 동물에게서 배움이 어떻게 일어날 수 있는지 상상하기란 쉬운 일이 아니지만, 포획 동물 연구는 이것이 사실임을 시사한다. 물론 늙은 동물은 젊은 동물보다 배움에 어려움을 겪는다. 사람도 마찬가지다. 인간이든 인간 아닌 영장류이든 나이가 들면서 기억력이 감퇴한다는 사실은 오래전부터 알려져 있다. 캐리 달버그가《새크라멘토 벌 Sacramento Bee》지에 기고한 글에 따르면, 원숭이 5,000마리를 사육하는 캘리포니아 국립영장류연구소의 연구자들은 '건망증senior moment'(생각이 떠오르지 않거나 물건을 어디에 두었는지 기억하지 못하는 것)이 사람뿐 아니라 붉은원숭이(Macaca mulatta)에게서도 일어난다는 사실을 발견했다. 연구진은 다음과 같은 질문에 대해 탐구하고 있다. 에스트로겐 같은 호르몬은 기억 손실에 어떤 영향을 미칠까? 원숭이의 뇌에 단백질을 주입하면 세포 사망을 지연할 수 있을까? 이를 알츠하이머병 치료에 활용할 수 있을까?

필리핀원숭이Java monkey(Macaca fascicularis)를 포획 상태에서 연구했더니 늙은 개체는 정보 처리 능력이 떨어졌다. 이 현상은 사회적 지위가 낮은 개체에게서 더욱 두드러졌는데, 이런 개체는 공통적으로 스트레스 때문에 코르티솔 수치가 상승했다. 사람도 오랫동안 또는 반복적으로 스트레스를 받으면 (코르티솔을 비롯한) 글루코코르티코이드 호르몬 수치가 상승하고 인지 능력이 저하된다.

늙은(20개월 이상) 북아메리카꼬마땃쥐least shrew(Cryptotis parva)는 복잡한 미로 찾기에서 젊은 개체보다 실수를 많이 저질렀다. 열흘 동안 학습하면서 실수가 부쩍 줄었지만 여전히 젊은 땃쥐들보다는 많았다.

인간 아닌 동물의 교육과 학습 가능성은 지금껏 학계에서 거의 주목받지 못했다. 손턴과 매콜리프는 이렇게 말했다. "인간을 제외한 종에서 가르침의 증거를 찾을 수 없는 것은 가르침이 부재한다기보다는 가르침의 존재를 명백히 뒷받침하기 어렵기 때문인지도 모른다." 하지만 가르침과 배움은, 지능의 차원에서 가능하다면 진화적 관점에서 중요한 요소일 것이다. 늙은 동물의 가르침, 심지어 모방에 의한 가르침도 어린 동물에게 생존과 번식 기회를 증가시키는 새로운 기술을 알려줄 수 있으며, 적어도 유용한 기술을 습득하는 시기를 앞당길 수 있다. 물론 어린 개체가 미래에 기억할 수 있는 중요한 일을 행하는 형태(이를테면 먹잇감의 위치를 가리키는 것)로 이루어지는 '가르침'은 집단의 경험을 연장자에게서 다음 세대로 전달하는 데 필수적이다.

가르침과 배움의 현대적 정의는 중·고등학교, 대학교, 교사, 도서관 등에 막대한 영향을 받고 있음을 명심하기 바란다. 수천 년 전 우리 조상들의 관점에서 보면 가르침은 훨씬 덜 형식적이었으며, 많은 부분이 가족과 공동체의 맥락에서 이루어졌다. 오늘날 사회적 동물에서 보듯 말이다.[6] 우리는 인간의 관점에서만 가르침을 정의하는 종 차별을 경계해야 한다. 그러지 않으면 인간 아닌 동물에게서 가르침과 배움이 어떻게 일어나는지 영영 깨닫지 못할 것이다.

6장
번식

REPRODUCTION

• 이 장에 나오는 주요 동물

 붉은벼슬딱따구리

 서부요정굴뚝새

 피논어치

 붉은사슴

 바바리마카크

늙은 동물의 번식은 젊은 동물과 다르다. ('좋은 어미'의 행동에 대한 예는 11장의 주제이기도 하다.) 이를테면 다 자란 랑구르원숭이 암컷 무리에서는 어린 암컷 다섯 마리보다 늙은 암컷 여섯 마리에게서 새끼의 생존 확률이 훨씬 높았다. 하지만 암컷이 늙으면 새끼를 띄엄띄엄 낳는 데다 한배의 마릿수가 적어지고 새끼의 크기도 작아진다. 이를 생식 노화senescence in reproduction라 한다. 사람과 마찬가지로 침팬지에게서도 출산 연령은 번식상의 부정적 결과와 직접적 상관관계가 있다. 노산하는 산모가 다운증후군 같은 출생 결손을 겪듯 늙어서 출산하는 침팬지는 자연 유산과 사산 등을 겪는다. (침팬지도 인간처럼 출생 결손을 많이 겪는지 확인하기에는 늙은 침팬지 암컷에 대한 연구가 부족하다.) 다만 일부 종에서는 암컷이 생식 연령 막바지에 덩치 큰 새끼를 낳아 금지옥엽으로 키우는데, 이를 최종 생식 투자terminal investment in reproduction라 한다.

늙은 수컷이 번식에서 얼마나 중요한지에 대해서는 정확히 알려진 바가 거의 없다. 야생에서는 어떤 수컷이 어떤 새끼를 낳았는지 알기가 대체로 불가능하기 때문이다. 하지만 나이가 적은 수컷보다는 나이가 많은(단, 늙지는 않은) 수컷이 번식에 더 성공적이라는 것은 일반적으로 사실인 듯하다. 경험이 많고 (아마도) 몸집이 크기 때문이다.[7]

이 장에서는 암컷이 경험을 쌓으면서 번식 성공률이 높아지는 사례, 생식 노화, 최종 생식 투자를 차례로 살펴볼 것이다.

늙은 새의 번식 성공

동물이 나이가 들수록 더 효과적으로 번식하는 데는 경험이 중요한 역할을 한다. 범고래(11장 참고)와 일부 개코원숭이(이를테면 첫째 새끼 비키를 거꾸로 업고 다니는 바람에 머리를 바닥에 찧게 만들어 금방 죽게 한 암컷 개코원숭이 비)를 비롯한 여러 종에서 젊은 암컷이 어미 노릇에 서툴다는 것은 잘 알려져 있다. 하지만 경험이 쌓이면서 육아 솜씨도 향상된다. 가장 좋은 예는 조류의 세계에서 찾아볼 수 있는데, 야생에서 둥지를 튼 새를 관찰하면서 연구 데이터를 수집할 수 있기 때문이다. 연구자들은 암컷 한 마리당 둥지의 알 개수, 갓난새끼 마릿수, 어린 새(대체로 향후 연구용으로 가락지를 부착한다) 마릿수를 셀 수 있다. 수컷에 대한 데이터는 암컷보다 부정확한데, 수컷이 얼마나 많은 자식을 낳는지는 이른바 '일부일처제' 종에서도 알 수 없기 때문이다. 수컷은 편차도 훨씬 크다. 어떤 수컷은 다른 수컷보다 훨씬 더 번식에 성공할 수 있다. 반면에 암컷은 해마다 하나 또는 몇 안 되는 한배 새끼만 키울 수 있다.

연구자들은 왜 나이 든 새가 젊은 새보다 더 효과적으로 번식하는지 그 이유를 모르는 경우가 많다. 노스캐롤라이나에 서식하는 붉은벼슬딱따구리red-cockaded woodpecker(Picoides borealis)는 벌목 때문에 위기에 처한 종인데, 이 무리에서는 부모의 나이가 많아짐에 따라 새끼 수가 극적으로 증가했다. 한 살짜리 어미는 실수를 연발했고, 두 살짜리는 좀 더 수월하게 새끼를 키웠으며, 해가 갈수록 암수 할 것 없이 번식률이 향상되었다.

경험이 이롭다는 사실을 보여주는 또 다른 사례는(이번에도 연구자들은 이유를 밝혀내지 못했다) 오스트레일리아 퍼스 근처에 서식하는 서부요정굴뚝새Splendid Fairy-wren(Malurus splendens) 무리에게서 찾아볼 수 있다. 서부요정굴뚝새는 무게가 10그램밖에 안 나가는 작은 새로, 암컷은 칙칙한 회갈색이지만 수컷은 선명한 파란색과 검은색이다. 암수 둘 다 북아메리카의 굴뚝새처럼 꼬리를 쳐들고 다닌다(근연종은 아니다). 늙은 새는 열악한 상황에서 새끼를 키운 경험이 젊은 새보다 많고 성공률도 높으며, 여건이 좋을 때는 도우미(대체로 지난해에 태어난 새끼)와 힘을 합쳐 한배 새끼를 두 번, 심지어 세 번까지 낳아 기르기도 한다. 연구자들은 여러 해에 걸쳐 서부요정굴뚝새 620마리에게 가락지를 달아 이 사실을 발견했다. 연구 집단에서 가장 나이가 많은 암컷은 최소 9세였으며 여덟 해 동안 번식했는데, 나이가 알려지고 어미가 된 새끼의 10퍼센트가 이 암컷에게서 태어났다. 암수 둘 다 난교를 하기 때문에 수컷들이 번식에 얼마나 성공했는지는 알 수 없지만 수컷은 평균적으로 암컷보다 오래 살았다. 가장 나이 많은 수컷은 13세였으며 두 번째로 나이 많은 수컷 두 마리도 10세가 넘었다.

마찬가지로 이유는 알 수 없지만, 꽤 나이 들었으나 노화에 이르지는 않았던 덤불어치Florida scrub jay(*Aphelocoma coerulescens coerulescens*) 몇 마리는 번식 성공률이 보통의 성체보다 훨씬 높았다. 약 35개 세력권으로 이루어진 연구 지역은 번식력이 매우 왕성한 네 쌍의 후손이 장악했는데, 일부는 아홉 계절 동안 성공적으로 번식했다.

(유연관계가 있는) 피논어치pinyon jay(*Gymnorhinus cyanocephalus*)의 번식률은 피논소나무에 튼 둥지의 위치와 관계가 있다. 또한 경험이 많으면 성공률도 높아지기 때문에, 늙은 새가 젊은 새보다 번식 결과가 좋다. 평생 한 마리와 짝을 짓고 크기는 울새robin와 비슷한 이 파랑새를 연구하면서 존 마즐러프는 여섯 번의 여름 동안 높이가 30미터가량 되는 나무 282그루에 올라가 둥지를 관찰했다. 마즐러프는 어떤 수컷이 어떤 둥지에 사는지와 둥지의 정확한 위치를 기록하고 서너 마리의 새끼에게 일일이 가락지를 채웠다. 그러고는 새끼들이 살아남았는지 확인했다.

마즐러프는 젊고 미숙한 피논어치가 탁 트이고 양지 바른 곳을 둥지로 택한다는 사실을 발견했다. 일이 잘 풀리면 부부는 이듬해에도 비슷한 장소를 골랐다. 하지만 포식자에게 두세 차례 알을 빼앗긴 뒤에는, 이제 4~5세가 된 어미는 낮고 안전한 장소를 선호하기 시작했다. 7세가 넘어서도 나무 아래쪽 으슥한 곳에 둥지를 틀었지만, 이때는 햇볕을 많이 쬘 수 있도록 가지 끝 근처를 선택했다(특히 늦겨울에 둥지를 틀 경우). 마즐러프는 이렇게 말했다. "피논어치가 둥지 위치를 고르는 과정에는 여러 형태의 학습이 결부된 듯하다." 피논어치는 경험에서 배우지만 다른 어치에게서도 배우는 듯하다. 따사로운 오후에 다 자란 피뇬어치 무리가 서식처를 날아다니며 여러 둥지에 내려앉아 안을 들여다보았다. 마즐러프는 피뇬어치들이 새끼 울음소리가 요란한(이는 번식 성공의 징표다) 둥지를 찾아 빛의 양과 둥지의 높이를 검사했을 것이라고 추측했다.

찰스 브라운은 아내 메리 브라운과 함께 열네 번의 여름에 걸쳐 새 8만 마리에게 가락지를 채우고 다양한 서식처를 연구했다. 브라운 부부는 네브래스카의 (큰 서식지에 비해) 작은 서식지에서 늙은 벼랑제비cliff swallow(Petrochelidon pyrrhonota)가 젊은 벼랑제비보다 성공적으로 둥지를 튼다는 사실을 발견했다. 큰 무리에서는 피를 빨아 병을 옮기는 벼룩과 제비빈대swallowbug(빈대와 비슷하다)가 훨씬 많아서 더 치명적이기 때문이었던 듯하다(해충이 많이 꾀면 새끼가 죽기도 했다). 브라운 부부가 새그물로 잡은 벼랑제비 중에서 가장 늙은 개체는 11세였는데 젊은 성체에 비해 전혀 늙어 보이지 않았다.

생식 노화

생식 노화 가설에서는 포유류와 조류가 나이를 먹을수록 몸이 약해지고 여건이 불리해져 새끼를 덜 낳아 기르게 된다고 가정한다. 이러한 예측은 여러 종에서 확인되었다. 앞서 언급한 늙은 덤불어치 어미의 경우 '노화'로 분류된 새들은 젊은 어미에 비해 한배의 알 개수가 눈에 띄게 적었고 둥지를 떠나는 데 성공하는 새끼의 수도 적었으며 둥지를 떠난 새끼의 생존율도 낮았다. 15종 이상의 유인원과 구세계원숭이Old World monkey에서 나이 든 암컷은 젊은 암컷에 비해 새끼 마릿수가 적고 출산 간격이 길었다. 늙은 암컷의 상당수는 폐경을 겪었는데, 마할레 산맥에 서식하는 침팬지의 경우 늙은 암컷 중 4분의 1은 폐경이 오고도 9년 이상을 건강하게 살았다. 나이가 가장 많은 컬럼비아땅다람쥐Columbian ground squirrel 암컷의 일부는 생식 노화를 겪으며, 녹색제비tree swallow도 마찬가지다. 새들은 종에 따라 새끼가 우수하지 못하거나 번식 위치가 달라지는 등 생식 노화가 다른 식으로도 영향을 미친다. 하지만 최근에 사슴의 번식을 연구해보니 흰꼬리사슴이 15.5세가 될 때까지는 다 자란 암컷에게서 노화가 생식력이나 다산성과 반비례한다는 증거가 하나도 발견되지 않았다.

최근의 또 다른 연구에서는 르완다, 우간다, 콩고민주공화국에 걸쳐 있는 비룽가 화산 지대에서 38세가 넘은 산고릴라mountain gorilla(Gorilla gorilla beringei)의 번식 성공률을 조사했다. 대상은 다이앤 포시(1967년에 시작된 연구)를 비롯한 여러 연구자가 관찰한 모든 개체였다(어미 214마리와 새끼). 늙은 암컷은 젊은 암컷보다 유산이 잦았다. 세 살까지 생존한 새끼의 마릿수로 나타낸 출산율은 마흔이 넘은 최고령 집단에서 가장 낮았다. 새끼가 죽은 뒤에 생식을 새로 시작하는 시기도 늦었다. 산고릴라가 생식 연령 이후에도 생존한다는 증거는 전혀 없었다. 로빈스와 공저자들은 다음과 같이 보고했다. "이러한 결과들을 종합해볼 때 투자와 경험의 수준보다는 어미의 신체적 조건의 변화 때문일 가능성이 가장 크다." 산고릴라 암컷의 생식 연령 이후 수명이 전체 수명의 1~3퍼센트밖에 안 된다는 사실은 딸이 성숙기가 되면 태어난 무리를 떠나기 때문에 할머니가 관심을 쏟을 생물학적 후손이 전혀 없다는 현실을 반영한다. 딸이 태어난 무리에 머무르는 영장류 종의 경우, 일본원숭이는 생식 연령 이후 수명이 전체 수명의 9퍼센트이고 개코원숭이는 16퍼센트이다(인간은 가임기 이후의 수명이 전체 수명의 20~40퍼센트이다). 늙은 일본원숭이의 발정기와 교미 활동은 발정기가 짧은 것을 제외하면 젊은 성체와 비슷하기 때문에 생식력 감소가 폐경 탓은 아닌 듯하다. 그보다는 건강이 나빠졌거나 생식기에 종양이 생겼거나 염색체 이상이 많아졌기 때문인 듯하다. 늙은 보닛원숭이bonnet monkey(*Macaca radiata*)의 성적 행동도 젊은 개체와 질적으로 비슷하지만, 새로운 사회적 집단이 재구성되어 스트레스를 받는 기간에는 번식률이 훨씬 낮아진다.

하지만 야생 산고릴라에게서 얻은 자료는 북아메리카 전역의 동물원에서 사육하는 서부저지고릴라western lowland gorilla(*Gorilla gorilla gorilla*)의 생리학적 자료와 다르다. 서부저지고릴라 암컷은 대개 더 오래 산다. 지금까지 가장 장수한 개체는 52세까지 살았는데, 37세부터 번식률이 낮아졌다. 늙은 서부저지고릴라 암컷들은 폐경 주변기perimenopause와 폐경기를 둘 다 겪으므로 생식 연령 이후 수명은 전체 수명의 25퍼센트 이상일 것이다. 40세가 넘은 포획 암컷 한 마리는 황체호르몬progestogen이 많이 분비되는 시기가 있었는데(대변에 함유된 호르몬 양으로 측정) 이는 젊은 암컷의 월별 성적 행동과 규칙적으로 또한 밀접하게 일치했다. 마찬가지로 가임기 여성도 월경 주기에서 배란 이후에 황체호르몬이 많이 분비된다.

최종 생식 투자

최종 생식 투자에 대한 진화적 가설은 부모/어미가 장래의 번식 잠재력이 감소함에 따라 새끼에 대한 투자를 늘릴 것이라고 가정한다. 이 가설은 생식 노화 가설과 대립하는데, 두 현상이 함께 작용하면 서로의 효과가 상쇄될 수 있으므로 연구하기 까다롭다. 게다가 번식 성공에는 환경이 관여하므로, 늙은 부모/어미와 새끼는 (여느 '가족'과 마찬가지로) 힘든 시기보다는 좋은 시기에 생존율이 높다.

늙은 어미의 나이와 번식 이력을 알아낼 수 있을 만큼 충분히 연구된 종은 얼마 안 된다(대부분은 엽사의 관심거리인 대형 사냥감 아니면 진화인류학자와 심리학자, 생물학자의 관심거리인 영장류다). 따라서 최종 생식 투자 가설을 일반화하는 것은 시기상조다. 하지만 붉은사슴, 순록, 말코손바닥사슴moose, 바바리마카크Barbary macaque, 캘리포니아갈매기California gull, 목도리딱새collared flycatcher 등 다양한 종에서 몇 가지 신기한 사례를 찾아볼 수 있다.

유제류

이 주제에 대한 초창기 연구로는 스코틀랜드 룸 섬에 서식하는 붉은사슴의 번식 행동에 대한 연구가 있다. 케임브리지 대학 동물학자들은 붉은사슴 개체 수의 변화를 여러 해 동안 조사했는데, 몸의 형태와 색깔, 얼굴 특징으로 개체를 식별했으며 일부 개체의 식별에는 귀표와 신축성 있는 컬러 목걸이를 이용했다. 연구진은 암사슴 149마리와 수사슴 135마리로 이루어진 개체군(1979년 당시)의 생로병사를 추적했다. 새끼의 겨울 생존율은 3~6세인 암사슴에게서 태어난 새끼가 가장 높았고, 7~9세인 전성기 암사슴에서 낮아졌다가 10~13세의 늙은 암사슴에서 다시 높아졌다.

연구자들은 이 결과에 놀랐다. 늙은 사슴은 젊은 자매들보다 더 열악한 조건에 처해 있었기 때문이다. 그런데 겨울에 암사슴이 새끼를 돌보는 기간을 나이별로 측정했더니 가장 늙은 집단이 가장 오랫동안 새끼를 돌보았다. 이는 늙은 암사슴이 작은 몸무게에도 불구하고 자신의 자원을 새끼에게 더 많이 나눠줬다는 뜻이다. 진화적 관점에서 볼 때 이 결과는 전성기 암컷이 늙은 암컷과 대조적으로 혹한에 새끼를 죽게 방치할 여력이 있음을 시사한다. 이후에 자식을 더 많이 낳을 기회가 있기 때문이다. 이를 진화적 자제 가설evolutionary restraint hypothesis이라 한다. 이에 따르면 젊은 어미는 현재의 자식에게 상대적으로 적게 투자하고 자신의 생존과 꾸준한 성장에 상대적으로 많이 투자한다.

늙은 암컷의 새끼들이 전성기 암컷의 새끼보다 강인하다는 것이 사실일까? 연구자들은 다른 설명도 염두에 두었다. 늙은 암컷이 우수한 새끼를 낳는 것은 늙은 암컷의 상당수가 해마다 번식하지 못한다는 사실과 관계가 있을까? 그럴 리 없다. 전해에 번식한 암컷과 번식하지 않은 암컷 모두 우수한 새끼를 낳았기 때문이다. 그렇다면 늙은 암컷은 이듬해에 번식에 실패했을까? 그렇지도 않다. 올해에 임신한 늙은 암컷과 새끼를 낳지 않은 늙은 암컷 모두 이듬해에 건강한 새끼를 낳았기 때문이다. 혹시 늙은 암사슴에게서 태어난 몸무게가 가벼운 새끼는 여름에 죽은 반면에 전성기 암사슴에게서 태어난 무거운 새끼는 여름을 넘기고 겨울에 죽은 것은 아닐까? 자료에 따르면 이 또한 사실이 아니다. 붉은

사슴 암컷은 실제로 최종 생식 투자를 하는 듯하다.

보다 최근에는 노르웨이 중남부에 서식하는 반⅟가축 순록(Rangifer tarandus) 암컷 1,656마리를 대상으로 이 진화적 가설에 대한 통계 연구를 진행했다. 이 무리는 모두 새끼 때 인식표가 부착되었기 때문에 정확한 나이를 알 수 있었다. 또한 생후 두 달째에 새끼와 어미의 몸무게를 측정했다.

조사 결과, 새끼의 몸무게는 7세 암컷에게서 태어났을 때가 가장 무거웠다. 8세 이상에서는 점차 몸무게가 줄었는데, 이는 노화 가설을 뒷받침한다. 연구진은 최종 생식 투자 가설이 틀렸거나 번식 비용이 나이가 들수록 커진다고 결론 내렸다. 큰뿔양bighorn sheep과 노루 암컷 같은 유제류에 대한 최근 연구도 최종 생식 투자 가설이 아니라 노화 가설을 입증했다. 또한 연구진은 룸 섬의 붉은사슴의 경우 과연 최종 생식 투자가 존재하는지 의문을 표했다. 어미와 새끼의 실제 몸무게를 연구에서 고려하지 않았기 때문이다.

유제류 수컷은 번식 이력을 연구하기가 암컷보다 훨씬 힘들다. 새끼의 어미가 누구인지는 알 수 있지만 아비가 누구인지는 알 수 없기 때문이다. 그럼에도 연구자들은 여러 종에서 수컷의 번식 행동을 분석했다. 전성기의 붉은사슴 수컷은 가을 발정기에 암컷 집단을 거느리고 교미하려고 격렬히 싸운다. 이 집단을 '하렘'이라고 부르기도 하지만 이는 잘못된 이름이다. 집단의 구성이 날마다 끊임없이 달라지기 때문이다.

티머시 클러턴브록과 동료들은 11세가 지난 붉은사슴 수컷이 대부분 암컷 집단을 건사하지 못하며, 전성기 수컷이 거느린 집단 주위를 서성거리다 우연히 마주치는 암컷을 유혹한다는 사실을 발견했다. 수컷은

11세가 되면 싸움에도 끼어들지 않으며 대체로 신체 조건이 저하되고 몸무게가 감소하기 시작한다. 늙은 수컷과 젊은 수컷은 전성기 수컷보다 늦게 암컷 집단을 거느렸다. 승승장구한 수컷 세이지는 성숙해가면서는 '하렘'을 방어하는 시기가 발정기에 점차 가까워졌지만, 나이가 들면서는 발정기가 늦어져 수컷과의 격렬한 경쟁을 피할 수 있었다. 수사슴은 발정기에 몸무게가 20퍼센트나 줄기도 한다. 늙은 수컷 한 마리의 번식 성공률은 낮게는 무자식으로부터 높게는 새끼 25마리의 1년 생존에 이르는 것으로 추정되었다(당시는 DNA 검사가 도입되기 전이었다). 나이든 수컷은 암컷과 짝짓기 하는 데 어려움을 겪는데, 그 이유는 전성기 수컷과 싸워 이길 만큼 강하지 않기 때문이다. 그래서 수컷이 최종 생식 투자 전략을 진화시킬 가능성은 전혀 없다.

말코손바닥사슴(Alces alces)은 붉은사슴과 사뭇 다르게 행동한다. 사회적 종이라기보다는 기본적으로 독거성 종이기 때문이다. 스웨덴 연구자들은 방목 말코손바닥사슴 암컷 127마리에게 (헬리콥터에서 마취총을 쏜 뒤) 무선 송신기가 달린 목걸이를 채워 오랫동안 번식률을 조사했다. 이 암컷들은 새끼를 351마리 낳았는데, 그중 211마리의 몸무게를 출산 직후에 쟀다. 그리하여 연구진은 어미의 나이, 새끼의 나이, 몸무게, 마릿수(1~3마리), 사망률을 알아냈다.

연구진은 5~12세 암컷의 한배 마릿수가 꽤 일정하며 생식 연령이 끝나는 15세에 (생식 노화 때문에) 마릿수가 부쩍 감소한다는 사실을 발견했다. 늙은 어미는 무거운 새끼를 낳았다. 그래야만 여름에 젊은 어미의 새끼만큼 생존시킬 수 있었다. 따라서 나이 든 말코손바닥사슴은 늙은 붉은사슴 암컷과 마찬가지로 새끼에 대한 생식 투자를 증가시켰다. 그럼에도 늙은 말코손바닥사슴의 새끼는 여름에 죽을 가능성이 젊은 어미의 새끼보다 컸다.

말코손바닥사슴 수컷은 무리에서 암컷을 만나는 경우가 전혀 없다. 가을 발정기가 되면 수컷은 발정기 암컷의 신음하는 듯한 울음소리에 반응하여 숲으로 찾아 들어가 짝짓기를 한다. 노르웨이에서는 말코손바닥사슴 개체 수를 최대한으로 유지하기 위해 가을 사냥철에 잡은 사슴을 꼼꼼히 관리한다. 엽사들은 각 사슴의 성별, 사냥 날짜, 지역, 몸무게를 기록해야 한다. 이빨 패턴과 이빨 절편으로 나이를 알 수 있도록 턱뼈를 수집한다. 그 덕에 발정기 전후의 몸무게를 비교할 수 있다.

노르웨이에서 진행된 한 연구에서는 말코손바닥사슴 수컷이 발정기에 먹이를 먹지 않으므로 이 시기의 체중 감소가 번식 노력을 측정하는 기준이라고 가정했다. 1~21세 말코손바닥사슴 수컷 9,949마리의 사체 무게를 측정해보니 번식 노력은 나이를 먹음에 따라 증가했는데 전성기인 6세 무렵을 훌쩍 넘겨 12세가 될 때까지 증가세가 지속되었다. 이것은 포유류 수컷의 최종 생식 투자 가설과 일치하는 최초의 증거였다. 연구진은 말코손바닥사슴 수컷이 암컷보다 적으면(이는 과거에 수컷을 남획한 탓이다) 성비가 같을 때보다 늙은 수컷이 일찍 생식 노화를 경험하는데, 이는 발정기에 기울이는 노력이 증가하기 때문인 듯하다고 주장했다.

영장류

늙은 영장류 암컷의 최종 생식 투자 연구를 야생에서 진행하기는 힘들지만 반半 포획 상태에서는 가능하다. 11년간 진행된 한 연구 프로젝트는 독일 남서부의 넓은 야외 사육장에서 기르는 바바리마카크(Macaca sylvanus) 207마리를 연구했다. 이 집단에서는 늙은 어미의 젖 떼는 시기가 젊은 어미보다 현저히 늦었는데(2개월가량) 이는 임신 간격이 길어진 한 가지 이유였다. 늙은 암컷은 새끼와 놀고 함께 지내는 시간도 훨씬 길었다. 연구에서는 늙은 암컷의 새끼가 생존율이 가장 높았다. 늙은 바바리마카크 어미는 마지막 새끼에게 남다른 정성을 쏟았으며, 이는 최종 생식 투자 가설과 일치한다. 하지만 늙은 어미가 번식에 가장 성공한 것은 아니다. 새끼의 생존율이 높은 대신 다산성이 하락했기 때문이다. 가장 늙은(20대 중반) 바바리마카크들은 마지막 새끼를 낳은 지 3~4년 뒤, 즉 죽기 몇 해 전에 발정이 중단되었다. 하지만 근연종인 일본원숭이 암컷의 번식에 대한 연구에서는 최종 생식 투자 가설을 입증하지 못했다.

조류

대형 포유류는 다 자라면 늙어 죽기 전까지 오랜 세월을 산다. 이를테면 성년에 이르기까지 살아남은 바바리마카크 암컷은 20세까지 살 확률이 60퍼센트에 가깝고, 탄자니아 마할레 산맥의 다 자란 침팬지는 4분의 1이 노년에 죽었으며, 성년에 이른 영양붙이pronghorn antelope는 달음질이 빠르기 때문에 포식자를 두려워할 필요가 없었다.

이에 반해 다 자란 새(모두 몸집이 매우 작다)의 생존 그래프는 꾸준히 하강한다. 매, 독수리, 족제비, 여우 같은 포식자에게 무작위로 잡아먹히기 때문이다. 노화에 이르는 새가 소수에 불과하기 때문에 생식 연령 조류의 나이를 구별하는 것은 포유류나 어류 같은 여러 생물의 생활사 연구에서보다 중요성이 훨씬 낮다. 아마도 조류에서의 최종 생식 투자 가설은 포유류에서만큼 흔하지 않을 것이다. 1,200쪽짜리 대작 《조류 생물학 편람Handbook of Bird Biology》(2004)은 찾아보기에 '최종 투자terminal investment'라는 문구가 실려 있지 않다.

최종 생식 투자가 드물지는 모르지만 캘리포니아갈매기와 목도리딱새를 비롯한 몇몇 종에서 사례가 기록된 바 있다. 브루스 퍼제식은 와이오밍 래러미 인근의 섬에 둥지를 트는 캘리포니아갈매기(Larus californicus)를 연구했다. 1959년 이후로 전체 4,000여 마리 중 1,000여 마리에게 가락지를 채운 덕에 많은 개체를 식별할 수 있었다. 퍼제식은 59쌍의 표본을 관찰했는데, 그중 약 3분의 1은 3~5세의 젊은 갈매기였고, 3분의 1은 7~9세의 중년이었으며, 나머지 3분의 1은 늙은 갈매기였다. 관찰자가 인근 관찰 탑에서 각 쌍을 알아볼 수 있도록 각 둥지 근처의 땅에 번호가 붙은 막대기를 꽂았다. 새들이 둥지를 벗어나면 번호 붙은 가락지와 날개에 단 표식으로 식별했다. 이들에게서 수집한 데이터로는 번식기가 끝날 때까지 살아남아 둥지를 떠난 새끼의 마릿수, 어미가 새끼에게 먹일 먹이를 찾는 데 들인 시간(부모 각각이 둥지를 벗어나 있는 시간을 합산하여 추정), 어미가 새끼와 둥지를 보호하기 위해 하는 활동 등이 있었다.

퍼제식은 한 해에 둥지를 떠나기까지 살아남는 새끼 수가 중년의 어미(0.8마리)나 젊은 어미(0.76마리)보다 늙은 어미(1.5마리)에서 훨씬 높다는 사실을 발견했다. 둥지에서 새끼를 키우는 동안 부모는 번갈아가며 먹이를 찾고 둥지를 지켰다. 둥지를 지키는 어미는 포식자나 다른 갈매기로부터 알이나 새끼를 안전하게 보호했다. 하지만 둥지를 지키던 어미가 먹이를 찾으러 떠난 배우자를 기다리지 않고 날아오르는 경우가 있었는데, 젊은 갈매기는 이런 식으로 둥지를 방치한 채 떠날 가능성이 늙은 갈매기보다 컸으며 둥지를 비우는 시간도 더 길었다. 늙은 갈매기는 둥지를 굳게 지킬 뿐 아니라 먹이를 찾는 일에도 더 부지런하고 숙달되었다. 다른 갈매기보다 더 자주 새끼를 먹였으며 먹이를 먹이는 기간도 최장 닷새 길었다. 늙은 갈매기는 세력권도 더 열심히 방어했다. 먹이 찾기 활동과 방어 활동을 할 때, 늙은 갈매기는 무리 안에서 쉴 때보다 더 큰 부상 위험을 감수했다.

퍼제식은 늙은 바닷새의 번식 성공률이 높은 이유가 경험과 사회적 지위 덕분이라고 주장했다. 진화 이론에 따르면 늙은 갈매기는 젊은 갈매기에 비해 새끼에게 더 많은 에너지를 쏟으며 새끼를 기르는 데 성공할 가능성이 크다. 단, 이 과정에서 몸이 쇠약해져 (겨울을 나기 위해) 캘리포니아로 돌아오지 못할 우려가 있다. 젊은 새들은 번식 면에서 장밋빛 미래가 펼쳐져 있기에 필요 이상으로 노력하지 않아도 된다. 퍼제식은 이렇게 말했다. "장수하는 동물은 젊을 때는 번식적 자제를 하는 방향으로 선택되고, 나이가 들면서 번식 노력을 증가시킬 것이다. 많은 바닷새 종에서 나이 듦에 따라 번식 성공률이 높아지는 것은 비슷한 선택압의 결과인지도 모른다."

조류의 최종 생식 투자에 대한 또 다른 연구는 발트 해의 스웨덴 섬 고틀란드에 서식하는 목도리딱새(*Ficedula albicollis*) 연구다. 목도리딱새는 가을에 남쪽으로 이주하지만 봄이면 늘 같은 지역으로 돌아오는데, 이때 새그물로 잡아 몸무게를 측정했다. 연구자들은 둥지를 조사하여 한 배 마릿수, 새끼 사망률, 둥지를 떠나는 새끼 마릿수를 파악하고 가락지를 달았다.

1988년과 1989년에는 새들이 새끼를 먹이는 횟수를 나이에 따라 조사했다. 늙은 새(5세 이상)와 젊지만 경험 많은 새(2~3세) 열다섯 쌍을 비교했다. 부화 날짜와 한배 마릿수가 같은 쌍을 비교 대상으로 삼았으며, 모두 먹이 먹이기를 도와줄 배우자가 있었다. 늙은 암컷은 둥지에서 새끼를 키우는 동안 젊은 암컷보다 자주 먹이를 먹이고 몸무게가 더 많이 줄었지만, 놀랍게도 새끼의 몸무게는 두 집단이 같았다. 더 분석해보니 젊은 암컷의 배우자는 늙은 암컷의 배우자보다 먹이 먹이기를 더 많이 도와주었다. 연구진은 늙은 암컷과 어린 배우자의 이해관계가 충돌한다는 이론을 제시했다. 암컷이 먹이 먹이기에 더 노력하면 수컷이 덜 노력하는 것은 진화적으로 타당하다. 새끼를 살리면서도 이후의 번식에 쓸 에너지를 절약할 수 있기 때문이다.

이 장에서는 번식에 대해 전반적으로 살펴보았다. 다음 장에서는 집단 내 사회적 서열의 관점에서 늙은 동물의 번식을 들여다볼 것이다. 진화 이론에서는 지배적 동물이 종속적 동물보다 번식 성공률이 높으리라고 추정하지만 반드시 그런 것은 아니다.

7장
종속적 개체로
성공하기

SUCCESSFUL SUBORDINATES

• 이 장에 나오는 주요 동물

영양붙이

산양

흔히 종속적 동물이 실패자라고 생각하지만, 이들은 딴 동물보다 오래 살거나 지배적 동물보다 자손을 더 많이 남김으로써 성공을 거둘 수도 있다. 지배와 종속은 대부분의 동물 사회에서 작용하며 늙은 동물에게 여러모로 영향을 미친다. 지배적 동물은 싸움에서 상대방을 이길 수 있는 개체로, 더 좋고 많은 먹이와 더 나은 휴식 장소, 더 우수한 배우자를 얻는다. 사회에서 위계질서가 중요한 이유는 각각의 동물이 제 서열을 모르면 싸움이 그치지 않기 때문이다. 암수가 섞인 무리에서는 대부분 수컷이 암컷을 지배하는데, 이것은 성별 때문이 아니라 몸집이 크기 때문이다. 매, 멧토끼, 햄스터, 하이에나처럼 암컷이 수컷보다 큰 경우는 암컷이 지배적 성이다. 호랑이꼬리여우원숭이도 암컷이 수컷을 지배하며, 늙은 포획 침팬지 마마는 무리의 나머지 암컷과 수컷을 모두 지배했다. 다 자란 암컷과 수컷이 대체로 따로 살아가는 경우는 암수 각각에 서열이 있다. 대다수 동물 사회에서 몸집과 힘이 최고조에 이른 개체가 지배자가 되며, 나이가 들어 쇠약해지면 자리에서 밀려난다. 일부 사회에서는 지배자로 태어난 개체(영양붙이)나 지배적 부모에게서 태어난 개체(개코원숭이, 버빗원숭이, 일본원숭이)가 늙어서까지 평생 지배적 지위를 유지하기도 한다.

지배가 수컷에게 특히 중요한 이유는 번식 능력을 좌우하기 때문이다. 다 자란 암컷은 늙을 때까지 사실상 모두가 정기적으로 번식하는 데 반해 수컷은 짝짓기 기회를 얻기 위해 서로 다툰다. 번식에서 대성공을 거두는 개체가 있는가 하면 전혀 성공하지 못하는 개체도 있다. 룸 섬의 붉은사슴을 폭넓게 연구해보니 암컷 사이에 지배 서열이 있었지만 서열과 번식 성공률은 상관관계가 없었다. 이에 반해 서열이 높은 수사슴은 낮은 수사슴보다 번식 성공률이 높았다. 수컷이 한 마리인 무리에서는 지배적인 으뜸 수컷이 늙으면 젊은 수컷에게 패하여 (그 자신에게는 안타깝게도) 종속적 개체가 된다. 침팬지 예룬과 개코원숭이 솔로몬을 비롯하여 8장과 9장에서 설명할 동물들이 이런 일을 겪었다. 하지만 늙은 종속적 수컷도 암컷과 짝짓기 할 방도를 찾을 수 있다. 이를테면 늙은 개코원숭이는 젊은 어른 암컷과 '친구'가 되어 짝짓기를 한다(13장 참고).

지배가 암컷에게 중요한 이유는 먹이, 물, 휴식 장소를 비롯한 모든 것에서 최고를 차지할 수 있기 때문이다. 높은 서열은 자식에게 물려줄 수도 있다. 이를테면 새끼가 어려움에 처하거나 그런 기미만 보여도 높은 서열의 어미는 새끼를 보호하려고 냉큼 달려간다.

호르몬 연구에서는 개체가 특정 서열에 속하는 이유를 밝혀내지 못했다. 조류와 포유류의 여러 사회적 종에서는 종속적 개체의 번식률이 지배자보다 낮으며, 늑대 무리 같은 일부 종에서는 종속적 개체가 번식에서 완전히 배제되기도 한다. 초기 연구에서는 싸움에서 진 포획 동물의 글루코코르티코이드 분비가 증가했는데, 글루코코르티코이드는 번식을 억제하므로 만성적 스트레스가 번식 억제와 상관관계가 있는 것으로 생각되었다. 하지만 야생의 일부 사회적 육식동물에서는 지배적 개체의 글루코코르티코이드 수치가 종종 종속적 개체보다 높다는 사실이 발견되었다.

이 장에서는 지배와 종속의 여러 측면을 살펴본다. 우선, 늙은 개코원숭이 레아와 나오미의 상호작용을 묘사하면서 타당한 이유가 전혀 없는 서열의 부수 효과가 개체의 일상적 삶에 얼마나 큰 고통을 가할 수 있는지 보여준다. 다음으로, 버빗원숭이처럼 일생 동안 엄격하게 서열이 유지되는 사회에서 늙은 개체가 이따금 어떻게 서열이 상승할 수 있었는지 설명한다. 마지막으로, 영양붙이, 산양, 늑대의 세 종에서 늘 종속적이었으면서도 장수하고 가끔은 생산적인 삶을 산 개체들의 비결을 들여다본다. 직관적으로 볼 때 지배적 동물은 노년에 이를 가능성이 종속적 동물보다 훨씬 크다. 지배적 동물은 존경받는 위치에 있기 때문이다. 또한 지배적 동물은 늙을 때까지 살기 때문에 자신의 유전자를 간직한 후손을 많이 남길 기회가 가장 크다고 추론할 수 있다(이는 진화적 성공의 지표다). 하지만 위계질서에서의 서열과 번식 성공이 항상 맞아떨어지는 것은 아니다.

서열의 부수 효과

종속적 개체가 되었을 때의 서러운 결과 중 하나는 하루하루의 삶에 나쁜 영향이 미칠 수 있다는 것이다. 늙은 올리브개코원숭이olive baboon(Patio anubis) 암컷 레아와 나오미의 사례를 살펴보자. 개코원숭이 수컷은 무리에서의 지배적 서열이 평생 동안 유지되지 않지만, 암컷은 한번 정해진 서열이 평생 간다. 수컷은 전성기의 어느 시점에 지배적 지위에 올랐더라도 간헐적으로 무리를 떠났다 돌아왔다 하기 때문에 영구적 위계질서에 속박되지 않는다. 이에 반해 개코원숭이 암컷은 자신이 태어난 무리에서 평생을 산다. 따라서 태어나는 날부터 위계질서가 엄격하게 정해진다. 사폴스키의 무리에서 나이가 가장 많은 암컷인 레아(25세)는 어미에게서 높은 지위를 물려받았다. 레아는 동년배인 나오미보다 서열이 높았기 때문에 끊임없이 나오미를 들볶았다. 나오미가 나무 그늘에서 쉴라 치면 어기적어기적 걸어가 자리를 빼앗았다. 나오미가 다른 응달에 앉으면 같은 행동을 되풀이했다. (개코원숭이는 이곳에서 왕족처럼 살았다. 뿌리와 덩이줄기가 얼마든지 있었기에 하루에 네 시간만 먹이 찾기에 소비하고 나머지 여덟 시간은 쉬거나 딴 개코원숭이를 괴롭힐 수 있었다.) 개코원숭이 무리에서 위계질서란 한 암컷이 좋은 것을 차지하고 다른 암컷은 찌꺼기에 만족해야 한다는 뜻이다. 수컷의 삶은 이보다 민주적이다. 물려받은 지위뿐 아니라 성격과 공격성도 지배에 영향을 미치기 때문이다.

서열 상승

버빗원숭이 암컷은 개코원숭이 암컷처럼 위계질서가 엄격하다. 버빗원숭이는 서열이 낮은 개체를 알아볼 수 있는데, 서열 낮은 개체가 서열 높은 개체의 털을 골라주는 시간이 그 반대의 시간보다 길기 때문이다. 수컷은 무리를 옮겨 다니기 때문에 시간에 따른 사회 구조의 변동폭이 훨씬 크다. 도러시 체니와 로버트 사이파스의 《원숭이는 세상을 어떻게 볼까》에 따르면, 케냐 암보셀리 국립공원에서 버빗원숭이의 행동을 연구해보니 암컷 한 마리의 서열이 변하는 데 10년이 걸렸다고 한다. 이에 비해 수컷은 일곱 배나 더 자주 서열이 달라졌다. 혈통뿐 아니라 개체의 몸집, 힘, 나이, 공격적 성향도 서열에 영향을 미쳤다.

이따금 가까운 친족이 별로 없는 버빗원숭이 암컷은 덩치가 크고 서열이 낮은 암컷의 끈질긴 도전을 받아 자리에서 밀려나기도 한다. 16세까지 산 마르코스의 경우처럼 이런 변화는 우연히 일어날 수도 있다. 마르코스는 B 무리에서 암컷 일곱 마리 중 서열 6위였다. 그런데 1977년부터 1981년까지 낳은 딸 중에서 세 마리가 살아남아 자신의 서열을 물려받았다. 마르코스 바로 위의 뒤발리에는 살아남은 딸이 둘밖에 없었다. 1981년에 뒤발리에는 비단구렁이python에게 잡아먹혔지만, 두 딸은 마르코스와 그 딸들보다 높은 서열을 2년 반 동안 유지했다. 그러다 뒤발리아의 두 딸 중 하나가 죽었다. 한편 마르코스는 딸을 두 마리 더 낳았고, 장녀도 딸을 두 마리 낳았다. 마르코스의 모계는 말하자면 요람의 싸움에서 승리를 거두고 있었으며, 승리의 비결은 아들보다는 딸이었다. 마르코스와 그 자식들은 순조롭게, 홀로 남은 뒤발리에의 딸보다 높은 서열에 올랐다.

그리고 몇 해가 흘렀다. 13세가 된 마르코스는 그동안 B 무리의 어떤 암컷보다 많은 자식을 낳았으며(아홉 마리), 특히 딸을 많이 낳았다(일곱 마리). 세월이 흐르자, 마르코스가 대가족을 이룬 덕분에 딴 암컷들이 낮은 서열의 암컷보다 마르코스의 털을 더 자주 골라주었다. 대가족이 되니 다툼이 생겼을 때 동원할 수 있는 친족 수도 많아졌다. 마르코스는 점차 서열이 높아졌다. 1986년이 되자 마르코스는 서열 2위에 올라섰다. 마르코스 가족 위에는 아민과 딸 아프로밖에 없었다. 이듬해에 아프로의 딸과 아민이 죽자 마르코스는 즉시 으뜸 암컷이 되었으며 무리의 어떤 암컷보다 자주 털 고르기를 받았다. 마르코스의 많은 자식도 덩달아 서열이 높아졌다. 마르코스는 살아생전에 최하층에서 최상층으로 상승하는, 불가능에 가까운 목표를 이루었으며 마르코스 가족은 나머지 버빗원숭이를 모조리 거느리고 가장 좋은 것을 차지했다.

종속적이지만 오래 사는 경우

영양붙이

영양붙이(*Antilocapra americana*) 암컷은 위계질서가 매우 엄격하다. 영양붙이는 평생 동안 동족을 들이받아 복종시키거나 들이받히면서 산다. 하지만 지배적 동물이 반드시 노년까지 살고 새끼를 많이 낳는 것은 아니다. 존 바이어스는 몬태나 국립 들소 보호구역에서의 연구를 정리한 책

《속력을 타고나다*Built for Speed*》(2003)에서 늙은 종속적 암컷 GY에 대해 이야기했다. GY는 동년배 중에서 가장 성공을 거두었으며, 덩치 큰 자매들이 모두 죽은 뒤에도 살아남아 새끼를 낳았다.

바이어스는 연구를 시작할 때 몇몇 개체에게 귀표를 부착하고 페인트 총으로 임시 표시를 하고 머리와 목의 색깔 같은 독특한 특징(뿔 크기와 뿔 방향 등)을 기록한 덕에 한 마리 한 마리를 쌍안경으로 식별할 수 있었다. 20년 넘는 기간 동안 바이어스는 새끼를 거느린 암컷과 독신 수컷 두 집단에서 벌어지는 다양한 사회적 활동을 기록했다. (두 집단은 일반적 의미의 무리가 아니라 우연히 같은 시기에 같은 장소에 있게 된 개체들을 일컫는다.)

영양붙이는 몸무게가 약 45킬로그램으로, 매우 튼튼한 데다 다산을 하여 해마다 몸무게가 3.6킬로그램가량 나가는 쌍둥이를 낳는다. (평균적인 가임기 여성으로 따지면 해마다 8.6킬로그램이나 되는 신생아를 낳는 셈이다!) 몸무게가 중요한 이유는 영양붙이가 태어나자마자 어미에게서 젖을 먹으며 하루에 0.23킬로그램씩 살을 찌우기 때문이다. 새끼 영양붙이는 이른 봄에 다른 새끼 영양붙이보다 하루만 먼저 태어나더라도 덩치가 커져 동갑내기들을 지배한다. 덩치들은 작은 새끼 영양붙이가 맛있는 풀을 뜯고 있으면 냉큼 쫓아내고 자기가 먹기 시작한다. 이것은 약한 암컷을 뻔질나게 괴롭히는 어미의 행동을 흉내 낸 것이다. GY는 늦봄에 태어나 지위가 낮았다. 새끼 영양붙이는 지배 서열이 한번 정해지면 평생 바뀌지 않는다. 암컷은 암컷끼리, 수컷은 독신자 수컷끼리 서열을 정한다.

바이어스는 지배적 개체와 종속적 개체 사이에 상호작용이 흔히 일어나는데도 결국에는 GY처럼 열등한 개체가 우월한 개체보다 이익을 보는 이유가 궁금했다. 그래서 두 해 여름 동안 이 문제를 파고들었다. 바이어스는 조수와 함께 집단 안에서 일어나는 지배 상호작용(상호작용을 먼저 시작한 개체의 이름, 상대방의 이름, 사건의 개요, 승자)을 모조리 기록했다. 승리는 한 번의 예외도 없이 지배적 암컷 차지였다. 암컷은 암컷 집단에 속하게 되면 자신이 지배할 수 있는 암컷이 있는지 둘러본 뒤에 상대방을 빤히 쳐다보거나 (들이받을 것처럼) 머리를 낮춘 채 다가간다. 그러면 GY 같은 상대는 즉시 뒤로 물러난다.

바이어스는 영양붙이 암컷이 아침나절 풀을 뜯고 나서 누울 준비를 하는 광경을 흥미롭게 지켜보았다. 암컷들은 누가 먼저 누울지 눈치를 보았다. 한 마리가 자리를 잡고 누우면 더 지배적인 암컷이 위협하여 일으켜 세우고는 자기가 자리를 잡았다. 쫓겨난 암컷은 딴 종속적 암컷에게 시비를 걸었고, 같은 행위가 잇따랐다. 한바탕 자리바꿈이 벌어진 뒤에 마침내 모두 드러눕는데, 종속적 암컷은 대체로 집단의 가장자리에 자리를 잡았다.

바이어스는 종속적 동물이 대체로 집단의 주변부에 자리를 잡는 현상이 흥미로웠다. 오늘날 영양붙이의 주된 포식자는 코요테와 매인데, 풀숲에 숨어 어미가 돌아오기를 기다리는 새끼를 잡아먹는다. 청소년과 어른 영양붙이는 경계심이 많고 날렵해서(최고 속도가 시속 96킬로미터에 이르며 시속 70킬로미터로 수 킬로미터를 주파한다) 어떤 포식자에게도 붙잡히지 않는다. 하지만 치타, 사자, 하이에나의 조상이 아메리카 초원에서 멸종하기 전인 약 1만 년 전에는 집단의 가장자리에 있는 영양붙이는 포식자에게 잡히기 쉬웠다. 아프리카 사바나에서 치타의 먹이가 되는 영양들은 오늘날에도 같은 신세다. 영양붙이가 외톨이로 살지 않고 집단을 이루는 것은 과거의 피식被食 경험 때문인지도 모른다. 위험을 감지하는 눈이 많을수록 포식자의 존재를 알아차리고 달아날 가능성이 커진다.

늙은 GY는 평생 괴롭힘을 받으면서도 끝까지 살아남았다. 쉴 때에는 집단의 주변부에 자리를 잡아야 했다(다행히도 오늘날은 포식자를 두려워할 필요가 없지만). GY는 새로 발견한 맛있는 식물을 맛보기 전에 늘 동료들에게 내몰렸을 것이다. 딴 영양붙이가 자리 잡기 전에는 한 번도 누워 쉴 엄두를 내지 못했을 것이다. GY가 종속적 개체가 된 것은 팔자(출생 시기) 때문인지도 모르지만 GY는 잡초처럼 끈질겼다. 자기 또래의 여느 영양붙이와 달리 여름 가뭄과 겨울 눈보라를 이기고 살아남아 해마다 새끼를 두 마리씩 낳으며 몬태나의 드넓은 초원을 누볐다.

산양

발레리우스 가이스트가 캐나다 서부에서 방대한 조사를 벌여 알아낸 바에 따르면, 산양(*Ovis canadensis*)은 지배적 수컷이 젊어서 죽는 경향이 있다. 가이스트는 《산양: 행동과 진화 연구*Mountain Sheep: A Study in Behavior and Evolution*》(1971)에서 뿔이 큰 숫양이 뿔이 작은 숫양보다 일찍(6~7세) 번식 지위에 도달하며 전성기의 번식 성공률도 매우 높다고 말한다. 뿔이 큰 숫양은 가을 발정기가 되면 발정 난 암양과 짝짓기 하는 특권을 누리기 위해 다른 수컷과 싸웠다. (〈대장간의 합창〉이 울려 퍼지는 가운데 숫양 두 마리가 굉음을 내면서 머리를 부딪치며 싸우는 장면을 영상으로 본 사람이라면 고개를 끄덕일 것이다.)

이 혈기 왕성한 숫양들은 경쟁자와 암양을 쫓아다니느라 진이 빠지고, 그러느라 통 먹지 못한 탓에 발정기가 끝날 무렵이 되면 기진맥진하여 일부는 그해 겨울을 넘기지 못했다. 들판에서 죽어 널브러진 숫양 마흔 마리 중에서 평균 수명(약 10세)을 못 채우고 죽은 녀석들은 평균 수명을 채우고 죽은 녀석들보다 뿔이 컸다. 늙은 종속적 산양 수컷은 자식을 많이 보지는 못했을지 몰라도(공격적 동료들보다 오래 살았기에 운이 좋으면 새끼를 더 낳을 수도 있었겠지만) 적어도 스트레스를 덜 받으며 오래 살았을 것이다.

가이스트는 연중 집단 안에서 살아가는 늙은 산양 암컷에 대해서는 알아낸 바가 별로 없었다. 수컷의 커다란 뿔과 달리 암컷의 작은 뿔은 마디 개수를 정확히 셀 수 없기 때문이다. 암컷은 어릴 때 잡아서 인식표를 붙인 개체만 나이를 알 수 있었다. 늙은 산양 암컷은 한 살배기 새끼와 (만일 있다면) 갓난새끼를 데리고 다녔지만 집단을 이끌지는 않았다. 이 구성을 보면 존 폴 스콧이 연구한 사육 양이 떠오른다.

늑대

늑대는 영양붙이와 마찬가지로 으뜸 동물이 반드시 가장 오래 살지는 않는다. 종속적 개체도 동료보다 오래 살 수 있다. 사진가 짐 더처와 아내 제이미 더처는 아이다호의 넓은 보호구역에 사는 늑대 무리의 일원 러코타를 오랫동안 관찰했다. 《문 앞의 늑대Wolves at Our Door》(2002)에 따르면 러코타는 소투스 무리의 창시자에게서 1991년에 태어난 새끼 네 마리 중 하나였다. 형제들과 달리 러코타는 낯선 사람에게 호전적이지 않고 수줍음을 탔으며 이런 성격 탓에 꼴찌omega 개체로 전락하여 나머지 모든 늑대에게 공격받고 조롱당했다. 러코타는 사회적 상호작용을 하는 동안 대부분 등을 대고 누운 채 자기보다 당당한 개체, 특히 으뜸 수컷 캐머츠에게 복종의 표시로 낑낑 소리를 냈다. 러코타는 대부분의 동료 늑대보다 덩치가 컸지만 피부에는 다른 늑대에게 물리거나 할퀴인 흉터와 딱지가 가득했다. 러코타는 구성지고 구슬픈 근사한 울음소리를 낼 수 있었지만, 무리의 울음에 동참할라치면 이따금 공격을 받아 꼬리를 말고 도망쳐야 했다.

그러다 더처 부부는 사정이 생겨 늑대 돌보기를 중단하고 새로운 지역으로 이동해야 했다. 자신을 돌보던 친숙한 사람들이 사라지자 늑대 무리는 제 기능을 잃었다. 캐머츠는 죽었고, 버금 수컷beta male은 젊은 늑대들에게 괴롭힘당하다가 따로 우리에 옮겨졌으며, 으뜸 암컷은 딸들에게 어찌나 학대받았던지 보호구역에서 도망쳤다. 하지만 러코타는 살아남았으며, 더처 부부가 아는 한 가장 순한 늙은 동물이 되었다. 놀랍게도 러코타는 마침내 꼴찌 지위를 젊은 늑대에게 물려주었다. 러코타는 "가장 많은 것을 보고 겪었기에 무리의 지혜로운 현자"가 되었다.

일반적으로 지배적 개체는 종속적 개체보다 후손을 많이 남기지만 언제나 그런 것은 아니다. 종속적 개체, 특히 종속적 암컷도 장수하고 자식을 많이 낳으며 찬란하게 살 수 있다.

8장
티탄,
쓰러지다

THE FALL OF TITANS

• 이 장에 나오는 주요 동물

올리브개코원숭이

호랑이꼬리원숭이

동물의 세계에서 성공이란 새끼를 최대한 많이 낳는 것이다. 사회적 종의 경우는 무리에서 서열이 가장 높은 으뜸 수컷(가부장)이나 으뜸 암컷(가모장)이 되는 것이 성공의 열쇠다. 하지만 나이가 들면 자기보다 젊고 힘센 동물이 늙은 동물을 몰아낸다.

이 장에서는 붉은꼬리원숭이redtail monkey, 침팬지 마이크와 골리앗, 망토개코원숭이 파도언·로소·애드머럴, 올리브개코원숭이 솔로몬, 일본원숭이 판과 주피터, 호랑이꼬리원숭이 암컷 디바, 사자 레오 등의 으뜸 동물이 젊은 경쟁자에게 자리를 빼앗기고 몰락하는 과정을 그릴 것이다.

붉은꼬리원숭이

대부분의 종에서는 으뜸 동물이 바뀌면 후계자가 누구인지 즉시 알 수 있다. 하지만 붉은꼬리원숭이(Cercopithecus ascanius schmidti)처럼 수컷의 자리바꿈이 느릿느릿 진행되기도 한다. 토머스 스트러세이커는 우간다 키발레 숲에 서식하는 붉은꼬리원숭이를 여러 달 동안 연구했다. 녀석들은 35마리가량 무리를 이루는데, 무리마다 가부장 수컷이 한 마리씩 있다. 그런데 힘이 엇비슷한 수컷이 도전하면 승자가 확실하지 않을 수 있다. 무리의 규모가 큰 탓도 있지만, 어느 쪽도 쫓겨나거나 무리를 완전히 장악하지 못한다. 늙고 경험 많은 으뜸 수컷은 도전자와의 충돌을 피하거나 최소화하려고 안간힘을 쓴다. 그래야 무리에 머물면서 최대한 오랫동안 암컷들과 짝짓기 할 수 있기 때문이다. 이런 이행 상태가 되면 무리의 주변을 어슬렁거리던 독거성 성체 수컷들이 침입한다. 이 수컷들은 암컷과 짝짓기를 시도하고, 같은 야심을 품은 딴 침입자들과 드잡이를 벌인다. 마침내 도전자가 늙은 으뜸 수컷을 쫓아내고 무리를 안정적으로 통치하기 시작한다.

침팬지

침팬지(Pan troglodytes) 연구의 결정판인 제인 구달의 《곰베의 침팬지The Chimpanzees of Gombe》(1986)에는 특정 침팬지들의 활동이 왕왕 묘사되어 있다. 그중 마이크와 골리앗은 구달이 알던 최고령 침팬지에 속했다. 둘 다 전성기에는 으뜸 수컷이었으나 나이가 들면서 지배 서열의 바닥, 즉 오래전에 자신이 출발한 곳으로 떨어졌다.

　마이크는 젊을 때 머리를 써서 으뜸 수컷이 되었다. 어느 날 등유 깡통을 서로 부딪치며, 그때까지 자신을 무시하던 상위 수컷들을 도발한 것이다. 이 호전적 책략에 겁을 집어먹은 지배적 수컷들은 마이크를 구슬리려 들었으며, 마이크는 이내 으뜸 수컷 자리를 차지했다. 마이크는 신중한 계략을 동원하여 6년간 이 자리를 지켰다. 이를테면 싸워야 할 것 같은 상황이 닥치면 다른 곳으로 내뺐으며 삼각대, 의자, 탁자 같은 온갖 인공물로 (연구진이 치우기 전에) 남들을 위협하여 공격성을 과시했다. 하지만 통치 기간이 막바지에 이르렀을 때는 대부분이 허세였다. 32세 때 마침내 자리에서 쫓겨난 마이크는 이빨이 닳고 털이 듬성듬성한 것이 보기에도 늙어 보였다. 마이크는 자신의 지위가 낮아진 것에 그다지 개의치 않는 듯했다. 머지않아 서열이 가장 낮은 성체 수컷에게까지 복종 행동을 보였다. 죽기 전 4년 동안 마이크는 점점 외톨이가 되었으며, 늙은 휴고와만 이따금 어울렸다. 구달은 마이크가 "합리적 사고와 전술적·사교적 조작에 능했다"고 이야기했다.

　마이크가 으뜸 수컷 자리에서 밀려나 최하위 서열로 추락한 것과 달리 골리앗은 권좌에서 내려온 뒤에도 오랫동안 높은 지위를 유지했다. 골리앗은 26세에 (마이크가 등유 깡통으로 소란을 피운 뒤에) 마이크에게 으뜸 수컷 자리를 빼앗겼지만, 여전히 공격적이어서 그 뒤로도 5년 동안 높은 서열을 유지했다. 그러다 병에 걸리고 쇠약해져 공격성이 줄었다. 그때부터 골리앗도 서열 사다리의 아래쪽에 머물렀다. 무리가 둘로 나뉘자 골리앗은 어리석게도 떨어져 나가는 무리를 선택했으며, 4년 뒤

37세의 고령에 옛 동료의 손에 죽었다.

곰베에 서식하는 구달의 침팬지보다는 덜 알려졌지만, 탄자니아 마할레 산맥에는 주로 일본의 동물학자들이 연구하는 침팬지들이 있다. 이 동물학자들이 발표하는 연구는 대체로 구달의 연구보다 덜 일화적이다. 마할레 연구자들은 침팬지가 나이가 들면서 무리 안에서의 사회적 상호작용을 대체로 회피하며, 각 개체의 행동은 새끼가 있는지 여부, 건강, 친족이 아닌 개체와의 사회적 관계, 번식 상태 등에 따라 달라진다는 사실을 발견했다. 암컷보다는 수컷이 늙어서도 더 사교적이었으며, 지배력을 잃은 뒤에도 핵심 집단에 머물며 이따금 젊은 수컷(아마도 털 골라주는 짝)과 짝패를 이루기도 했다. 암컷은 대체로 수컷보다 덜 사교적이었지만 전성기 수컷인 아들, 자기 새끼와 관계가 있는 개체들, 부모 없는 새끼들과 함께 지냈다. 수컷과 마찬가지로, 털 고르기를 젊을 때보다 자주 주고받았다. 늙은 침팬지는 종속적일지는 모르지만 침팬지 사회에서 독특한 지위를 차지했다. 다른 개체들이 털을 많이 골라주었을 뿐 아니라 젊고 힘센 수컷을 도발하고서도 보복을 당하지 않았다.

망토개코원숭이

한스 쿠머는 망토개코원숭이의 행동을 연구하여 발표했다. 취리히 동물원에서 포획 상태의 망토개코원숭이를 연구한 쿠머는(9장 참고) 녀석들을 야생 상태로 관찰하고 싶어졌는데, 그러려면 에티오피아 건조 지대로 가야 했다. 사바나개코원숭이savanna baboon는 근친 교배를 방지하기 위해 수컷이 처가살이를 하지만, 망토개코원숭이는 암컷이 시집살이를 한다. 망토개코원숭이 암컷은 어릴 때 다른 무리로 보내져 수컷 한 마리와 평생 일부다처로 살아야 한다.[8]

쿠머는 장자크 아베글랑과 함께, 에티오피아 콘록을 찾은 망토개코원숭이 무리에서 늙은 으뜸 수컷 세 마리(파도언, 애드머럴, 로소)가 몰락하는 과정을 관찰했다. 세 마리 모두 카이사르처럼 부하와의 전투에서 패했다. '위대한' 파도언은 부하 스폿과의 싸움에서 완패했는데, 다쳐서 피를 흘리고 팔에 부상을 입고 얼굴에 흉터가 남았으며 다 자란 암컷 두 마리를 빼앗겼다. 3주가 채 지나지 않아 파도언은 낯빛이 갈색에서 잿빛으로 바뀌었다. 친구인 로소와 애드머럴이 파도언을 대신하여 스폿을 위협했지만 소용없었다.

1년 뒤에 로소와 애드머럴도 가장 가까운 부하와의 싸움에서 부상을 입고 권좌에서 쫓겨났다. 애드머럴은 아내 아홉과 딸 일곱을 전부 잃었으며 로소는 아내 넷 중 셋을 빼앗겼다. 추파를 받던 다 자란 암컷들은 젊은 전성기 수컷들의 차지가 되었으며(이 수컷 중 누구도 싸움에서 눈에 띄는 부상을 입지 않았다) 암컷 두 마리는 종적이 묘연했다. 1년도 지나지 않아 '하렘'을 다스리던 세 마리 모두가 부하(이 중에 그들의 아들은 없었다)에게 아내를 모조리 빼앗긴 것이다. 로소만이 암컷 한 마리를 건사했다.

이들 늙은 수컷 세 마리는 모두 나이가 들면서 송곳니가 닳고 동작이 느려졌다. 하지만 '하렘'을 잃은 뒤로는 노화가 부쩍 빨라졌다. 원래는 우람한 덩치를 자랑했지만, 권좌에서 밀려난 지 몇 주 만에 몸무게가 줄고, 털이 죄다 빠지고, 붉은 얼굴이 검어지고 늙은 티가 나기 시작했다. 중상을 입은 적은 없었기에 부상 때문은 아니었다. 지위를 상실하면서 테스토스테론 수치가 낮아졌기 때문이었다. 서열이 높은 수컷은 가벼운 스트레스를 받으면 테스토스테론이 약간 증가할 수도 있지만, 심각한 스트레스를 받으면 예외 없이 테스토스테론 수치가 낮아지며, 그와 더불어 남성적 2차 성징이 감소한다.

파도언은 아내들을 잃은 뒤 대부분의 시간을 아들 하조와 보냈다. 하조는 엄마와 돌아다니기보다는 아빠 곁에 머물렀다. 둘은 서로의 털을 고르고 서로를 지켜주었다. 파도언이 권좌에서 내려오기 전에는 한 번도 없던 일이었다. 그러다 파도언이 사라졌다. 살해당했거나 다른 무리에 합류했을 것이다.

로소와 애드머럴은 늙어서도 무리에 남았다. 둘은 아내를 새로 얻으려 하지 않았으며, 옛 아내가 아무리 가까이에 앉아 있어도 다시는 눈길을 주지 않았다. 둘 다 새끼들과 많은 시간을 보냈다. 특히 어린 아들과 함께 돌아다니고 털 고르기를 주고받았다. '하렘' 수컷이던 한창때와 전혀 다르게 행동하는 '좋은 아빠'가 된 것이다. 시간이 흘러 애드머럴은 권력을 일부 회복했으며, 이따금 뜨거운 햇볕 아래서 높은 망루에 앉아 무리의 보초 노릇을 했다. 다른 무리와 전투가 벌어지면 애드머럴은 평소에는 소심하던 로소와 함께 전장의 중심에 섰다. 더는 자신의 소유가 아닌 암컷들을 지키면서, 소수의 부상자들 가운데 그들이 있었다. 쿠머는 늙은 암컷들이 무리에서 멀찍이 떨어져 배회하면서 늙은 수컷들 못지않게 위험을 감수한다고 보고했다. 늙은 수컷들은 절벽에 있는 잠자리에서 딴 구성원들보다 먼저 길을 떠났다. 종종 나머지 망토개코원숭이가 뒤를 따랐기 때문에 이들은 선두의 경계병 노릇을 했다. 예컨대 파도언은 한 시간여 동안 선두를 지키다 후방으로 물러났다.

쿠머는 중년이 지나 망토개코원숭이 연구 현장을 다시 방문했는데, 어느 날 먹이를 찾는 무리를 뒤따라가기로 마음먹었다. 대학원생들은 쿠머에게 늙은 애드머럴을 따라가라고(그래야 보조를 맞출 수 있을 테니) 조언했다. 하지만 쿠머는 애드머럴이 너무 뒤처질까 봐 걱정했다. 애드머럴이 몇 발짝 앞장선 채 두 영장류 노인은 여러 시간을 꾸준히 함께 걸었다. "땅이 파인 곳을 만날 때마다 애드머럴은 쉽게 건너는 길을 알았다. 덕분에 뿌리에 매달려 깎아지른 벽을 기어오르지 않아도 되었다." 애드머럴은 무리가 어디로 가는지 내다보고 있었기에 쿠머와 애드머럴은 한 번도 왔던 길을 되돌아갈 필요가 없었다. 애드머럴은 가는 길에 먹이와 물이 어디 있는지도 알았다. 한번은 무리가 목말라 하자 방향을 틀더니 민둥언덕을 올라 울창한 떨기나무 숲으로 향했다. 애드머럴은 두 떨기나무 사이의 통로로 들어갔다. (나중에 쿠머가 확인해보니 화강암 구멍에 빗물이 고여 있었다.) 애드머럴이 다시 모습을 드러내자, 이 웅덩이에 대해 몰랐던 선두의 암컷들을 비롯해 나머지 망토개코원숭이들도 떨기나무 틈새로 들어가 물을 마셨다.

쿠머의 책은 늙은 망토개코원숭이의 생애 전반을 개괄하고 있다. 가족을 잃은 뒤에 애처롭게 이 무리 저 무리를 전전하는 수컷이 있는가 하면, 무리를 위해서 젊은 수컷보다 더 열심히 싸우고 더 큰 위험과 불편을 감수하는 수컷도 있다. 늙은 암컷과 수컷은 번식 성공의 압박에서 벗어났을 뿐 여전히 무리의 삶에 관여한다.

올리브개코원숭이

        1960년에 쿠머가 현장 연구를 시작한 뒤로 동물학자 수백 명이 수만 시간 동안 개코원숭이가 야생에서 어떻게 행동하는지 관찰했다. 하지만 미국의 신경과학자 로버트 사폴스키만큼 어려운 문제를 파고든 사람은 없었다. 사폴스키는 대학원에서 동물의 호르몬과 스트레스 관련 행동 사이의 관계를 연구하기로 마음먹었다. 여느 영장류학자처럼 사폴스키도 여러 이유에서 사바나개코원숭이를 자신의 동물로 선택했다. 사바나개코원숭이는 사회적 종이고, 낮에 활동하며, 멀리서도 보일 만큼 크고, 탁 트인 곳에서 살기 때문에 개체 간의 상호작용을 관찰하기 쉽고, 자신을 괴롭히지 않은 사람에게 익숙해지면 수줍음을 타지 않는다.

    명저인 《영장류 비망록A Primate's Memoir》(2001)에서 밝혔듯이 사폴스키는 1978년 케냐의 동물 보호구역에서 2년간의 연구 활동을 시작했다. 사폴스키 이전에도 다른 대학원생들이 60마리가량의 올리브개코원숭이 무리를 연구했기 때문에 사폴스키는 원숭이들을 사람의 존재에 길들일 필요가 없었다.[9] 얼마 안 가서 원숭이들은 사폴스키가 가까이에 있어도 개의치 않았기에 사폴스키는 무리의 여러 구성원과 쉽게 친해질 수 있었다. 사폴스키는 어떤 개체가 다른 개체에게 지배적이어서 맛있는 살점이나 쉴 곳을 독차지하는지, 어떤 개체가 나머지 모든 개체에게 양보하는지, 어린 개체를 어떻게 대우하는지 관찰했다. 하지만 우리의 관심사인 늙은 동물은 어땠을까?

    사폴스키는 연구를 진행하기 위해 매일 무리 근처에 자리를 잡고는 모든 수컷에게 차례로 바람총을 쏘아 마취시킨 뒤 데려와 기본적 검사를 실시했다. (암컷은 임신·수유 중에 호르몬 변동이 심하기 때문에 검사하지 않았다.) 혈액 내의 호르몬은 하루 주기로 달라지기 때문에 사폴스키는 매일 같은 시각에 바람총을 쏘았다. 또한 검사 대상이 아프거나, 방금 싸움이나 짝짓기를 했거나, 부상당하지는 않았는지 확인해야 했으며, 바람총 화살이 날아온다는 사실을 모르도록 해야 했다. 사폴스키는 대상이 무리의 가장자리로 나올 때까지 기다려, 자신이 무얼 하는지 나머지 원숭이들이 알아차리지 못하게 했다.

몇 분 뒤에 검사 대상이 화살의 마취제에 의식을 잃고 쓰러지면 사폴스키는 마대로 싸서 재빨리 꼬리에서 혈액 시료를 채취했다. 그런 다음 원숭이를 마대째 들고는(올리브개코원숭이는 몸무게가 32킬로그램까지 나간다) 아무 일 없는 듯 살금살금 무리에서 빠져나왔다. 코 고는 소리라도 새어 나갔다가는 원숭이들에게 의심을 사서 당장 공격받았을 것이다. 사폴스키는 녀석을 차에 싣고 500미터를 이동하여 나머지 검사를 진행했다. 혈압, 콜레스테롤 수치, 상처의 치유 속도, 스트레스 호르몬 수치 등을 검사했다. 그러고는 땀과 진드기와 올리브개코원숭이 털로 뒤범벅된 채 녀석을 무리로 데려와 녀석이 정신을 차릴 때까지 기다리고 무사한지 확인했다.

사폴스키는 다년간의 연구를 통해 올리브개코원숭이 사회에서 서열이 중요하기는 하지만 모든 활동이 서열로 설명되지는 않는다는 사실을 발견했다. 서열과 별개로, 늙었든 젊었든 간에 자주 서로의 털을 골라주고 곁에서 쉬면서 교류를 가장 많이 하는 개체의 스트레스 호르몬 수치가 가장 낮았다. 이에 반해 A 유형인 개체, 이를테면 사소한 도발에도 다른 수컷과 싸우는 개체는 휴식기 스트레스 수치가 차분한 동료에 비해 평균 두 배 높았다.

사폴스키는 올리브개코원숭이 무리를 속속들이 파악했다. 누가 누구와 친족인지, 누가 나이가 많은지, 늙은 올리브개코원숭이가 전성기 때 어떻게 행동했는지 다 알았다. 무리 안에서 사회적 관계가 얼마나 중요한지 알았기에, 그는 일부 늙은 수컷이 전성기를 훌쩍 넘긴 뒤에 무리를 떠나 다른 무리에 합류하는 것을 보고 놀랐다. 물론 그 전에도 무리를 옮긴 적이 없었던 것은 아니다. 젊은 수컷 올리브개코원숭이는 원래 무리를 떠나 다른 무리의 일원이 되는 것이 정상이기 때문이다. 모든 사회적 종은 근친 교배를 방지하기 위해 암컷과 수컷 중 하나가 무리를 떠난다. 젊은 수컷은 새로운 무리에 안착하면(암컷이 모두 근친 관계이고 수컷은 먹이를 놓고 어느 정도 경쟁을 벌이기 때문에 시간이 좀 걸린다) 그곳에서 오랫동안 살면서 매일 털 고르기를 주고받고, 서로 싸우고, 새끼의 아비가 되고, 먹이를 찾아 무리와 함께 이동하면서 결국 지배적 개체가 되었다. 이곳이 그의 집이었다.

늙은 수컷이 한 무리에서 성년기를 모두 보낸 뒤에 그 무리를 떠나는 것은 정신 나간 짓으로 보인다. 사바나에서 외톨이 올리브개코원숭이는 포식자에게 잡아먹힐 위험이 크다. 청소년 올리브개코원숭이가 한 무리에서 다른 무리로 옮길 때는 죽을 위험이 열 배까지 커지는데, 늙어서 다시 무리를 옮기면 이전보다 훨씬 더 취약해진다. 동작이 느려진 데다 주위 환경을 알아차리는 감각이 떨어지고 위험을 경고해줄 동료도 없기 때문이다. 사폴스키는 자문했다. 그런데도 왜 무리를 옮기는 걸까?

가능성은 여러 가지가 있다. 생물학자들은 이런 미스터리를 설명할 수 있는 가설을 수립하기를 좋아한다. 늙은 수컷은 어미가 자신을 낳아 기른, 누이와 조카딸이 여전히 살고 있는 옛 무리로 돌아가고 싶은 걸까? 친척들은 힘줄이 뻣뻣해지고 관절염으로 삭신이 쑤시고 먹이 찾을 때 동료들에게 뒤처지고 나무 위 잠자리에 기어오르느라 안간힘 쓰는 그를 반갑게 맞이하고 돌볼지도 모른다.

아니면 근친 교배를 피하기 위해서, 다 자란 딸이 (진화의 맹목적 이유를 따라) 아비와 짝짓기 하지 않도록 떠나는 것일까? (시파카sifaka는 생식 연령에 이른 암컷이 나이 든 아비를 쫓아낸다.)

사폴스키는 세 번째 가설을 제시하고 자세한 연구 결과로 이를 뒷받침했다. 지배 상호작용은 다 자란 수컷 사이에서 흔한 일이다. 으뜸 수컷은 버금 수컷이나 그 밖의 종속적 수컷에게서 먹이를 빼앗고, 웅덩이에서 밀치고, 그늘진 쉼터에서 쫓아내고, 자기가 좋아하는 암컷과 털 고르기를 하지 못하도록 방해한다. 버금 수컷도 종속적인 수컷에게 같은 행동을 한다. 서열의 맨 아래에 있는 수컷들은 으뜸 수컷과 버금 수컷에게 괴롭힘을 당하지 않는다. 대부분 무리에 새로 등장한 왜소한 청소년이어서 괴롭힐 가치가 없기 때문이다. 하지만 지배적 수컷들에게 시달리는 것은 피할 수 없다. 으뜸 수컷 중 하나가 늙어서 자신을 방어하지 못하게 되면 새로운 전성기 수컷 집단에게 늘상 괴롭힘을 당한다. 수컷은 누가 자신을 괴롭혔는지 기억한다. 사폴스키는 이러한 늙은 수컷에 대한 공격적 행동과 최근에 무리에 들어온 비슷한 연령대 수컷에 대한 공격적 행동을 비교하여 전자가 후자보다 두 배 이상 수모를 겪는다는 사실을 알아냈다. 둘 다 전적으로 종속적이며 서열 사다리의 맨 아래에 있지만, 전성기 수컷들은 누가 이름 없는 이방인이고 누가 자신의 숙적인지 알았다. 주는 대로 받는 법이다.

사폴스키는 늙은 수컷 중에서도 어린 수컷에게 특히 잔인하게 굴었던 녀석들이 더 자주 표적이 되지 않을까 생각했는데, 그렇지는 않았다. 새로운 전성기 수컷들은 늙은 올리브개코원숭이 한 마리 한 마리가 과거에 자신에게 어떤 만행을 저질렀는지 정확하게 기억하지는 못하는 듯했다. 중요한 것은 공격적 전성기 때 자신을 괴롭히던 수컷이 이제는 늙었다는 사실이었다.

솔로몬은 늙은 수컷이 무리를 떠난 예다. (사폴스키는 자신의 동물들에게 구약성서의 이름을 즐겨 붙였다.) 사폴스키가 올리브개코원숭이 연구를 시작했을 때 솔로몬은 3년째 으뜸 수컷이었다. 솔로몬은 흉포하고 약삭빠른 싸움꾼이었다. 동료들을 얼마나 겁에 질리게 했던지, 건방진 개체를 흘낏 보거나 찰싹 때리기만 해도 다들 바짝 쫄았다. 심지어 사폴스키를 돌멩이로 때려서 안경을 산산조각 내어 그 또한 겁에 질리기도 했다. 솔로몬은 나이를 먹었음에도 다른 개체들을 위협하여 1년에 한 번도 큰 싸움에 휘말리지 않았다.

그러다 젊고 힘센 허세꾼 우리아가 무리에 합류했다. 우리아는 이 수컷 저 수컷과 싸움을 즐겼다. 둔해서인지 솔로몬이 (늙은) 왕이라는 사실을 모른 탓에 매일같이 그에게도 싸움을 걸었다. 이따금 솔로몬의 송곳니에 베이기도 했지만 우리아는 솔로몬이 지칠 때까지 더 세게 반격했다. 어느 날 둘이 맞붙었는데 솔로몬이 뒤로 물러났다. 얼마 지나지 않아 몇 달 전만 해도 솔로몬에게 감히 덤벼들지 못하던 높은 서열 수컷들이 솔로몬을 공격했다. 끝이 멀지 않았다. 어느 날 아침, 솔로몬은 조용히 우리아에게 걸어가 뒤로 돌더니 고개를 땅에 처박고 엉덩이를 우리아의 코 아래에 들이밀었다. 복종의 몸짓이었다. 그렇게 솔로몬의 치세가 끝났다.

이론상 솔로몬은 두 번째 서열의 버금 수컷이 될 수도 있었지만, 다른 수컷들은 그렇게 생각하지 않았다. 약체라는 사실을 들킨 솔로몬은 나머지 성체 수컷들의 밥이 되었다. 금세 그중 여덟 마리에게 흠씬 두들겨 맞았다. 솔로몬은 서열이 자기보다 높은 개체에게는 비겁하게 굴고 낮은 개체에게는 사납게 굴었다. 마침내 솔로몬은 다른 무리에 합류하기 위해 남쪽으로 떠났다. 그곳에서도 나이 때문에 서열은 낮겠지만, 아무도 자기를 모르니 과거의 원한 때문에 공격받지는 않을 터였다. 이따금 두 집단이 강을 사이에 두고 만나 서로 소리를 지를 때 솔로몬의 모습을 볼 수 있었다.

일본원숭이

개코원숭이는 으뜸 수컷이 되려면 싸움을 좋아하는 야심가가 되어야 한다. 약한 티를 보이면 젊은 것들이 자리를 뺏으려고 공격한다. 이에 반해 일본원숭이는 으뜸 수컷의 몰락이 훨씬 점잖게 진행된다. 일본원숭이는 지배 서열이 엄격하고 좀처럼 바뀌지 않는다. (가장 크고 힘센 개체가 반드시 지도자가 되는 것은 아니다.) 수컷 일본원숭이 판은 무리에서 점차 소외되어 마침내 지도자 자리에서 물러났다. 일본의 다카사키야마 무리는 1956년에 구성원이 440마리였는데 판은 지도자 여섯 마리 중 한 마리였다. 지도자의 임무는 무리의 영역 중앙부를 순찰하고, 버릇없는 원숭이를 길들이고, 새끼를 돌보고, 아랫것들에게 본때를 보이고, 외톨이 수컷을 쫓아내는 것이었다. 1956년에 판은 나머지 지도자와 함께 순찰하고 단속하기보다는 무리 주변부에서 얼쩡거리는 시간이 많았다. 거칠고 잔인한 성격이었지만, 청소년을 돌보는 일에는 여전히 적극적이었다. 이따금 무리 주변부의 젊은 수컷들과 같은 시각에 섭이지(연구자들이 무리를 위해 먹이를 갖다 둔 곳)를 찾기도 했지만, 젊은 수컷들은 존중의 표시로 거리를 유지했다.

1957년 초에 판은 더 이상 지도자로서 중앙부에 들어가지 못하고 무리의 주변부에 머물렀다. 판을 첫눈에 알아보지 못한 원숭이들은 판이 서열 없는 외톨이 수컷이라고 생각하여 쫓아내려 했다. 늦은 2월에 판은 서열 24위의 젊은 수컷에게 복종의 표시로 자신을 세 번 올라타게 했다. 연구자들이 판과 다른 원숭이 사이에 땅콩을 떨어뜨리면(누가 땅콩을 낚아채는지로 지배 관계를 알 수 있다) 양보하는 쪽은 대체로 판이었다. 3월에 섭이지에서 9세 수컷에게 쫓겨난 판은 다시는 섭이지를 찾지 않았다. 4월에 마지막으로 보았을 때는 300미터 떨어진 밀밭에서 먹이를 먹고 있었다. 판은 싸움에서 패배하지 않은 채 지도자 자리에서 물러났다. 하지만 서열이 낮은 구성원으로 받아들여지지 않고 자신의 무리에서 환영받지 못하는 외톨이가 되어야 했다.

일본원숭이 주피터의 말년은 늙고 병든 지도자가 판과 달리 왕좌에서 내려오기를 거부할 때 어떤 일이 벌어지는지를 잘 보여준다. 서른이 다 된 주피터는 판과 같은 무리의 으뜸 지도자였다. 그다음 서열인 버금 수컷은 티치아노였다. 주피터는 10년가량 최고 지도자였으나 1960년 여름에 병들어 좌골신경이 마비되었다. 계속 절뚝거렸으며, 섭이지 가는 길에 틈틈이 쉬어야 했다. 12월 23일에는 암컷 스무 마리에게 둘러싸여 지내던 중앙부에 온종일 한 번도 얼씬거리지 않았다. 이튿날 중앙부에 돌아왔지만 다리를 움직일 수 없어 팔로 기어다녀야 했다. 스무 마리 암컷이 다시 주피터를 둘러쌌다. 주피터는 오후에 무리를 이끌고 산에 올랐지만 무리를 따라잡지 못하고 뒤처졌다.

　1월 초에 주피터는 여전히 으뜸 수컷이었지만 점점 권위를 잃어갔다. 어느 날 아침에 부지도자 아킬레우스가 발정 나 비명 지르는 암컷 한 마리를 주피터 면전에서 쫓아다녔다. 예전에는 엄두도 못 낼 일이었지만 지금은 막을 도리가 없었다. 주피터는 죽기 전 며칠 밤낮을 섭이지 근처 덤불에 숨어 지냈다. "주피터는 지도자 임무를 신체적으로 수행할 수 있는 한 마지막까지 지도자로서의 행동을 포기하지 않았다." 주피터가 종적을 감추자 티치아노가 새 으뜸 수컷으로 등극하는 과정은 순조롭게 진행되었다. 두 수컷은 평생 서로에게 적대감을 드러내지 않았다. 1964년에 티치아노가 병들어 무리를 떠나자 가장 나이가 많은 다음 서열의 바쿠스가 최고 지도자 자리를 이어받았다.

호랑이꼬리여우원숭이

　　　　호랑이꼬리여우원숭이는 수컷이 암컷을 지배하는 것이 아니라 암컷이 수컷을 지배한다는 점에서 특히 흥미롭다. 앨리슨 졸리는 《군주와 여우원숭이 *Lords and Lemurs*》(2004)에서 이렇게 말했다. "수컷은 먹이나 공간에 대한 권리를 한 번도 주장하지 않는다." 으뜸 개체가 되는 것은 매우 공격적인 암컷이며, 이들은 나이가 들면 결국 지위를 잃는다. 졸리는 마다가스카르 남부 베렌티 보호구역에서 호랑이꼬리여우원숭이의 행동을 연구했다. 그곳에서 A 무리의 으뜸 동물이자 암컷 집단에서 두 번째로 나이가 많은 디바의 모험을 관찰했다. 디바의 딸 제시카도 엄마의 높은 지위를 공유했다. 그 아래 서열에는 사나운 피시와 두 살 난 딸 팬이 있었다. 피시와 팬은 감히 디바와 제시카를 공격하지는 못했지만, 자기보다 서열이 낮은 절반의 호랑이꼬리여우원숭이들을 괴롭혔다. 디바는 누구를 쫓아다니거나 꾸짖을 필요가 별로 없었다. 다들 알아서 피해 다녔기 때문이다.

1992년 가뭄 때 디바와 상위 서열 동료들은 먹이를 더 많이 차지하려고 종속적 개체들을 A 무리에서 쫓아냈다. 그리하여 생물학자들이 '망명자들Exiles'이라고 부른 이 종속적 개체들은 자신의 섭이지를 잃고 딴 호랑이꼬리여우원숭이 세력권에서 먹이를 훔쳐야 했다. 이들은 디바와 상위 서열 동료들의 집요한 추격을 받았으며, 일련의 격렬한 싸움을 벌이는 와중에 갓난새끼 암컷 두 마리가 살해당했다.

그러자 망명자들은 새로운 전술을 개발했다. 졸리가 호랑이꼬리여우원숭이의 행동을 수년간 관찰하면서 유일하게 본 혁신이었다. 대개는 전투가 벌어지면 각 무리에서 몇 마리만 싸우고 나머지는 구경하는 것이 상례였으나 이제는 모두가 연합 전선을 이루어 한꺼번에 싸웠다. 망명자들은 어른 다섯 마리가 방갈로 초가지붕에서 힘을 합친 뒤 첫 승리를 거두었다. 쌔도가 적을 향해 뛰어들며 포문을 열었다. 적군인 피시와 팬은 뒷걸음질칠 수밖에 없었다. 돌아서서 도망치다가 뒤에서 점프 공격을 받을까 봐 두려웠기 때문이다. 망명자들은 A 무리가 갈라지고 나서 한 달 동안 가보지 못한 유칼립투스 숲으로 개선 행진을 벌였다. 그들은 꽃핀 유칼립투스를 실컷 먹었다. 전투에서 새끼 두 마리를 잃었지만 새도의 조그만 새끼는 여전히 배에 거꾸로 매달려 있었다.

망명자들(지금은 '협력 부대Together Troop'로 이름이 바뀌었다)은 승리에 승리를 거듭하며 유칼립투스 나무를 하나씩 정복하여 마침내 A 무리의 원래 세력권을 차지했다. 수컷 네 마리가 승전 부대에 합류했다. 종속적 개체가 되고 싶지 않았지만, 무리 안에서 개별적으로 살아남을 수 있다는 확신이 들자 생각을 바꾼 것이었다.

디바가 종속적 암컷들을 A 무리에서 쫓아낸 것은 크나큰 패착이었다. 디바는 권좌에서 추락하고 얻어맞고 만신창이가 되어 협력 부대의 주변에 은신하다 2년 뒤 죽었다. 디바, 즉 주인공은 무대에서 사라졌다. 제시카는 디바가 살아서 자신을 지켜줄 때는 '날씬하고 예뻤'지만 엄마가 죽은 뒤에는 피골이 상접했다. 제시카와 A 무리 패잔병은 다시는 영토를 되찾지 못했다. 그 뒤로 몇 해에 걸쳐 모두 죽거나 사라졌다. 디바 왕조는 비극적 결말로 막을 내렸다.

사자

사자 무리에서 으뜸 수컷은 (개체로서가 아니라) 집단으로서 다스리고 집단으로서 실패한다. 저넷 핸비는 《사자의 나눔Lions Share》(1982)에서 세렝게티 초원의 늙은 사자 레오를 묘사했다. 레오는 실제로 폐위되지는 않았지만, 핸비는 레오가 '더 큰 영광을 향한 열망이

덧없으며 왕조의 끝이 머지않았음'을 깨닫는 과정을 묘사했다. 늙은 수 컷 레오는 과거에 자신이 곧잘 괴롭히던 사메투 무리의 영역을 침범하여 자신의 영역을 확장하려고 했다. 레오 무리는 사실상 목장 주인으로, 넓은 땅과 그곳에 사는 모든 먹잇감을 '소유'했다. 마치 인간의 자본주의처럼, 무리의 영토가 클수록 무리의 수컷들은 더 부유해지고 더 번성한다. 아프리카의 사자는 대부분 독이나 덫, 총, 질병, 사고, 다른 사자때문에 살해되지만, 레오와 동료 같은 소수는 노년까지(수컷은 10대, 암컷은 20대) 살아남는다.

어느 날 밤 으르렁거리는 소리와 뼈에서 살점을 발라내는 소리만 들릴 뿐 수컷의 포효가 전혀 들리지 않자 레오(11세)는 사메투 암컷들의 영토에 발을 디뎠다. 암컷들은 얼룩말 고기를 먹고 있었으며 무리의 수 컷 두 마리가 곁에서 얌전하게 차례를 기다리고 있었다. 암컷들은 달빛에 레오를 알아보자마자 과거에 그가 저지른 만행을 앙갚음하려고 달려들었다. 한 무더기로 몰려와서는 으르렁거리고 씩씩거리며 발톱으로 할퀴고 때려눕혔다. 레오는 간신히 몸을 일으켜 자신이 올라온 언덕 아래로 달아났다.

수컷 두 마리가 힘차게 포효하며 뒤를 쫓았다. 하지만 레오는, 더 물러나 자기 영토에 피신해야 했으나 어리석게도 몸을 돌려 추격자와 마주섰다. 울부짖으며 발톱을 휘둘렀지만 젊은 수컷들은 레오를 물고 할퀴며 공격에 공격을 퍼부었다. 마침내 수컷들은 바닥에 웅크려 헐떡거리는 레오를 내버려둔 채 떠났다. 두 승리자는 암컷에게 돌아가며 승리의 함성을 질렀다. 레오는 몸을 꼼지락거렸다. 옛 전투의 상처로 가득한동료 리레이가 무슨 영문인지 알아보려고 다가왔다. 리레이가 싸움 현장을 둘러보며 냄새로 상황을 파악하는 동안 레오는 땅바닥에 누운 채 오랫동안 휴식을 취하다가 고개를 들어 상처를 핥기 시작했다. 얼마 있다가 늙은 수컷 두 마리가 영토 한가운데로 천천히 걸어왔다. 곧 세 번째 늙은 수컷이 합류했다. 지금은 사메투 무리를 굴복시킬 방법이 전혀 없었다. 이들과 나머지 수컷 두 마리는 새끼를 굉장히 많이 낳았지만 머지않아 전성기 수컷들에게 암컷과 영토를 빼앗길 터였다.

요약하자면, 사회적 포유류는 대체로 무리에 으뜸 동물, 즉 지도자가 있는데, 지도자가 너무 늙어서 임무를 다하지 못하면 여러 방법으로 자리에서 밀려난다. 그렇다고 해서 몰락하는 개체가 무리에 아무런 쓸모가 없다는 말은 아니다. 개코원숭이의 늙은 수컷은 이따금 보초 노릇을 하고, 먹이 찾는 방향을 정하고, 짝짓기 할 암컷이 없으면서도 자기 무리를 위해 다른 무리와 맞서 싸운다. 다음 장에서는 포획 무리에서 티탄이 몰락하는 과정을 살펴볼 것이다.

9장
포획 으뜸 동물의 노화

AGING OF CAPTIVE ALPHAS

• 이 장에 나오는 주요 동물

침팬지

망토개코원숭이

늙은 동물의 몰락과 관련한 사회적 관계를 꾸준히 들여다볼 수 있는 유일한 방법은 포획 동물을 관찰하는 것이다. 포획 동물 무리는 날마다 하루 종일 관찰할 수 있기 때문이다. 동물학자 프란스 드 발은 네덜란드 아른험 동물원에서 대규모 침팬지 군집을 대상으로 연구를 진행했다. 드 발은 반≠자연적 조건에서 포획 상태로 사는 침팬지가 야생 침팬지와 비슷하게 행동할 뿐 아니라 진짜보다 더 진짜 같다는 사실을 발견했다. 개체를 강제로 밀집하여 함께 살게 하면 대체로 상호작용이 증폭된다. 포획 상태에서는 어른 암컷이 더 사회적으로 활동하며(야생에서 어른 암컷은 독거성에 가깝다) 많은 원숭이와 유인원의 영구적 무리와 마찬가지로 수컷의 폭력으로부터 스스로를 지키고, 수컷의 권력 투쟁에 영향력을 행사하고, 서로 털을 골라주고, 먹이를 공유하기 위해 뭉친다. 하지만 다 자란 포획 수컷들은 서로 연대하는 동시에 경쟁한다.

1971년 아른험 동물원은 다양한 암컷과 수컷 집단을 넓은 사육장에 집어넣어 침팬지 무리를 이루기로 결정했다. 덩치 크고 힘세고 나이 많은 암컷 마마가 무리의 지도자가 되었다. 마마는 마흔을 앞둔 고령이었다. 동물원은 당혹스러웠다. 수컷이 지배적 개체가 될 줄 알았기 때문이다(하지만 야생의 침팬지에게는 지배라는 것이 중요하지 않다. 천연의 먹이는 제한이 없으며, 호색적 암컷은 많은 수컷을 유혹하여 짝짓기 하기 때문이다). 동물원에서는 상황을 바로잡고자 예룬을 비롯한 다 자란 수컷 세 마리를 무리에 합류시켰다. 하지만 수컷들은 늙은 마마와 그녀의 암컷 친구 '고릴라'(특이한 이름이다)에게 상대가 되지 못했다. 동물원으로서는 실망스러운 결과였다. 수컷 세 마리는 높은 드럼통 위에 올라가 엎치락뒤치락하며 마마 무리의 공격을 막아내려 했지만 발이 물리고 털이 뽑혀야 했다. 애처롭게도 겁에 질린 수컷들은 비명을 지르고 토하고 똥을 쌌다. 소란과 부상과 긴장이 두 주 동안 계속되자 동물원에서는 수컷들이 지배자가 될 수 있도록 마마와 고릴라를 딴 사육장으로 옮겼다.

석 달 뒤 예룬이 새로운 으뜸 동물로 인정받은 뒤에야 마마와 고릴라는 무리에 다시 합류할 수 있었다. 하지만 이번에도 무리 전체가 석 달 전과 같은 혼란에 휩싸였다. 모든 침팬지가 소리를 질러댔으며 수컷 세 마리는 드럼통 위로 피신했다. 기겁한 수컷 한 마리가 마마의 다리에 똥을 지리자 마마는 해진 노끈으로 침착하게 똥을 닦아냈다. 하지만 이번에는 다른 암컷들이 마마의 공격에 동참하지 않았다. 친구 고릴라조차 예룬에게 다정하게 인사했다. 고릴라와 마마가 무리에서 쫓겨나 있는 동안 우정에 금이 간 것이다. 얼마 지나지 않아 마마는 지도자 다툼에서의 패배를 인정해야 했다. 하지만 외교적 으뜸 암컷으로서와 모든 침팬지의 '어머니'로서의 지위는 유지했다.

이 일이 있은 뒤 마마는 나이가 들면서 공격성이 줄었으며, 분란을 일으키기보다는 가라앉히는 데 힘을 쏟았다. 하지만 겁쟁이가 되지는 않았다. 드 발은 우어(암컷)가 니키(수컷)를 꼬드겨 마마에 대한 공격에 동참하도록 함으로써 마마에게 패배를 안겨준 과정을 묘사했다. 하지만 철창 안에 둘만 갇히자 마마는 우어를 박살냈다. 마마는 지도자 다툼에서 패배한 직후에 태어난 새끼를 돌보지 않으려 들었지만, 그 뒤에 태어난 새끼에게는 (나이가 들었음에도) 이상적 어미가 되었다. 마마는 그 뒤로도 몇 해를 더 살았다. 드 발은 아른험 동물원에 돌아올 때마다 마마가 수백 명의 방문객 속에서도 자신을 알아보았으며 "관절염으로 뼈마디가 쑤실 텐데도 해자 가장자리에서 팬트 그런트pant-grunt 소리를 내며 나를 맞이했다"고 말했다(팬트 그런트는 침팬지가 서열이 높은 개체에게 복종의 표시로 내는 소리다_옮긴이).

예룬도 나이가 들어 아른험 무리의 으뜸이자 최고령 수컷이 되면서 교활한 본성을 드러내기 시작했다. 새롭게 떠오르는 젊은 수컷과의 싸움에서 손을 다쳤을 때는 상처가 심하지 않았음에도 아픈 척을 하기 시작했는데, 손이 아니라 딴 곳이었다. 예룬은 정상적으로 걸어 다니다도 딴 수컷이 자기를 보는 것 같으면 다리를 절기 시작했다. 부상당한 흉내를 내어 딴 수컷에게서 공격성이 아니라 동정심을 유발하려는 심산이었을까? 예룬은 절룩거리는 모습이 경쟁자에게 어떻게 비칠지 상상할 수 있었을까? 언젠가 우연히 절뚝거리다가 이것이 상대방의 화를 누그러뜨리는 좋은 방법임을 알아낸 것일까?

예룬은 젊은 수컷, 특히 나중에 예룬의 으뜸 자리를 차지하게 된 로이트에게 몇 번 패한 뒤로 체신이고 뭐고 다 버렸다. 어찌나 열 받았던지 감정을 주체하지 못했다. 예룬은 비명을 지르고 암컷에게든 아무에게든 팔을 뻗어 도움을 청했다. 1킬로미터 떨어진 곳에서도 소리가 들릴 정도였다. 이따금 늙은 암컷이나 젊은 암컷이 예룬에게 다가가 어깨에 팔을 올리고 다독이려 했다. 예룬은 종종 나무에서 떨어지거나 땅에서 몸부림치거나 관심을 끌려고 고함을 질러대면서 더는 젖을 못 빨게 된 애처럼 굴었으며, 누가 도움의 손길을 내밀어줄지 예의 주시했다. 주위에 침팬지가 많이 모여들면 즉시 용기백배하여 동조자들을 이끌고 경쟁자에게 다시 도전장을 내밀었다.

시간이 지나자 예룬은 보다 합리적으로 바뀌었다. 선택은 두 가지였다. 하나는 새로운 으뜸 수컷 로이트를 지지하고 로이트의 처분에 따라 몇 가지 혜택을 누리는 것이었고, 다른 하나는 다른 수컷 밑에 들어가 공을 세우는 것이었다. 예룬은 으뜸 수컷의 지위를 되찾겠다며 승산 없는 싸움을 벌이기보다는 젊은 니키가 으뜸 수컷이 되도록 지원하기로 마음먹었다. 니키는 경험이 적고 딴 침팬지에게 강압적이어서, 자제력을 발휘하여 공정하게 싸움을 중재하는 예룬에게 배울 것이 많았다. 다른 침팬지들도 예룬이 공정하다고 생각했다. 예룬과 니키는 좋은 짝이 되었다.

하지만 니키는 자신감과 우두머리 기질이 날로 커졌다. 연장자 예룬을 대접하는 것에 진절머리가 난 니키가 예룬의 짝짓기를 훼방하자 예룬은 분통을 터뜨렸다. 그러자 니키는 예룬의 도움 없이는 으뜸 자리를 유지할 수 없다는 사실을 알고서 재빨리 화해를 청했다. 늙은 침팬지 마마가 이따금 화해를 중재했다. 한번은 비명을 지르는 니키에게 가서 손가락을 니키의 입에 집어넣으며 안심시켰다. 그러고는 예룬에게 고개를 끄덕이며 손을 내밀었다. 예룬이 마마에게 입맞춤하려고 다가오자 마마는 둘 사이에서 한 발 물러나 둘을 화해시켰다. 예룬과 니키는 힘을 합쳐 경쟁자 수컷 로이트를 쫓아다니기 시작했다.

3년이 지나자 니키와 예룬의 동맹은 완전히 깨졌고 로이트는 으뜸 동물이 되었다. 예룬 같은 늙은 수컷이 어떻게 나이 어린 로이트를 자기 위의 서열로 받아들였을까? 그 이유를 알기 위해 연구자들은 두 수컷의 모든 상호작용을 석 달 동안 꼼꼼히 살펴보았다. 둘 사이의 다정한 접촉은 빠르게 사라졌고 위협적 과시가 늘었다. 얼마 안 가서 로이트는 예룬이 다가오면 등을 돌려 예룬을 속상하게 했다. 마침내 예룬이 처음으로 복종의 팬트 그런트 소리를 냈다. 그 즉시 둘의 관계는 확연히 달라졌다. 로이트는 예룬에게 친근한 몸짓을 취했으며, 다른 침팬지들이 이 장면을 보자마자 달려와 둘을 얼싸안았다. 몇 시간 지나지 않아 둘은 자리에 앉아 서로의 털을 골라주었다. 예룬이 더 이상 자신이 지배적이지 않음을 인정하자 비로소 둘은 친구가 될 수 있었다.

하지만 둘의 우정은 지속되지 않았다. 어느 날 밤 예룬, 니키, 로이트가 함께 우리 안에 있었는데, 사육사가 한 명도 없는 틈을 타 지독한 싸움이 벌어졌다. 아침이 되자 벽과 바닥은 피로 얼룩져 있었으며 로이트는 치명상을 입은 상태였다. 니키와 예룬이 다시 한 번 힘을 합쳐 로이트를 공격한 것이 틀림없었다. 늙고 교활한 예룬은 정치적으로 무리의 지도자 노릇을 이어가려 했다.

이 아수라장을 목격한 드 발은 로이트를 향해 몸을 숙였다. 로이트는 자신이 흘린 피 웅덩이 속에 앉은 채 취침용 우리의 창살에 기대어 있었다. 드 발은 로이트를 부드럽게 어루만졌다. 사람의 애정을 한 번도 경험한 적 없는 로이트는 위안을 기꺼이 받아들이는 듯했다. 드 발은 이것이 현대의 인간성에 대한 풍유 같다고 말했다. "우리는 난폭한 유인원처럼 자신의 피로 뒤덮인 채 안전 보장을 갈망한다. 남을 해치거나 죽이는 성향에도 불구하고 우리는 모든 것이 아무 문제 없다는 말을 듣고 싶어 한다." 드 발은 황급히 로이트를 의사에게 데려갔다. 상처가 많아서 수백 바늘을 꿰맸다. 로이트는 손가락과 발가락을 잃었으며 고환도 음낭에서 밀려나왔다. 살아날 가망이 없었다. 로이트는 부상이 너무 심한 탓에 마취에서 영영 깨어나지 못했다.

공공 정책과 국제 문제를 연구하는 프랜시스 후쿠야마는 침팬지 수컷 세 마리 사이에 벌어진 이 싸움을 언급하면서 남성의 공격성이 타고난 성질이라고 말했다. 후쿠야마는 국가가 생존하려면 여성적 협력 전술이 아니라 남성적 공격 정책을 항상 국제 문제의 핵심으로 삼아야 한다고 주장했는데, 이는 지나치게 단순한 논리다.

한스 쿠머는 에티오피아에서 야생 망토개코원숭이를 연구하기 전인 1955년에 스위스 취리히 동물원에서 포획 망토개코원숭이를 연구했다. 넓은 사육장은 개코원숭이가 전형적 행동을 나타내기에 충분한 공간이었다. 어른 수컷 두 마리 중에서 늙은 파샤는 자신의 '하렘'에 어른 암컷 네 마리와 젊은 암컷 두 마리를 거느렸으며, 그보다 젊고 덜 지배적인 수컷 율리시스는 젊은 암컷 한 마리와 청소년 암컷 여러 마리를 데리고 있었다.

3년 뒤인 1958년에 파샤는 율리시스에게 지배권을 잃고(율리시스는 파샤만큼 몸집이 커졌다) 이따금 서열 3위 수컷인 칼로스에게도 무릎을 꿇었다. 파샤는 여기저기로 예전보다 뻔질나게 이동하면서 자신의 후궁들이 따라오는지 늘 어깨 너머로 확인했다. 4월이 되자 파샤는 몸에서 털이 많이 빠져서(남성 호르몬 테스토스테론 수치가 낮아진 탓이다) 탄탄하기보다는 가냘파 보였으며 머리가 유달리 커 보였다. 저녁이 되면 마지막까지 기다렸다가 먹이를 먹었는데, 예전에는 한 번도 없던 일이었다. 밤에는 머리를 똑바로 두지 않고 암컷의 몸에 대고 잤다. 12월이 되자 서열이 가장 낮은 암컷 두 마리를 다른 수컷들에게 빼앗겼다. 그중 늙고 주름투성이인 베키아는 율리시스에게 갔다.

'하렘'의 일부를 잃으면서 파샤의 행동도 달라졌다. 으뜸 수컷일 때는 새끼들과 지낼 시간이 거의 없었지만, 이제는 새끼들을 좋아하고 주위에서 새끼들이 노는 것을 반겼다. 파샤는 새끼들과 놀이 친구가 되었다. 이제는 젊은 수컷 글루모가 몇 가닥 남지 않은 파샤의 털을 골라주었으며, 젊은 수컷들이 격렬하게 뒹굴면 파샤는 자기도 끼워달라며 이빨 없는 입을 내밀기도 했다. 이따금 자기가 먼저 놀이를 시작하는 일도 있었다. 파샤는 암컷 두 마리를 여전히 열정적으로 거느렸으므로 쿠머는 파샤의 놀이가 유아적 퇴행이 아니라 자발적 선택이라고 했다. 더는 번식에 관심이 없으니 총각들처럼 시간 때우는 것에 거리낌이 없어졌다는 것이다. 몰골은 초라해졌지만 파샤는 무리 안에서 다툼이 일어나면 여전히 개입했다.

여섯 달 뒤에 파샤의 '아내' 중에서 서열이 높은 소라가 그를 버렸다. 파샤는 홀로 남은 젊은 리바에게 더더욱 너그러워졌다. 걷다가도 리바가 따라오지 않으면 돌아가 기다렸다. 관심을 끌려는 듯, 예전에 암컷에게 하던 것보다 더 자주 리바의 털을 골라주었다.

묘하게도, 암컷을 모두 잃고 앙상한 노인이 된 뒤에 파샤는 난생처음으로 사육사를 공격했다. 쿠머는 이 공격에 진화적 근거가 있다는 의견을 내놓았다. 더는 잃을 것이 없었기에, 자신의 유전자를 일부 간직한 다른 개코원숭이들을 힘껏 보호할 수 있게 되었다는 것이다. 어쩌면 거느릴 암컷이 하나도 없어서 화가 났을 뿐인지도 모르지만.

파샤를 터벅터벅 따라다니던 늙고 천한 암컷에서 율리시스의 연상 '아내'로 변모한 베키아는 짜릿한 변화를 겪었다. 섹스가 황홀해서는 아니었다. 율리시스는 마침내 방해받지 않고 교미할 수 있게 되어서 어찌나 신이 났던지(예전에는 파샤가 그런 행동을 용납하지 않았기 때문에 엄두도 내지 못했다) 성적 흥분에 겨워 몇 번이고 베키아를 물었다. 베키아는 비명을 지르며 율리시스의 털을 골라주었다. 여러 달이 지난 뒤에야 율리시스는 차분하게 교미할 수 있었다.

하지만 삶의 다른 측면에서는 베키아의 성격이 꽃을 피웠다. 율리시스는 으뜸 수컷의 임무에 적합하지 않았다. 파샤의 암컷이던 오페가 율리시스에게 추파를 던지자 베키아는 (한때 자신의 상위 암컷이던) 그녀에게 덤벼들어 목을 물고 몸을 마구 흔들어댔다. '하렘' 수컷 중에서도 매우 사나운 녀석들만 할 법한 행동이었다. 오페는 율리시스의 품으로 달아났지만 율리시스는 냉큼 내뺐다. 그때부터 율리시스가 외간 암컷의 목을 애정의 표시로 물 때마다 베키아는 그녀에게 깊숙한 이빨 자국을 남겼다. 마침내 나이 지긋한 베키아는 으뜸 수컷의 (교미를 제외한) 모든 임무를 떠맡았다. 암컷이라는 성별과 많은 나이에도, 낮은 서열의 고분고분한 '하렘' 암컷에서 가족의 수장으로 올라선 것이다. 율리시스가 소라와 교미하면(암컷인 베키아에게는 불가능한 임무다) 베키아는 소라의 다리를 무는 것으로 응수했다. 교미가 끝나고 소라가 율리시스 뒤로 가서 털을 골라주면 베키아는 그곳에 비집고 들어가 자기 털을 고르라고 명령했다. 쿠머는 베키아가 율리시스보다 상위 서열은 아니지만 그가 손대지 않는 분야를 맡는 법을 배웠다고 결론 내렸다. 동물원에서 개코원숭이 암컷으로만 이루어진 무리를 사육할 때에도 같은 유형의 행동이 관찰된다. 으뜸 암컷은 대부분의 면에서 으뜸 수컷처럼 행동하고 대접받는다.

영장류를 관찰하면 나이가 들면서 지배력을 잃는다는 것이 어떠한지를 가장 똑똑히 알 수 있다. 모든 종 중에서 사회적 삶을 가장 온전히 발달시켰기 때문이다. 개체는 권좌에서의 추락을 여러 방식으로 받아들인다. 침팬지 마마는 나이가 들면서 덜 호전적으로 바뀌었으며, 이따금 싸움을 말리는 중재자 역할을 하기도 했다. 예론은 싸움에서 처음 졌을 때는 울화통을 터뜨렸지만, 그 뒤로는 영리하게 꾀를 써서 지배력을 유지했다. 으뜸 수컷 로이트를 물리치기 위해 니키를 지지하는 전략적 결정을 내렸으며, 동맹이 깨지자 로이트에게 무릎을 꿇었다. 하지만 니키와 힘을 합쳐 로이트를 살해한 것에서 보듯 공격적 본성은 여전히 잠재해 있었다.

망토개코원숭이 파샤는 나이가 들면서 지배력을 잃었을 뿐 아니라 이로 인해 테스토스테론 수치가 낮아지면서 풍성한 털까지 빠져버렸다. 암컷들도 그를 떠났다. 파샤는 어린 개코원숭이들과 곧잘 시간을 보내는 외교관이 되었다. 하지만 난생처음으로 사육사를 공격하면서 숨겨진 공격성을 드러냈다. 율리시스는 마침내 가족 무리의 (명목상) 으뜸 수컷이 되었지만, 아내 베키아가 대부분의 임무를 맡도록 허락했다. 율리시스의 삶을 소설로 쓰면 베스트셀러가 될 것이다.

　다음 장에서는 이런 드라마가 뚜렷이 드러나지는 않지만, 작은 무리에서 늙은 암컷과 수컷이 권력과 서열 때문에 스트레스 받지 않고 오순도순 살아가는 모습을 보여줄 것이다.

10장
행복한 가족

HAPPY FAMILIES

• 이 장에 나오는 주요 동물

사자

개코원숭이

고릴라

케냐 사바나에서 랜드크루저를 주차하고 입을 떡 벌린 채 창밖을 바라보던 관광객들은 쉬고 있는 커다란 가부장 사자를 향해 작은 새끼 사자가 키 작은 풀 사이로 살금살금 다가가는 광경에 넋을 잃었다. 새끼 사자는 1미터 나아갈 때마다 몸을 일으켜 가부장의 방향을 확인하고는 다시 바닥에 납작 엎드렸다. 우람한 수컷은 고개를 살짝 돌려 새끼가 다가오는 모습을 보고는 누렇게 닳은 이빨과 처진 턱을 드러냈다. 새끼 사자는 먹잇감을 1미터 남짓 앞에 두고는 온 힘을 모아 200킬로그램짜리 수컷의 목에 치명적 일격을 가했다. 놀랍게도 거대한 수컷은 5킬로그램짜리 새끼의 무게에 완전히 뻗어버렸다. 크게 신음 소리를 내며 새끼를 부여안고 쓰러졌다. 새끼는 먹잇감 위로 의기양양하게 기어올라가 가부장의 목을 이빨로 물고는 힘껏 흔들었다. 덩치 큰 수컷은 다시 신음 소리를 내고는 허공에 발질을 하는가 싶더니 다시 잠잠해졌다. 새끼는 땅으로 내려와서는 다음 제물을 찾아 나섰다. 수컷은 다시 휴식 자세를 취한 채 조용히 먼 곳을 응시했다.

사자 무리의 수컷들은 몇 해에 한 번씩 자기보다 젊거나 덩치가 큰 수컷 무리와 싸움을 벌이고는(그러다 곧잘 자리를 빼앗긴다) 늙은 방랑객이 되어 먹이를 찾아 아프리카 평원을 배회한다. 하지만 이따금 열 살 남짓한 늙은 수컷들이 무리에 눌러앉아 새끼들과 놀아주기도 한다. 방금 본 장면처럼 말이다.

동물의 '가족' 무리는 암컷과 (대체로) 새끼로 구성되지만, 이 장에서는 여기에 수컷도 포함되거나 수컷만으로 이루어진 무리(이 무리는 일반적으로 암컷 무리보다 덜 사교적이다)를 살펴본다. 사례는 개, 늑대, 개코원숭이, 고릴라 등 사회성이 매우 큰 종에서 골랐다. 수컷이 자기 새끼를 알아보는지는 알 수 없으나 야생 침팬지의 경우는 아비가 새끼를 알아본다는 사실이 입증되었다.

개

엘리자베스 마셜 토머스는 개의 행동에 대해 새로운 연구를 진행하기로 마음먹었다. 개를 반려동물로 키우는 수많은 사람들은 개에 대해 더는 새로 밝혀질 사실이 없다고 생각하지만 사람과 함께 사는, 특히 그 집의 유일한 애완동물인 개는 무리 지어 사는 개와 다르게 행동한다. 애완용 개는 유일한 친구인 사람과 필사적으로 소통하려 한다. 우체부를 보면 병적으로 짖고, 사람의 무릎을 발로 두드리며 관심을 애걸하고, 자신을 버리지 않은 주인의 얼굴을 미친 듯이 핥는다. 사실상 사람은 개 무리의 일원이 되기 때문에, 개들은 사람과 떨어지기를 싫어한다. 둘 중 하나가 죽을 때까지 개가 주인에게 충성을 바치는 이야기는 얼마든지 있다. 하지만 토머스는 기발한 방법을 써서 개가 무리 안에서 서로에게 어떻게 행동하는지 알아냈다. 토머스는《인간들이 모르는 개들의 삶》(해나무, 2003)에서 자신과 친근한 개 열한 마리의 사회적 상호작용을 기록했다. 그중 열 마리는 평생 토머스와 행복한 가족을 이루고 살았다.

이 책에서 흥미로운 부분은 개들의 말년이다. 개들은 젊은 시절의 활력을 내려놓고 고요하고 품위 있게 노년의 삶을 맞이했다. 그 즈음에 토머스는 개들의 세계에 완전히 익숙해졌다. 오후에는 뒤뜰에서 개들이 파놓은 굴 옆 언덕에 올라가 개들과 함께 휴식을 취했다. 토머스는 개들과 같은 거리를 두고 개들처럼 흙바닥에 앉거나 팔을 대고 엎드렸다. 그러고는 나무를 바라보며, 움직이는 게 없는지 살폈다. 나뭇잎이 땅을 구르며 바스락거리는 소리를 듣고, 기우는 해를 보았다. 고요한 가운데 다들 행복했다. 토머스는 "(자신 같은) 영장류는 말없이 엎드려 있는 것을 권태롭게 느끼지만 개들은 평화롭게 느낀다"라고 썼다.

뉴햄프셔에서 자신과 함께 살았던 최후의 세 마리가 많이 늙자 토머스는 개들이 자유롭게 드나들 수 있도록 집에 개문을 달았다. 대부분의 시간을 함께 보낸 이 개들은 더는 서로에게 경쟁심을 느끼지 않았다. 아침이면 다들 느릿느릿 바깥으로 나가 오줌을 눴다. (혈통과 나이 때문에) 서열이 가장 낮은 허스키 이누크슈크가 맨 먼저 코를 킁킁거리며 오줌 눌 곳을 찾았다. 이누크슈크가 오줌을 다 눈 뒤에 자리를 정돈하고 옆으로 비키면 스패니얼과 딩고의 잡종 파티마가 같은 자리에 오줌을 눴다. 마지막으로, 서열이 높은 흰색 허스키 수에시가 다리를 들고서 같은 곳에 오줌을 눴다.

그러고는 함께 민둥언덕 위를 서성거리다 누운 채 조용히 아래를 바라보며 하루를 보냈다. 저녁에 사슴이 풀을 뜯으려고 숲에서 나오기도 했지만 개들은 사냥에 흥미가 없었다. 그보다는 이웃집 개가 서성거리는 도로를 더 자주 쳐다보았다.

어느 날 토머스가 언덕 아래 평지에서 잔디를 깎는데 코요테 한 마리가 작은 곤충과 포유류를 먹으려고 들어왔다. 침입자를 본 개들이 줄지어 언덕을 내려왔다. 토머스는 싸움이 벌어질까 봐 겁이 났다. 개들에게 돌아오라고 소리쳤지만 개들은 들은 척도 하지 않았다. 토머스는 코요테를 을러 쫓아 보내려고 개들을 뒤따라 달려갔으나, 얼마 따라가지 않았을 때 개들이 불청객을 10미터쯤 앞두고 멈춰 섰다. 코요테는 개들이 접근하자 몸을 세웠다. 네 마리는 서로를 쳐다보더니 다 함께 땅 위에 펼쳐진 만찬을 먹기 시작했다. 개들과 코요테는 서로 잘 아는 친구 사이였다.

책 말미에서 토머스는 개들이 삶에서 바라는 것은 함께 있는 것이라고 단언했다. 개들은 무리를 이루어 살 때 조용하고 차분해진다. 동료를 이해하며 작은 무리 안에서 자신의 위치를 안다. 이누크슈크는 세 마리 중에서 서열이 가장 낮았지만 무리의 온전한 일원으로 인정받았으며 자신의 자리를 받아들였다. 사람은 (먹이와 물, 보금자리를 제공하는 한) 무엇을 하든 그들의 관심사가 아니었다.

토머스의 개들은 늑대와 달라서 붉은 해가 동쪽 지평선에서 떠오르는 새벽마다 노래하지 않았지만, 티머시 핀들리는《기억 속*Inside Memory*》(1990)에서 자기 개들이 실제로 해를 우러러보았다고 말했다. 핀들리는 어느 더운 날 밤에 개들의 사생활을 함께하고 싶어서 개장으로 갔다. 핀들리와 수컷은 개장 주변을 걸으며 불청객을 막기 위해 몇 군데 오줌 표시를 한 뒤에 수컷의 어미 곁에 자리 잡았다. 핀들리는 가리개가 쳐져 시원한 창가 자리를 배정받고는 침낭 속에 누웠다. 수컷과 어미는 곤히 잠들지 못하고 밤새 자다 깨다를 반복했다. 새벽녘에 어미와 아들이 동시에 서로를 바라보았다. 어미가 일어나 문으로 걸어가자 아들이 뒤따랐다. 핀들리도 뒤따라 기어갔다. 셋 다 동쪽을 향하고 있다가 해가 지평선 너머로 살짝 고개를 내미는 순간 고개를 숙였다. 핀들리는 절차를 몰랐기에 한 박자 늦었는지도 모르겠다.

늙은 개는 사람들 속에서 제 나름의 삶을 살면서 친구인 사람들에게 용기와 힘을 준다. 수전 매컬로이는《교사와 치유자로서의 동물*Animals as Teachers and Healers*》(1996)에서 경주견 생활을 끝내고, 최근에 이혼의 아픔을 겪은 여인에게 입양된 늙은 그레이하운드 에코의 이야기를 들려주었다. 여인은 우울증에 시달릴 때 에코가 자신에게 삶을 돌려주었다고 말했다. "이 늙은 숙녀(에코)에게서 고요한 침착함, 위엄, 사랑, 관용을 배웠어요. 제가 건강과 행복을 되찾은 것은 에코 덕분이랍니다."

늑대

개의 가까운 친척인 늑대의 암컷도 사회적 유대 관

계가 끈끈하다. 과학자들은 알래스카에서 다섯 마리의 늑대 무리를 7년 동안 관찰했다. 무리 중 커다란 수컷이 아버지였는데, 절뚝거리는 모습으로 쉽게 알아볼 수 있었다. 왼쪽 앞발이 염증으로 어찌나 부풀었던지 웬만하면 들고 다녔으며 몸무게를 온전히 싣는 경우는 거의 없었다. 아마도 밀렵꾼이 보상금이나 털가죽을 노리고 설치한 쇠 올가미에 부상을 입었을 것이다. 이 늙은 늑대에게는 인상적인 기백이 있었다. 순록을 쫓을 때는 다친 다리를 과감하게 디뎌 속력을 끌어올려 먹잇감을 잡았다. 그런 뒤에 통증을 감추지 못하고 툰드라 땅바닥에 엎드려 발을 핥기는 했지만 말이다. 나머지 무리는 흰색 으뜸 암컷과 새끼 세 마리로, 색깔은 모두 연회색이었다. 늑대 전문가 릭 매킨타이어는 이 무리가 동쪽으로 이동하는 장면을 서정적으로 묘사했다. 으뜸 수컷이 세 다리로만 걷느라 뒤처지면 나머지 늑대들은 멈추어 기다렸다. 그때마다 새끼들은 어미에게 코를 대거나 어미 곁의 땅바닥에서 뒹굴었다. 다들 신나 보였다. 매킨타이어가 보기에 새끼들의 행동은 무리에 속한다는 것의 순수한 기쁨을 표현하는 듯했다.

틀림없이 마지막이 될 여름을 맞은 으뜸 수컷은 무리에게 먹이기 위해 자기보다 다섯 배나 무거운 어른 말코손바닥사슴을 죽이기로 마음먹고 홀로 사냥을 떠났다. 녀석은 서른여섯 시간에 걸쳐 열여섯 차례 이상 공격을 퍼부었다. 녀석이 말코손바닥사슴에게 달려들어 물면 말코손바닥사슴은 발길질로 응수했다. 그러다 녀석은 발에 다시 부상을 입었다. 피가 철철 흘렀지만 개의치 않았다. 마침내 말코손바닥사슴이 유속 빠른 깊은 물속으로 뛰어들었다. 녀석은 말코손바닥사슴을 향해 헤엄쳐 가서는 싸움을 계속했다. 한번은 말코손바닥사슴이 녀석을 물속으로 끌고 들어가는 바람에 익사할 뻔했다. 하지만 말코손바닥사슴이 피를 많이 흘려 약해진 덕에 마침내 숨통을 끊을 수 있었다. 곧 무리가 몰려와 승리자가 전리품을 탐식하도록 도와주었다. 하지만 이번 싸움은 으뜸 수컷에게도 타격을 입혔다. 부상 때문에 몇 주 동안 움직임이 느려졌으며 한 달이 지난 뒤 매킨타이어는 다시는 녀석을 볼 수 없었다.

개코원숭이

개코원숭이 무리는 뻔질나게 싸우지만 고요할 때도 있다. 바버라 스머츠는 케냐 길길 근처에 사는 에부루 절벽 무리의 이야기를 썼다. 늙은 개코원숭이 버질과 이사도라가 나란히 앉아 있고 주위에서 청소년과 유아 여남은 마리가 뛰놀았다. 처음으로 짝짓기 준비가 되어 엉덩이가 부푼 이사도라의 딸 비너스도 근처에 있었다. 비너스는 버질이 조는 모습을 몇 분간 지켜보더니 일어나 뒤로 다가가서는 그의 크고 북슬북슬한 몸을 끌어안았다. 깜짝 놀란 버질은 자신의 낮잠을 방해한 것이 누구인지 알아보려고 몸을 홱 돌렸다. 그러다 비너스를 보고는 목에 코를 비볐다. 비너스는 버질의 털을 골라주었다.

이 나이가 되면 동성 커플이 용인되는데, 이 시점에서 늙은 개코원숭이 수컷 알렉산더와 보즈의 친밀한 우정을 언급하지 않을 수 없다. 연장자 보즈는 싸움이 벌어졌을 때 곧잘 알렉산더를 지켜주었다. 한번은 50미터 떨어진 곳에서 알렉산더가 비명을 지르는 소리가 들렸다. 젊은 전성기 수컷에게 공격받은 것이었다. 보즈는 현장으로 달려가서는 공격자의 등에 뛰어올라 친구를 구했다.

아침에 잠이 깨면 둘은 서로를 찾아 인사 의식을 진행했다. 인사 의식은 세 가지 유형이 있는데, 어른 수컷은 모두 이따금씩 이 간단한 의식을 수행했다. (늙은 개코원숭이를 제외하면) 수컷들은 이때 말고는 서로를 부정적으로, 즉 경쟁자로 여겼다. 인사 의식은 (대체로 지배적 개체인) 수컷 A가 또 다른 수컷 B에게 빠르고 힘차게 다가가는 것으로 시작된다. A는 B의 눈을 바라보는데, 입술로 소리를 낼 때도 많다. B가 시선을 맞추면 (이와 동시에 입술로 소리를 내기도 한다) 인사 의식이 속개되는데, B가 A의 엉덩이를 움켜쥐거나 A의 생식기를 손으로 마찰하거나 A 위에 올라탄다. 어느 한쪽이 몸을 돌리는 바람에 진행에 차질이 생기면 인사 의식이 중단된다.

연구자들은 넉 달에 걸쳐 총 93시간 동안 수컷 637마리의 인사 의식을 관찰했는데, 늙은 알렉산더와 보즈가 다른 개코원숭이 커플보다 더 친밀한 관계였음이 여러 측면에서 확인되었다. 둘은 단짝을 이루어 발정기 암컷을 젊은 수컷에게서 꾀어냈고(나이가 많아서 혼자서는 그럴 수 없었다), 서열이 높은 수컷의 공격으로부터 서로를 보호했으며, 여느 커플보다 자주 서로에게 인사했고, 인사할 때는 엉덩이 움켜쥐기나 '수음'보다는 올라타는 행동을 자주 했으며(전성기 수컷은 좀처럼 올라타는 행동을 하지 않았다), 거의 모든 인사 의식을 끝까지 진행했고(전성기 수컷의 인사 의식은 하다가 중단되는 경우가 많았다), 인사 의식을 하는 동안 다른 커플보다 수음(겉보기에 가장 위험 부담이 크고 친밀한 접촉 형태)을 많이 했으며, 무엇보다 올라타는 행동에서 암컷 역할과 수컷 역할의 비율이 (모든 커플 중 유일하게) 완전히 똑같았다. 이번에 알렉산더가 올라탔으면 다음번에는 보즈가 올라탔고, 수음과 엉덩이 움켜쥐기도 마찬가지였다. 주위의 젊은 전성기 수컷들이 친밀한 협력보다는 공격과 싸움에 여념이 없는 와중에 두 늙은 벗이 이토록 긍정적이고 생산적으로 상호작용하다니 놀라울 따름이었다.

로버트 사폴스키는 《영장류 비망록》에서 케냐 동물 보호구역에 서식하는 개코원숭이 이야기를 들려준다. 차분한 개코원숭이 여호수아는 룻과 '사실혼' 관계였다. 여호수아는 무리의 여느 동료와 달리 푸줏간에서 나온 병든 고기를 먹지 않아서 늙도록 살아남았다. 사폴스키보다 1년 앞서 무리에 합류한 여호수아는 사폴스키와 오랫동안 친분을 나눴다. 여호수아는 다른 수컷에게 외면당하는 까칠한 암컷 룻에게 푹 빠졌다. 우여곡절 끝에 둘은 새끼 오바디야를 낳았다. 여호수아는 여느 수컷과 달리 헌신적인 아빠였다. 룻이 지치면 대신 오바디야를 보살폈다. 여호수아는 오바디야가 나무에 올라가는 것을 도왔으며, 오바디야가 친구들과 씨름하다 다칠까 봐 (오바디야가 싫어하는데도) 끼어들었다.

여호수아는 잠깐 동안 무리의 으뜸 수컷이었으며, 훗날 베냐민을 후계자로 세웠지만 딴 수컷보다 덜 공격적이어서 동료들과 달리 싸움을 대부분 피해 다녔다. 늙어서는 새끼들 뛰노는 곳에 함께 앉아 있거나, 암컷에게 뻘쭘하게 인사하거나, 무리가 먹이를 찾아 이동할 때 맨 뒤에서 (이따금 방귀를 뀌며) 따라 걸었다.

사폴스키는 여호수아의 혈액을 채취하여 연구에 쓸 호르몬 시료를 얻고 싶어서 마취총을 쐈다. 하지만 여호수아가 허약해서 버틸 수 있을지 걱정스러웠다. 다행히 일이 잘 풀려 여호수아가 회복되자 사폴스키는 우리의 문빗장을 열었다. 그때 여호수아가 철창 사이로 팔을 내밀어 사폴스키의 발에 자신의 손을 얹었다. 여호수아는 힘겹게 문을 열고는, 뛰쳐나와 소란을 피우거나 딴 수컷처럼 사람을 공격하려 들지 않고 차분하게 땅에 발을 디디고는 가까운 곳에 앉았다.

사폴스키와 아내 리사도 옆에 앉아 다이제스티브 비스킷을 나눠 먹었다. 여호수아는 뒤틀리고 쭈글쭈글한 손가락으로 비스킷을 하나씩 들어 입에 가져가서는 이빨 빠진 잇몸으로 씹어 먹었다. 그들은 함께 앉아 햇볕을 쬐며 멀리 기린을 바라보았다.

고릴라

다이앤 포시는 늙은 수컷이 이끄는 두 고릴라 무리의 가족생활을 들려주었다. 한 무리의 우두머리는 다혈질 에피(다음 장에서 설명할 것이다)의 배우자 베토벤이었다. 베토벤은 5번 무리의 지배적 실버백(어른 고릴라는 등에 은색 털이 나 있어 '실버백'이라고 부른다_옮긴이)이자 대다수 새끼의 아비였다. 몸무게는 160킬로그램으로, 무리의 여섯 마리 암컷 중에서 가장 큰 암컷보다도 두 배나 컸다. 베토벤은 허벅지, 목, 어깨에 은색 털이 나 있었으며 등 가운데 줄무늬는 흰색에 가까웠다. 베토벤은 포시가 버르토크라고 부른 젊은 실버백과 브람스라는 이름의 블랙백보다 더 깊은 경고성 으르렁 소리를 냈다. 둘 다 베토벤이 무리의 암컷과 새끼를 보호하는 데 힘을 보탰다. (무리의 어른 수컷은 다른 수컷 고릴라나 밀렵꾼 때문에 새끼가 위험에 처하면 목숨을 걸고 싸운다.) 암컷과 새끼는 모두 베토벤 곁에서 털을 골라주고 싶어 했지만, 자신의 지위를 높일 필요가 없는 베토벤은 답례로 털 고르기를 해주는 일이 거의 없었다. 베토벤은 새끼들에게 다정했으며 늘 차분했다.

5번 무리의 지도자로서 베토벤은 식용 식물이 자라는 장소와 먹이를 구할 수 있는 시기(이를테면 열매철)에 대한 머릿속 지도를 가지고 있었다. 게다가 몇 달에 한 번씩 무리를 골짜기의 좁은 동굴로 데려갔다. 고릴라들은 한 마리씩 동굴에 들어가 진흙을 먹었는데, 이곳 진흙에는 아연이 풍부하게 함유돼 있었다. 무리가 이 섭이지에서 저 섭이지로 이동할 때 베토벤은 과거의 경험에서 터득한 특정 경로로 무리를 이끌었다. 이 경로에는 유리한 특징들이 있었는데, 이를테면 쓰러진 나무는 무리가 골짜기를 건널 수 있는 다리가 되었다.

베토벤은 사려 깊은 지도자였다. 늙은 암컷 이다노가 세균 감염으로 쇠약해지자 베토벤은 이다노가 따라올 수 있도록 무리의 이동 속도를 늦췄다. 이다노가 죽은 날 밤에는 그녀의 주검 가까이에 자신의 잠자리를 마련했다. (이다노는 최근에 유산했는데, 아마도 외톨이 수컷이 무리를 공격하면서 새끼를 죽인 탓이었을 것이다.)

베토벤은 아버지다운 행동을 보이기도 했다. 베토벤이 1년 넘게 짝짓기를 해주지 않았기 때문인지 암컷 리사는 다른 무리로 떠나면서 네 살배기 아들 파블로를 버렸다. 이튿날 비가 쏟아지자 파블로는 비옷을 입은 에이미 베더(포시의 고릴라 연구자 중 한 명)에게 달려와 비를 피했다. (베더는 박사 논문을 쓰려고 2,000시간 넘게 고릴라의 섭식 행동을 관찰하고 있었다.) 에이미 베더와 남편 빌 베더가 쓴 《고릴라의 왕국에서 In the Kingdom of Gorillas》(2001)에 따르면, 파블로가 베더에게 오자마자 머리를 베더의 겨드랑이 밑에 들이미는 바람에 둘은 부둥켜안는 자세로 앉게 되었다. 베더는 어찌할 바를 몰랐다. 어린 파블로의 새엄마 노릇을 하여 파블로의 목숨을 구해야 할까? 아니면 파블로가 무슨 수를 써서든 스스로를 지키도록 강제해야 할까?

이긴 쪽은 과학자의 마음이었다. 그 뒤로 파블로가 베더의 겨드랑이 밑으로 기어 들어오려고 하면 베더는 팔을 옆구리에 바싹 붙여 못 들어오게 했다. 암컷 고릴라 중 누구도 파블로를 입양하려 들지 않았는데, 놀랍게도 베토벤이 나섰다. 폭풍우가 몰아치면 베토벤은 우람한 몸으로 파블로의 피난처가 되어주었다. 아버지와 아들은 낮이면 나란히 앉아 쉬었고 밤에는 베토벤의 잠자리에서 함께, 따뜻하고 안전하게 잤다.

베토벤은 47세경에도 여전히 5번 무리를 지배했지만, 싸움이 벌어졌을 때는 아들 이카로스에게 많이 의지했다. 한번은 이웃 무리와 싸우다 베토벤이 팔에 중상을 입었다. 당시 14세이던 이카로스는 팔과 머리를 깊이 물렸다. 그 뒤로 몇 주 동안 베토벤과 이카로스는 낮 침상에서 머리를 나란히 하고 누워 쉬면서 마치 서로의 아픔에 공감하듯 나직하게 입김 부는 소리를 냈다. 하지만 이카로스의 상처가 베토벤보다 먼저 나았다. 누워 지내는 것에 싫증 난 이카로스는 나머지 무리를 이끌고 베토벤에게서 100미터 떨어진 곳까지 먹이를 찾아 나서기 시작했다. 베토벤은 고개를 뒤로 젖히고 홀로 앉은 채, 아득히 들려오는 무리의 소리에 귀를 기울였다. 그러다 뻣뻣한 몸을 일으켜(늙은 고릴라는 노인처럼 관절염을 앓는 경우가 많다) 느릿느릿 다른 고릴라들에게 합류했다. 이 즈음 암컷 여러 마리가 무리를 떠났으며 이카로스는 베토벤의 뒤를 이어 짝짓기를 시작했다. 늙은 아버지와 전성기 아들이 이렇게 손잡는 현상은 수컷 한 마리가 이끄는 다른 종(이를테면 랑구르원숭이, 긴꼬리원숭이guenon, 개코원숭이)의 무리에서는 찾아볼 수 없다. 이런 종에서는 새로운 지배적 수컷이 늙은 수컷 지도자의 자리를 차지한다.

베토벤은 나이가 들면서 조금 예민해졌다. 한번은 어린 파블로가 포시의 장갑을 집어 흔들다가 베토벤의 무릎에 던졌다. 혼비백산한 베토벤이 큰 소리로 비명을 지르며 뛰어오르는 바람에 무리가 사방으로 달아났다. 고릴라들은 영문을 모른 채 몇 분간 초조하게 기다리다 별일 아닌 것을 알고서 다시 모여들었다. 무리는 베토벤을 미심쩍은 눈빛으로 쳐다보았고, 베토벤은 버려진 장갑을 외면한 채 자리로 돌아갔다. 또 한번은 어린 고릴라 틱이 포시의 고도계를 집어 줄을 잡고 머리 위로 돌리며 베토벤에게 달려갔다. 이번에도 겁에 질린 베토벤은 빙글빙글 도는 물체를 향해 소리를 지르며 잽싸게 뒤로 물러났다.

포시는 또 다른 고릴라 커플 라피키(8번 무리의 지도자)와 코코가 해로하는 모습을 지켜보았다. 은빛 완연한 털가죽으로 보건대 라피키는 50세쯤 돼 보였다. '라피키'는 '친구'라는 뜻의 스와힐리어로, 포시가 존경심을 담아 지은 이름이다. 포시는 이렇게 썼다. "고릴라를 연구하면서 이렇게 늠름하고 기품 있는 실버백은 처음 본다."

'코코'라는 이름은 연갈색 털 때문이었는데, 라피키는 이 늙은 배우자에게 다정했다. 둘은 오래된 부부처럼 행동했으며, 종종 보금자리를 함께 쓰고, 사이좋게 나란히 앉아 서로 털을 골라주었다. 코코는 얼굴에 주름살이 지고, 머리와 엉덩이에서 털이 빠지고, 주둥이가 회색으로 변하고, 축 늘어진 위팔은 맨살이 드러나고, 이빨이 여러 개 빠진 탓에 베토벤보다 나이가 들어 보였다. 코코는 곧잘 웅크리고 앉은 채 아랫입술을 늘어뜨리고 눈동자를 이리저리 굴리며, 한 팔을 가슴에 올리고선 다른 팔로 연신 머리를 두드리며 불쌍한 포즈를 취했다.

포시는 코코의 눈과 귀가 어두워지고 있다고 생각했다. 어느 날 포시가 은신처에서 나오는 무리를 관찰하고 있었는데, 코코가 나머지 무리와 떨어져 배회하고 있었다. 라피키가 산 위 높은 곳에서 코코를 불렀다. 코코는 멈추더니 돌아서서 라피키와 나머지 수컷을 향해 올라갔다. 다들 끈기 있게 앉아서 기다렸다. 코코는 라피키를 보자 곧장 다가갔다. 둘은 포옹을 하고는 서로의 눈을 오랫동안 들여다보았다. 그러고는 서로에게 팔을 두른 채 나직한 소리를 내며 천천히 언덕 위로 올라가 꼭대기 너머로 모습을 감췄다.

코코와 라피키는 어린 수컷 삼손과 피너츠의 부모였다. 삼손과 피너츠는 그들의 마지막 새끼였다. 코코는 포시가 자기네 삶에 갑작스럽게 끼어들어 20미터 거리에서 관찰하는데도 전혀 개의치 않았다. 오히려 침입자 포시를 쳐다본 뒤에 피너츠 옆에 자리 잡고 앉았다. 피너츠가 털을 골라주지 않을 수 없도록, 맨살이 드문드문한 엉덩이를 피너츠 얼굴에 갖다 댔다. 포시가 피너츠를 만난 지 2년 뒤에 피너츠는 사람(포시의 손)을 만진 최초의 야생 고릴라로 전 세계에 이름을 알렸다. 이 일이 일어난 곳은 놀라운 사건을 기념하기 위해 '손과 손의 장소the place of the hands'라는 이름이 붙었다.

코코는 나이가 들자 웬만한 일에는 흥분하지 않았다. 한번은 라피키와 나머지 수컷들이 4번 무리의 수컷들과 소란을 떨고 있는데(과시 행위를 하고, 훗훗 소리를 내면서 공중을 날아다니며 시끄럽게 굴었다) 코코는 나무줄기에 기댄 채 웅크리고 앉아 한 손으로는 정수리를 두드리고 다른 손은 가슴에 올리고 있었다. 코코는 포시를 바라보더니 주위를 둘러싼 수컷들의 대소동을 어찌할 도리가 없다는 듯 큰 한숨을 내쉬었다.

라피키는 코코의 걸음이 느려지면 무리 전체의 이동 속도를 늦추었다. 그러던 어느 날 코코와 라피키가 함께 자취를 감추었다. 포시는 둘의 흔적을 더듬어 코코와 라피키가 전날과 그 전날 밤에 나란히 누워 잤다는 사실까지는 알아냈지만, 그 뒤로는 종적이 묘연했다. 이틀 뒤에 라피키가 혼자 무리로 돌아왔다. 코코는 늙어 죽은 듯했다. 코코는 8번 무리를 하나로 묶는 구심점이었다. 마지막 암컷인 코코가 죽자 수컷들은 자기네끼리 옥신각신하기 시작했다.

라피키는 나이가 지긋했지만 여전히 자신의 작은 무리의 지도자였으며 3년 반 뒤에는 암컷 두 마리를 설득하여 무리에 끌어들였다. 베토벤이 아들 이카로스와 친하게 지낸 것과 달리 라피키는 아들 삼손에게 너그럽지 않았다. 삼손은 무리를 떠나 외톨이로 살다가(반면 암컷은 혼자 사는 법이 없다) 결국 자신의 작은 무리를 만들었다. 암컷 덕에 회춘한 라피키는 곧 새끼를 낳았다. 하지만 더는 다른 무리의 수컷들에게 싸움을 걸지 않았다. 라피키는 딸 토르가 자라는 모습을 보지 못했다. 점점 몸이 약해졌고, 더는 움직이지도 많이 먹지도 못했다. 가족은 라피키 곁을 떠나지 않으려고 근방에서 먹이를 찾았다. 라피키는 폐렴과 흉막염에 걸려 산비탈에서 죽었다. 나이는 55~60세 사이였을 것이다. 아들 삼손이 일찌감치 쫓겨났기 때문에 우두머리 자리를 이어받을 수컷이 없어서 8번 무리는 해체되었다.

전성기 개체로 이루어진 가족의 삶은 혼란스러울 수 있다. 수컷은 암컷에게 구애하려고 싸우고, 암컷은 지배 서열의 사다리 위로 올라가려고 다투고, 새끼는 다른 무리에게 납치당하거나 살해당하기도 한다. 하지만 늙은 동물이 가족의 구심점이 되면 '열정이 소진된'(16장의 주제) 우두머리 덕에 훨씬 느긋하고 화목하게 지낼 수 있다.

11장
모성 양육

MOTHERING

• 이 장에 나오는 주요 동물

산고릴라

점박이하이에나

호랑이

이 장에서는 잔뼈 굵은 늙은 어미가 왜 어떤 점에서는 훌륭하지만 어떤 점에서는 별로인지 살펴볼 것이다. 일반적으로 늙은 어미는 젊은 어미보다 훨씬 솜씨가 좋다. 젊은 어미는 경험이 부족하기 때문이다. 실제로 연구자들은 범고래 암컷의 첫 새끼가 얼마 못 살고 죽을 것이라고 본다. 진 올트만은 1970년대에 케냐 암보셀리 국립공원에서 노랑개코원숭이 yellow baboon(*Papio cynocephalus*) 어미와 새끼의 관계를 연구했다. 올트만은 어미가 나이 들어 경험이 많을수록 새끼가 살아남을 확률이 크다는 사실을 발견했다. 젊은 암컷 비가 처음으로 낳은 새끼 비키의 사연은 안타깝다. 비키는 생후 첫날 비의 젖꼭지를 물 수 없었다. 어미가 새끼를 거꾸로 업고 다녔기 때문이다. 비가 걸을 때 머리를 바닥에 찧은 적도 여러 번이었다. 이튿날 아침에 비키는 기력을 잃고 탈수 증세를 보였다. 그다음 날에는 젖을 빨았지만, 비는 대체로 비키를 모른 체했다. 비키는 쇠약하여 어미에게 제대로 매달리지 못했으며 결국 3주 만에 죽었다.

좋은 어미

　　　　　늙은 암컷은 여건이 허락하면 좋은 어미가 될 수 있다. 늙은 암컷은 경험이 풍부하기에 무리에서 중요한 존재이며, 젊은 암컷에게는 롤모델이자 멘토일지 모른다. 암컷이 얼마나 늙어서까지 어미 노릇을 하는지를 다룬 방대한 통계 자료는 없지만, 고릴라 에피, 점박이하이에나spotted hyena 배기지, 42번 늑대의 삶을 단편적으로 들여다보면서 적어도 몇몇 개체의 번식 능력과 생활양식에 대해 실마리를 얻을 수 있을 것이다.

고릴라 에피

다이앤 포시는 1967년부터 1985년 괴한에게 살해당할 때까지 르완다에서 산고릴라를 연구하며 함께 살았다. 늙은 암컷 에피(포시가 이름을 지어주었다)는 실버백 수컷 베토벤과의 사이에서 낳은 새끼 중 적어도 여섯 마리를 무사히 키웠으며, 이따금 베토벤 대신 무리를 이끌기도 했다. 에피는 강인했으며, 지배적 암컷이라는 서열 덕에 새끼들도 지위가 높았다. (얼마 전까지만 해도, 성숙기가 되어 무리를 바꾸는 암컷 고릴라는 평등한 줄 알았다. 하지만 최근의 장기간 연구에 따르면, 나이와 소속 햇수에 따라 서열이 정해지며 일부 암컷은 15~25년간 지배권을 유지한다고 한다.) 먹이를 놓고 다툼이 벌어지면 에피는 자기 몫을 지키기 위해 기꺼이 싸울 것임을 분명히 했다.

무리가 진흙을 먹으러 갈 때면 에피는 진흙 동굴에 맨 먼저 들어갔으며 나무뿌리도 누구보다 먼저 먹었다. 포시는 에피를 끈기 있고 안정되고 미덥고 뛰어난 어미로 묘사했다. 에피는 새끼에게 사랑과 안전을 베풀었으며 그 덕에 새끼들은 자신만만한 어른으로 자랄 수 있었다.

에피의 기민하고 주의 깊은 면을 잘 보여주는 일화가 있다. 포시의 학생 한 명이 에피와 어린 딸 포피를 관찰하고 있는데, 에피가 갑자기 뒤돌아 포피를 쳐다보았다. 포피는 방금 나무에서 떨어져 나뭇가지 사이에 목이 걸린 채 대롱대롱 매달려 있었다. 포피가 궁지에 빠진 것을 학생보다 에피가 먼저 알아차린 것이다. 경악한 모습으로 에피는 (학생을 비난하듯 흘끔 쳐다보며) 새끼에게 달려들었고, 포피의 목숨을 구할 수 있었다.

자기 자식에 대한 에피의 헌신은 다른 새끼들에 대해 에피가 이따금씩 했던 행동과는 딴판이었다. 한번은 에피와 딸 퍽의 똥에서 뼛조각이 나왔는데, 6개월 된 새끼 침팬지를 (아마도 살해하여) 잡아먹은 듯했다.

포시는 밀렵꾼에게서 구조한 세 살배기 고아 '본 안네'를 에피의 5번 무리에 합류시키려 한 적이 있었다. 사람의 팔에 안겨 있던 본 안네는 경사진 나무줄기를 기어 내려와 무리를 향해 다가갔다. 아래에 있던 고릴라들이 본 안네를 유심히 쳐다보았다. 에피의 딸 턱은 새 식구를 포옹으로 환영했지만, 에피가 불쑥 튀어나오더니 본 안네를 낚아챘다. 둘은 본 안네를 서로 차지하려고 팔과 다리를 잡아당기며 물고 실랑이를 벌였다. 본 안네의 고통에 겨운 울음소리를 더는 들을 수 없었던 포시는 (학문적 거리를 유지하겠다는 결심을 깨고) 둘 사이에 뛰어들어 본 안네를 구해냈다.

포시는 본 안네를 팔에 안고 비스듬한 나무줄기를 기어올랐으나 몇 분 뒤에 본 안네는 포시의 품에서 벗어나 다시 나무를 기어 내려가 다른 고릴라에게 갔다. 에피와 턱이 다시 본 안네를 공격했다. 본 안네는 고통과 두려움에 비명을 질렀다. 결국 베토벤이 으르렁거리며 나서 에피와 턱을 쫓아버렸다. 본 안네는 빗속에서 몇 분 동안 베토벤에게 붙어 있었지만 베토벤은 관심을 보이지 않았다. 얼마 지나지 않아 에피, 턱, 그리고 에피의 아들 이카로스가 다시 본 안네를 공격했다. 결국 포시가 다시 나서서 본 안네를 구해야 했다. 다행히 치명상을 입지는 않았기에 몇 주 만에 건강을 회복하여 4번 무리에 합류할 수 있었다. 본 안네는 짧은 자유를 맛보다가 1년 뒤에 폐렴으로 죽었다.

베토벤이 으뜸 수컷이었지만 에피는 베토벤에게 매번 복종하지는 않았다. 비가 억수같이 내리던 어느 날 에피는 쓰러진 거목 아래로 비를 피하러 들어갔다. 나무 밑에는 암컷 두 마리와 연구자 베더 부부가 있었다. 곧이어 베토벤이 비집고 들어오려고 했지만 자리가 없었다. 베토벤은 에피 앞에 버티고 서서 보란 듯이 자기 턱을 내밀었다. 하지만 에피는 자리를 내어주기는커녕 날카롭게 꺅꺅 소리를 질러댔다. 베토벤은 1분 동안 가만히 서 있더니 다른 피난처를 찾아 떠났다. (두 사람은 '에피가 베토벤을 쫓아주지 않았다면 어떻게 되었을까' 생각하며 가슴을 쓸어내렸다.) 훗날 에피는 베토벤의 아들 지즈랑 파블로와 짝짓기 했지만 베토벤은 개의치 않았다.

포시는 현장을 3년 동안 떠나 있다 1983년에 돌아왔는데, 고릴라 친구들이 자기를 기억하지 못할까 봐 조마조마했다. 포시는 르완다인 가이드를 따라 두 시간 동안 꼬불꼬불한 길을 걸어 에피 무리를 찾아냈다.

포시는 6미터 앞까지 다가가 땅바닥에 앉아서는 포시 스타일의 소개 울음소리(고릴라가 만족감을 표현할 때 내는 것 같은 부드러운 웅웅 소리)를 내기 시작했다. 에피는 셀러리 줄기를 씹으며 앞을 쳐다보다가 고개를 돌리는가 싶더니 믿을 수 없다는 표정으로 다시 포시를 바라보았다. 그러고는 셀러리를 내팽개치고 포시 쪽으로 성큼성큼 걸어오기 시작했다. 그때 에피의 딸 턱도 포시를 발견하고는 재빨리 다시 한 번 쳐다보더니 포시에게 다가와 눈을 들여다본 다음 끌어안았다. 에피도 포시에게 다가와 쳐다보고 냄새 맡더니 "그러고는 우리 둘 위에 올라탔다. 나는 짜부라지는 줄 알았다. 에피와 턱이 구슬픈 울음소리를 내자 인근의 울창한 숲에 있던 다른 암컷들도 소리를 듣고 한 마리씩 우리에게 왔다." 이내 일곱 마리가 뒤엉켜 얼싸안았는데 마치 "크고 북슬북슬한 검은색 공" 같았다. 에피는 포시를 기억했으며 분명히 애정을 표현했다. 포시는 이렇게 썼다. "그때 그 자리에서 죽었어도 여한이 없었을 것이다. 그들이 나를 기억해줬으니까."

하이에나 배기지

또 다른 좋은 어미인 배기지는 탄자니아에 사는 점박이하이에나(*Crocuta crocuta*)다. 너무 늙어서 어기적어기적 걸을 때 축 늘어진 뱃가죽이 풀에 쓸렸다. 꼼꼼한 살림꾼 배기지는 응고롱고로 분화구에 다녀올 때마다 굴 입구를 깨끗이 정돈했다. 굴속으로 들어와 쌍둥이 새끼 소스, 피클과 재회할 때면 늘 먼지로 뒤범벅이었다. 제인 구달과 사진가인 그의 남편 휴고 반 라빅은 아들 그러블린이 태어난 뒤에 이곳에서 몇 달간 육식동물을 관찰하고 촬영했다. 남편과 함께 《무고한 살인자*Innocent Killers*》

(1970)를 쓴 구달은 점박이하이에나를 다룬 장에서 배기지를 관찰한 결과를 언급했다.

배기지는 연하의 '브라운 여사'와 친한 친구였다. 브라운 여사에게도 어린 새끼들이 있었다. 뜨거운 날이면 두 암컷은 가까운 갈대밭에 들어가 진흙 속에서 휴식을 취했다. 그러다 오후 늦게 점액질로 뒤덮인 채 몸을 일으켜 골든그래스 굴로 돌아와서는 짧은 저음의 울음소리로 바깥의 새끼들을 불러들였다. 새끼들이 돌아오면 드러누워 쉬면서 한 시간여 동안 젖을 먹였다. 나쁜 삶은 아니었다. 어미 하이에나는 여느 육식동물보다 훨씬 오랜 기간인 18개월 이상 새끼에게 젖을 먹이는데, 그 이유는 새끼를 사냥감에게 데려가 먹이지도 않고 고기를 새끼에게 가져오지도 않기 때문이다. 한번은 배기지가 영양의 등뼈를 자기 새끼들이 있는 굴로 끌고 온 다음, 변변찮은 전리품을 다른 새끼들이 빼앗지 못하도록 곁을 지켰다.

물론 삶이 늘 목가적인 것은 아니었다. 하이에나 무리는 이따금 자기네 구성원을 공격한다. 배기지가 평화롭게 쌍둥이에게 젖을 먹이고 있는데, 지배적 가모장 둘을 비롯한 암컷 세 마리가 으르렁거리며 달려들어 어깨와 등을 물었다. 배기지는 몸을 웅크린 채 두려움에 끼익 소리를 지르고 입꼬리를 올렸으며, 새끼들은 식사가 중단된 데 화가 나 비명을 질러댔다. 배기지는 새끼를 데리고 슬금슬금 뒤로 물러났지만, 멀찍이서 젖 먹이기를 계속하려 하자 암컷들이 다시 달려들어 또 쫓아냈다. 이 일을 한 번 더 겪고서야 배기지 가족은 평화를 되찾을 수 있었다. 구달은 암컷들이 왜 이런 식으로 배기지를 괴롭혔는지 영문을 알 수 없었다.

사자는 늘 하이에나에게 골칫거리였다. 한번은 배기지와 어미 두 마리가 새끼에게 젖을 먹이는 굴 바로 앞까지 사자 무리가 다가왔다. 하이에나 암컷이 으르렁 소리로 경고하자 새끼들은 구멍에 몸을 숨겼으며 어미들은 불안해하며 뛰쳐나가 멀찍이서 침입자들을 쳐다보았다. 다행히도 새끼를 끌어내는 것이 고역일 거라 판단했는지 사자들은 이내 다른 곳으로 떠났다.

먹이를 찾던 사자 한 마리가 하이에나 무리가 가져온 누wildebeest 옆에서 하이에나 올드 골드를 잡아 죽인 일도 있었다. 당시에는 어떤 사자도 하이에나 사체를 먹고 싶어 하지 않았으므로, 사체는 하루 종일 햇볕 아래서 썩어갔다. 그러다 브라운 여사와 배기지가 사체에 달려들었다. 배기지의 새끼들도 썩어가는 사체를 처음 맛보더니 거리낌 없이 만찬에 동참했다.

42번 늑대

1995년 미국 정부는 미국 역사상 처음으로 늑대라는 종을 매도하지 않고 공식적으로 보호를 선언했다. 그해와 이듬해에 캐나다에서 온 늑대 서른한 마리가 옐로스톤 국립공원에 방사되었다. 학대당하고 덫에 걸리고 총에 맞고 독살당하던 늑대가 다시 한 번 자연의 생명 사슬에 들어오기를 바라는 마음에서였다. 이 캐나다산 늑대는 모두 무선 송신기가 달린 목걸이를 차고 있어서 과학자들이 이동 경로를 추적할 수 있었다. 그 덕에 우리는 어떤 늑대가 늙도록 살았는지, 각자가 어떤 삶을 살았는지 알고 있다.

42번 늑대는 늙은 어미의 본보기였다. 해거름에 한바탕 소동이 일더니(이에 대해서는 12장에서 설명할 것이다) 42번 늑대는 친구들과 함께(42번을 비롯한 일부 늑대는 캐나다에서 옐로스톤 국립공원으로 이송된 처지였다) 밉살스러운 으뜸 암컷 40번을 공격해 죽였다. 포악했던 40번과 달리 42번은 자애로웠다. 42번은 승리가 가져다준 이점을 한껏 누렸다. 42번은 며칠 뒤 새끼를 한 마리씩 입에 물고서 드루이드피크 무리의 전통적 보금자리인 40번의 굴로 옮겼다. 42번은 고아가 된 40번의 새끼들을 자기 새끼와 함께 키웠을 뿐 아니라 서열 3위의 종속적 암컷 106번의 가족도 반갑게 맞았다. 106번은 40번의 분노에서 벗어나기 위해서인지 3킬로미터 떨어진 곳에서 새끼를 낳는 무리수를 둔 적도 있었다. 42번은 40번의 배우자이며 전처의 횡포를 너그럽게 참은 근사한 수컷 21번도 맞아들였다. 2000년 여름에 암컷 세 마리에게서 태어난 새끼 스물한 마리가 굴 한 곳에서 함께 자랐다.

2004년 어느 날 밤, 드루이드피크 늑대 보호구역 경계선 근처에서 42번이 이웃 무리의 늑대들과 싸우다 최후를 맞았다. 42번은 온화한 성격과 긴 수명 덕에 늑대 연구자들 사이에서 아주 유명했기에 많은 이들이 그녀의 죽음을 애도했으며 그녀가 죽은 길가에서 우는 사람들도 있었다. 이로써 캐나다에서 옐로스톤으로 옮겨진 서른한 마리의 1세대 늑대가 모두 세상을 떠났다.

늙은 수컷 늑대 역시 사회적으로 긍정적인 역할을 하기도 한다. 마이클 폭스는 서로 다른 무리에서 자라 한 번도 만난 적 없는 젊은 수컷 두 마리 사이에서 늙은 수컷이 중재자 역할을 하는 광경을 목격했다. 젊은 수컷 두 마리는 자기들만 있을 때는 싸웠지만 '어르신'이 있을 때는 서로 사이좋게 지냈으며 늙은 늑대에게 고분고분했다. 또한 폭스는 늑대 무리의 규모가 고대 수렵·채집인 가족의 규모와 비슷하다는 사실을 발견했다. 늑대는 으뜸 부부만이 새끼를 낳는 방식으로 개체 수를 조절하는데, 옛 사람들은 유아나 노인을 죽이는 등의 다른 방법으로 인구를 조절했다.

문제아와 어미

다음에 소개할 세 어미(개코원숭이 페기, 침팬지 플로, 포획 호랑이 디카)는 전반적으로 어미 역할을 잘했지만, 늦게 낳은 새끼 때문에 어려움을 겪었다.

개코원숭이 페기

페기는 미국의 동물학자 셜리 스트럼이 아끼는 개코원숭이였다. 스트럼은 케냐의 사바나에 서식하는 올리브개코원숭이의 행동을 오랫동안 연구했다. 초파리의 행동이 유전학에서 중요했듯 개코원숭이는 짧은꼬리원숭이macaque와 더불어 현장의 행동 연구에 중요했다. 지난 사반세기 동안 수많은 과학자들이 이들의 행동을 수만 시간 동안 관찰하면서 숱하게 학위를 취득하고 승진했다.

스트럼은 페기를 10년 동안 알았다. 페기는 32세의 나이로 죽었는데 이빨이 너무 닳아서 더는 목숨을 부지할 수 없었다. 페기는 강인하고 차분하고 사교적이고 당당하되 집요하지 않았으며 단호하되 포악하지 않았다. 왼쪽 눈에 백내장이 있어서, 걸을 때면 방향을 확인하기 위해 고개를 왼쪽으로 틀었다. 무언가를 자세히 보고 싶으면 시력이 좋은 오른쪽 눈에 갖다 댔다. 페기는 스트럼의 펌프하우스 무리 중에서 서열이 가장 높았기에 새끼들도 이 서열을 물려받았다. 새끼가 어려움에 처했을 때 페기는 필요하다면 새끼의 싸움에 끼어들었다. 하지만 분쟁을 외교적으로 해결할 수 있으면 싸우지 않았다. 페기는 나이가 들면서 전보다 출산 횟수가 줄었다. 하지만 외롭지는 않았다. 손녀들이 주위에 모여들어 털 고르기를 주고받았기 때문이다.

가족은 그녀의 최우선 관심사였지만, 페기에게는 연하의 절친 콘스턴스가 있었다. 둘은 떼려야 뗄 수 없는 사이였다. 스트럼이 무리에서 페기를 발견하면 그 곁에는 으레 콘스턴스가 있었다. 그들 가족 곁에서 곧잘 시간을 보내는 늙은 수컷 섬너도 종종 보였다. 섬너가 고깃점을 가지고 있으면 페기는 섬너를 꼬드겨 일부를 얻었다. 섬너는 페기의 마지막 새끼 페블스에게 멋진 놀이터였다. 페블스는 섬너에게 뛰어오르고 섬너의 얼굴로 기어오르고 두터운 털 속에 파고들고 커다란 배에서 미끄럼을 탔다.

페기의 삶은 풍성하고 화목했다. 하지만 어두운 구석이 하나 있었으니, 엄마와 사뭇 다른 딸 테아였다. 테아는 예측을 불허하는 공격성의 소유자로, 뚜렷한 이유 없이 남을 공격하고 괴롭혔으며 자기와 상관없는 다툼에 사사건건 간섭했다. 스트럼 말마따나 테아는 '잡년bitch'이었으며 무리의 대부분에게 기피 대상이었다. 테아는 나이 많은 어미에게는 복종했다. 가족에게 불운이 닥치기 전까지는. 페기의 아들 폴이 죽고 아기 페블스가 사라지고(아마 죽었을 것이다) 페기는 중병에 걸렸다. 테아는 이 재난을 틈타 페기에게서 지배권을 탈취했다. 페기는 너무 쇠약하여 저항할 수 없었다. 확립된 지배 서열이 뒤집히는 것은 올리브개코원숭이 사회에서 극히 드문 일이다. 처음에 테아의 딸들은 어리둥절했다. 사랑하는 할머니를 엄마가 왜 괴롭히는 거지? 하지만 이들도 엄마를 본받아 할머니를 무자비하게 괴롭히기 시작했으며, 심지어 할머니와 맞서는 낯선 개체를 편들기도 했다. 이런 일은 금시초문이었다. 페기는 이런 공격을 순순히 참고 견뎠다.

페기가 죽은 지 2년 뒤 테아도 건강이 악화되었다. 발을 다쳐서 제대로 걷지 못하게 된 것이다. 테아는 장녀에게 순순히 권력을 넘겨주었다 (원숭이도 본 대로 따라 하는 법이다). 아마 그 딸은 어느 날 테아에게 양보하기를 거부했을 것이다. 테아는 자기를 방어할 만큼 강하지 않았고 평판 나쁜 그녀를 도와줄 개코원숭이도 없었으므로 그녀의 운명은 이미 결정되어 있었다. 사필귀정이었다.

침팬지 플로

또 다른 좋은 어미는 제인 구달이 탄자니아 곰베의 연구 현장에서 오랫동안 관찰한 침팬지 플로였다. 구달의 연구 대상 중에서 가장 널리 알려졌고 또 가장 나이가 많았던 플로는 파벤, 피피, 피건, 플린트, 플레임의 어미였다. 플로가 구달의 연구 덕에 어찌나 유명해졌던지, 그녀가 죽자 런던 《선데이 타임스》에 아래와 같은 부고 기사가 실릴 정도였다.

플로와 그녀의 대가족으로부터 우리는 침팬지의 행동—유아 발달, 가족 관계, 공격성, 지배, 섹스 등에 대한 풍부한 정보를 얻었다. 하지만 이것이 전부가 아니다. 그녀의 삶이 가치 있었던 이유는 인간에 대한 이해의 폭을 넓혔기 때문이다. 그러나 곰베에서 침팬지를 연구한 사람이 아무도 없었더라도 플로의 삶, 풍요로우며 활력과 사랑으로 가득했던 그 삶은 사물의 패턴에서 여전히 의미와 중요성을 지녔을 것이다.

플로는 나이를 먹으면서, 혈기 왕성할 때의 높은 사회적 지위가 낮아졌다. 하지만 가족에게는 여전히 중요한 존재였으며, 자기 자식뿐 아니라 수컷 한 마리와도 거리낌 없이 놀이를 했다(이를테면 새끼들이 나무 주위를 돌며 술래잡기를 할 때 발을 붙잡았다). 피피는 플로의 마지막 날까지 좋은 친구였으며 털을 골라주고 힘이 되었다. 하지만 마침내 플로는 더는 나무에 올라가 자거나 먹이를 먹지 못하게 되었으며, 피피는 꼼짝 못 하는 플로를 내버려둔 채 먹이를 구하러 다녀야 했다. 플로는 수컷에게서 고기를 얻어먹을 수 있었지만, 이따금 먹이를 찾아 똥을 뒤지는 신세가 되기도 했다.

어미의 임무는 끝이 없다. 플로가 죽기 얼마 전 당시 23세였던 아들 피건은 딴 수컷과 지배권 다툼을 하다 손목을 다쳐 비명을 질렀다. 플로는 아들의 비명 소리를 듣자 사태를 파악하려고 500미터를 달려갔다. 피건은 그때까지 흐느끼고 있었다. 플로는 피건을 앉히고 털을 골라주었다. 플로가 위로해준 덕에 피건은 비명이 점점 잦아들더니 차분해졌다. 하지만 피건은 이런 친절을 누릴 자격이 없었다. 바나나 차지하기 경쟁이 치열할 때 플로를 여러 번 공격하고 가볍게나마 때린 적도 있었기 때문이다. 그때 플로가 비명을 지른 것은 두려워서라기보다는 화가 나서였다.

플로는 늙어서 새끼를 두 마리 낳았지만 둘 다 성년에 이르지 못하고 죽었다. 플로는 아들 플린트를 독립시킬 수 없었다. 플린트는 엄마 잠자리에서 함께 자겠다고 고집을 부렸고, 여덟 살이나 되었는데도 아기처럼 엄마 등에 업혀 다녔다. 플린트의 부자연스러운 행동은 정신 지체 때문이었는지도 모른다. 플로가 죽자 플린트는 비탄에 빠졌으며, 우울증에 걸려 자기도 3주 뒤에 죽었다. 플로의 마지막 새끼는 플레임이었는데, 플로가 몹시 앓았을 때 사라졌다.

호랑이 다카

뉴욕 브롱크스 동물원에서 평생을 보낸 암컷 호랑이 다카는 20세까지 장수했지만, 새끼 기르는 일에 흥미를 잃은 지 오래되었다. 호랑이 (Panthera tigris)는 동물원에서 사자보다 훨씬 희귀하기 때문에, 야생에서 포획한 호랑이 제니가 동물원에서 "덩치는 우람하지만 늙어빠진" 수컷과 10년을 살다가 1944년에 새끼 세 마리를 순산했을 때는 온통 축제 분위기였다. 사육사들은 흥분했다. 하지만 새끼들은 동물원 직원들이 직접 키워야 했다.

다카는 새끼 중 몸집이 가장 컸으며 그다음으로 라지푸르와 라니간지 순이었다. 사육사 헬렌 마티니는 사자 사육사의 아내였는데, 새끼 호랑이들에게 우유를 먹여 키우는 임무를 맡았다. 처음에는 밤낮으로 세 시간마다 새끼들을 먹여야 했다.

라니간지는 3년 뒤 다른 우리로 옮겨졌다. 다카가 라니간지를 싫어하여 공격했기 때문이다. 다카는 라지푸르를 배우자로 삼고 싶어 했다. 1948년에 다카가 처음으로 새끼를 낳았다. 다카는 새끼를 지극정성으로 돌봤는데, 마티니가 매일 들어와 새끼를 검사하고 돌보는 것을 개의치 않았다. 한번은 마티니가 다카에게 인사하려고 우리의 철창 사이로 팔을 집어넣었는데 다카가 새끼를 입에 물고 와서는 마티니의 손에 올려놓는 바람에 옴짝달싹 못한 적도 있었다. 다카가 자리로 돌아가자 마티니는 다카를 애타게 불러 새끼를 데려가라고 했다. 다카는 차분하게 새끼를 받았다.

세월이 흐르면서 다카는 열한 번에 걸쳐 새끼 32마리를 낳았으며 그 중 28마리는 근친 교배의 문제를 겪지 않고서 성년까지 자랐다. 다카는 새끼일 때 어미의 돌봄을 받아본 적이 없었음에도 부모 노릇을 멋지게 해냈다. 하지만 모든 열정이 소진된 노년에는 모성애가 눈에 띄게 줄었다. 사육사들은 마지막 새끼에게 피니스Finis(라틴어로 '끝'이라는 뜻_옮긴이)라는 이름을 붙였으며, 1959년에 다카를 라지푸르와 떼어놓았다. 다카는 그동안의 수고에 대한 보답으로 편안한 말년을 보낼 수 있었다. 다카는 자식과 마티니 부부에게 끝까지 상냥하고 친절했다.

슬퍼하는 어미

실비아가 딸 시에라에게 얼마나 좋은 어미였는지는 모르지만, 시에라의 죽음을 애통해한 것만은 분명하다. 실비아는 보츠와나의 오카방고 삼각주에서 14년 동안 연구된 방목 차크마개코원숭이chacma baboon(Patio hamadryas ursinus) 무리의 일원이었다. 시에라가 사자에게 살해당하자 실비아는 우울해했으며 혈중 글루코코르티코이드 수치가 높아졌다. 이 호르몬은 사람이 스트레스를 받을 때에도 발견된다. 개코원숭이는 털 고르기 짝이나 가까운 친족이 죽었을 때뿐 아니라 자신의 사회적 지위가 위태로워졌을 때에도 스트레스를 받는다.

시에라는 실비아의 딸이자 가장 가까운 털 고르기 짝이었다. 시에라를 잃자 실비아는 외로웠다. '깐깐한 여왕'이던 실비아는 서열이 매우 높은 23세의 개코원숭이로, 그때까지는 자기 딸을 제외한 나머지 암컷들을 무시했다. 하지만 시에라가 떠나자 사회적 접촉의 욕구가 너무 커져서 평상시의 도도함을 버리고 서열이 훨씬 낮은 암컷과도 털 고르기를 주고받았다. 이런 친밀한 관계 덕에 스트레스 호르몬도 금세 줄었다.

요약하자면, 늙은 어미는 자신의 유전자를 물려받은 새끼들을 평생 동안 수없이 길러낸 경험 많은 어미다. 일부는 마지막 새끼를 키우는 데 어려움을 겪기도 하지만, 여전히 능력을 발휘한다. 다음 장에서는 할머니가 자식과 손주의 삶에 어떤 영향을 미치는지 살펴볼 것이다.

12장
할머니

GRANDMOTHERS

• 이 장에 나오는 주요 동물

 랑구르원숭이

 검은꼬리프레리도그

 향고래

동물의 왕국에서 수컷은 전성기가 지나면 대체로 공격성이 줄어든다. 하지만 9장에서 설명한 다혈질 개코원숭이 베키아처럼 일부 암컷은 나이가 들면서 더 호전적으로 바뀌기도 한다. 사람의 경우 늙은 남성은 젊은 남성보다 폭력성이 훨씬 덜하지만 늙은 여성은 (공격적인 경우는 드물지만) 자기주장이 강해지는 경우가 많다. 이 장에서는 인도의 랑구르원숭이, 포획 버빗원숭이, 캐나다의 야생 늑대 두 마리(한 마리는 할머니이고 다른 한 마리는 할머니가 되지 못했다), 프레리도그 등의 호전적인 늙은 암컷을 살펴볼 것이다. 그런 다음 향고래, 랑구르원숭이, 150년 전의 인간에서처럼 늙은 암컷이 할머니 가설에 따라 에너지를 소비하여 손주의 삶을 개선하는 사례를 들여다볼 것이다.

사나운 할머니

랑구르원숭이

인도 라자스탄 아부 산 인근에 서식하는 랑구르원숭이는 사람과 가깝게 지낸다는 점에서 흥미롭고도 다소 독특한 삶을 산다. 친절한 쇼핑객은 땅콩, 병아리콩, 차파티(인도의 전통 빵_옮긴이)를 던져주고, 가게 주인은 음식을 낚아채는 녀석들에게 화를 내며, 경비원은 작물을 노리는 사람과 원숭이를 감시하며 순찰한다. 세라 블래퍼 허디가 《아부의 랑구르원숭이The Langurs of Abu》(1977)에서 밝힌 대로, 랑구르원숭이가 길들여진 덕에 3미터 거리에서도 경계심을 자극하지 않고서 원숭이들을 관찰하고 행동을 기록할 수 있었다. 허디는 1971년부터 1975년까지 5년에 걸쳐 랑구르원숭이를 관찰하여, 랑구르원숭이가 사회를 구성하는 데에는 나이가 중요함을 발견했다.

모든 야생동물이 그렇듯이 어른 랑구르원숭이의 나이를 정확히 알기란 쉬운 일이 아니다. 단, 늙은 랑구르원숭이는 눈에 주름이 더 깊게 패어 있다. 일반적으로 암컷은 첫 새끼를 낳은 뒤에도 계속 성장하여 중년에 최대 크기에 도달한다(12세가량에 몸무게 11킬로그램). 이때 등은 넓고 주름지고 얼굴은 움푹 들어가는데, 가장 늙은 암컷은 얼굴이 납작하고 콧구멍이 크고 얼굴 주위에 은빛 털이 덥수룩하게 갈기 지어 있다. 또한 앙상하고 쇠약해 보이며(13장에서 보겠지만 이는 잘못된 인상이다) 귀에는 싸움꾼 할머니 시절에 얻은 흉터와 뜯긴 자국이 수두룩하다. 수컷도 중년에 몸 크기가 최대치(18킬로그램)에 도달하며, 체격도 젊을 때보다 다부지다.

랑구르원숭이 무리는 대개 암컷 여러 마리와 새끼, 그리고 으뜸 수컷한 마리로 이루어진다. 지배적 집단인 전성기 어른 암컷은 낮에는 털 고르기, 끌어안기, 올라타기, 새끼에게 먹이 먹이기, 쉬게 하기, 돌보기 등활발한 사회적 활동을 벌인다. 젊은 암컷은 자라면서 서열이 높아져 이지배적 집단에 합류하고, 늙은 암컷은 새끼를 적게 낳으면서 서서히 서열이 낮아진다. 허디의 연구에서 중년의 전성기 암컷은 새끼를 해마다 0.38마리 낳은 반면에 늙은 암컷 네 마리는 그 절반에도 못 미쳤다. 랑구르원숭이는 나이가 지배 서열에 반영되는 방식이 개코원숭이나 일본원숭이와 다르다(개코원숭이와 일본원숭이 암컷은 어미에게서 서열을 물려받으며 그 서열을 평생 유지한다).

지배는 랑구르원숭이의 일상생활에서 갖가지 상호작용에 영향을 미친다. 우두머리급 전성기 어미는 마음 내키면 늙은 암컷에게서 먹이를 빼앗는 일이 예사이며 늙은 암컷이 그늘의 명당자리에 앉아 있으면 비키라고 요구한다. 늙은 '서클 아이스'는 다른 암컷들과 같이 먹이를 먹으려다가는 젊은 암컷들에게 공격받기 일쑤였다. 젊은 암컷들은 서클 아이스가 쓰레기 더미 위에 자리를 잡거나 야자나무에서 흘러나오는 맛있는 수액을 먹고 있는 꼴을 그냥 두고 보지 못했다. 그 탓에 이따금 유혈 사태가 벌어지기도 했다.

말할 필요도 없이, 늙은 암컷이 남과 어울리지 않고 혼자 지내는 것은 전성기 암컷의 이러한 적대감 때문이다(성숙기에 이르렀을 때 다른 무리로 가는 것은 암컷이 아니라 수컷이기 때문에 전성기 암컷은 자신의 딸인 경우도 많다). 서클 아이스는 무리의 암컷에게 다가가 사회적 활동을 먼저 시작한 적이 한 번도 없었으며, 가능한 한 교류를 피했다. 늘 혼자서 먹이를 먹으러 다녔으며, 다른 암컷이 졸거나 털 고르기에 정신이 없을 때만 무리와 함께 있었다. 늙은 암컷 솔sol(고독solitary을 좋아하는 성향 때문에 이런 이름을 붙였다)도 딴 암컷과 거의 교류하지 않았으며(자신을 지키기 위해서는 싸움을 불사했지만) 낮에는 무리와 함께 다니는 일이 사실상 한 번도 없었다.

무리 안에서의 사회적 생활에서 배제되면 늙은 암컷이 약하고 불쌍해질 것 같지만 실제로는 전혀 그렇지 않다. 늙은 암컷은 혈기가 넘친다. 겉모습이 늙어 보이고 서열이 낮긴 하지만, 늙은 암컷은 (사람뿐 아니라 개, 새끼를 납치하려 드는 경쟁 무리, 낯선 랑구르원숭이 수컷 등으로부터) 무리를 지키는 중요한 수호자다. 이런 적들에게 위협을 하고 덤비고 손바닥 공격을 가하는 것은 대부분 늙은 암컷이다(허디는 무리에게 너무 가까이 접근했다가 서클 아이스에게 위협을 받기도 했다).

한 예로, 1972년 8월 12일 힐사이드 무리의 수컷 머그가 이치의 새끼 스크래치를 붙잡으려 했다. 머그는 지붕 꼭대기에서 먼 곳을 바라보다 갑자기 이치가 먹이를 먹고 있던 아래쪽 나무로 뛰어내려 새끼 스크래치를 낚아채려 했는데 그 과정에서 스크래치에게 상처를 냈다. 그 즉시 솔, (솔과 비슷한 나이인) 폴리스, 그리고 또 다른 암컷이 역공을 했다. 암컷 세 마리가 머그에게 달려들자 머그는 냅다 줄행랑을 쳤다. 이치는 홀로 남아 피범벅 된 새끼를 품에 안고 있었다.

8월이 지나고 9월이 되도록 머그는 이치와 스크래치를 끊임없이 괴롭혔지만, 여덟 번 다 솔이 어미와 새끼를 지켰으며, 일곱 번은 폴리스도 힘을 보탰다. 9월 9일에는 이치가 자카란다 나무에 앉아 있다가 스크래치를 떨어뜨렸다. 머그가 잽싸게 스크래치에게 달려갔지만, 마침 솔과 폴리스도 근처에 있었다. 늙은 암컷 두 마리는 협공하여 스크래치를 구해내고 머그를 쫓아버렸다. 스크래치는 이번 공격에서 살아남았지만 훗날 종적이 묘연해졌는데, 아마도 죽은 듯하다. 늙은 암컷은 새끼를 보호하기는 하지만 새끼 자체에는 흥미가 없었으며, 새끼를 안거나 돌보는 일이 거의 없었다. 랑구르원숭이 중에서 가장 나이가 많은 솔은 1974년에 사라졌다(아마도 죽었을 것이다).

폴리스는 중년에서 노년으로 분류되었는데, 왼쪽 팔뚝과 손이 없었지만 이것은 새끼를 낳아 기르고 무리를 적에게서 지키는 데 아무런 걸림돌이 되지 않았다. 한번은 이웃 바자 무리에 대한 공격을 폴리스가 주도하기도 했다. 무리와 함께 밭에서 먹이를 먹다가 자기네를 쫓아내려던 경비원을 공격하기도 했다. 자기에게 돌을 던진 사내아이를 쫓아다닌 적도 있었다.

바자 무리의 늙은 암컷 쇼트와 케브라두는 납치극에 동조한 적이 있다. 스쿨 무리의 암컷이 갓난새끼를 바자 무리의 준성체 준버그로부터 지키려고 실랑이를 벌였다. 준버그는 새끼를 품에 안고 두 다리로 달아났다. 어미가 준버그를 추격했지만, 쇼트와 케브라두가 길을 막아선 탓에 무리로 돌아갈 수밖에 없었다. 새끼는 바자 무리의 이 암컷에게서 저 암컷에게로 전달되었으나 이튿날 아침에 어미에게 돌아왔다. 또 한번은 새끼를 공격하는 수컷과 케브라두가 어찌나 심하게 싸웠던지 나무에서 실랑이를 하다 케브라두가 나무에서 떨어지기도 했다.

쇼트도 그에 못지않게 공격적이었다. 허디가 병아리콩을 한 무더기 쌓아두어 두 무리를 마주치게 했더니, 쇼트는 상대 무리로의 돌격을 지휘했으며 거의 혼자서 상대방을 몰아내고 전리품을 획득했다. 하지만 젊은 으뜸 암컷 엘핀은 쇼트의 공훈에 상을 내리기는커녕 먹이를 독차지하고는 쇼트에게는 아무것도 주지 않았다.

늙은 암컷이 무리를 위해 공격성을 발휘하는 현상이 특히 흥미로운 이유는 자신에게 이로운 행동이 아니기 때문이다. 늙은 암컷은 피 흘리고 부상당할 뿐이다. 아마도 이들의 공격성은 (배은망덕한 딸을 비롯하여) 유전자를 공유하는 자기 후손에게 이로울 것이다.

늙은 암컷은 무리의 젊은 구성원들에게 늘상 내몰리고 무시당하고 그들을 대신하여 싸움을 도맡지만, 평생 쌓은 경험 덕에 존경받는다. 늙은 암컷은 어느 나무에 열매가 달리는지, 어느 밭의 경계가 삼엄한지, 어디에 물이 있는지, 어느 마을이 원숭이에게 적대적인지 가장 잘 안다. 허디는 늙은 암컷이 낮은 서열 때문에 무리에서 외면당하지만 무리의 이동 방향을 결정할 때에는 거의 예외 없이 젊은 암컷보다 늙은 암컷이 앞장선다는 사실을 발견했다.

버빗원숭이

야생 랑구르원숭이 사회에서 각 개체가 어떤 기능을 하는지 이해하는데에는 캘리포니아 영장류연구소의 어른 버빗원숭이(Cercopithecus aethiops sabaeus) 스물한 마리에 대한 연구 결과가 도움이 될 것이다. 여기에서도 할머니들은 딸을 지키려고 공격성을 드러냈으며 그들의 호전성이 그들 자신에게 이로움을 확인할 수 있다. 어미와 함께 있는 젊은 어른 암컷은 그렇지 않은 암컷보다 새끼의 생존율이 훨씬 높았다. 고아 암컷은 다른 원숭이에게 더 자주 공격받았고, 이런 공격으로부터 보호받는 경우가 드물었으며, 다른 원숭이의 서열에 도전하기 힘들었다. 따라서 할머니는 딸의 사회적·번식적 성공 가능성을 높이는 데 중요한 역할을 했다.

늑대

공격성은 원숭이와 마찬가지로 암컷 늑대 무리에서도 한몫한다. 40번 늑대와 42번 늑대는 옐로스톤 국립공원에 옮겨진 캐나다 늑대 중 마지막 생존자였다. 42번(실제로는 할머니가 아니었지만 나이는 할머니뻘이었다)은 40번과 더불어 대규모 무리인 드루이드피크 무리에 속해 있었다. 하지만 두 암컷의 행동은 자매애와는 거리가 멀었다. 더글러스 스미스와 게리 퍼거슨은 《늑대의 10년: 야생에서 옐로스톤으로 돌아오다*Decade of the Wolf: Returning the Wild to Yellowstone*》(2005)에서 40번이 1997년부터 2000년까지 이론의 여지 없는 으뜸 가모장이었으며 캐나다 집단 전체에서 가장 사나운 늑대였다고 말했다. "늑대들은 이 으뜸 늑대를 곁눈질했다는 이유만으로 송곳니에 물려 땅바닥에 내동댕이쳐져야 했다." 40번의 고약한 성미는 대부분 42번을 향했다. 42번이 잔인한 자매에게 어찌나 당했던지, 내셔널지오그래픽 다큐멘터리 두 편에서는 42번을 '신데렐라'라고 불렀다. 이를테면 1999년 42번이 40번의 굴에서 멀찍이 떨어져 자기 굴을 파기 시작했는데(자기도 새끼를 낳으려는 것 같았다) 40번이 맹공격을 퍼부었다. 여느 때처럼 42번은 자신을 방어하지 않고 바닥에 드러누워 40번의 처벌을 달게 받았다. 42번은 다시는 이 굴 가까이에 가지 않았다.

2000년에 42번이 다시 한 번 가족을 이루려고 또 다른 굴을 팠는데, 이번에는 새끼를 낳았다. 새끼들이 6주가량 되었을 때 42번은 새끼랑(새끼에게 먹이를 갖다준) 믿음직한 젊은 암컷 집단과 함께 거닐다가 "가장 피하고 싶고 모두가 두려워하는 늑대"인 40번과 마주쳤다. 40번은 지체 없이 42번에게 덤벼들어 어느 때보다 호되게 공격했다. 그러고는 42번을 도왔던 집단 중 한 마리에게 달려들었다. 그러자 모든 늑대가 42번의 굴로 몰려들었다. 하지만 어스름이 깔리고 있었기에 연구자들은 어떤 일이 일어나고 있는지 까맣게 몰랐다.

아침이 되자, 40번이 어찌나 중상을 입었던지 연구자들은 40번이 차에 깔려 끌려다닌 줄 알았다. 40번이 숨을 거둔 뒤에야 무리 구성원들에게 살해되었음이 확인되었다. 무선 신호에 따르면, 오랫동안 학대에 시달리던 42번은 자신의 영역인 굴 근처에서 새끼를 보호하기 위해 필사적으로 40번을 공격했으며 동료 암컷들도 힘을 보탰다. 앙갚음의 때가 온 것이었다. 40번은 성미가 고약해서 따르는 암컷이 한 마리도 없었다. 암컷 늑대가 자신의 종속적 개체에게 죽임당한 것은 (알려지기로는) 이번이 처음이었다.

프레리도그

하지만 존 호흘란트가 사우스다코타에서 16년에 걸쳐 73,000인시人時 동안 검은꼬리프레리도그black-tailed prairie dog(Cynomys ludovicianus)를 연구하여 발견한 바에 따르면, 늙은 암컷이 반드시 공격적인 것은 아니다. 검은꼬리프레리도그는 새끼를 죽이는 일이 비일비재하며 대체로 젖을 먹이는 암컷이 가까운 친족의 새끼를 공격하는데, 한배 새끼 중에서 22퍼센트가 이렇게 죽는다. 충격적인 사실이지만, 다행히도 살해범 65마리 중에서 (가장 나이가 많은) 7~8세는 한 마리도 없었으며 6세도 세 마리에 불과했다. 가장 늙은 암컷 프레리도그가 후손을 돌보는지 돌보지 않는지는 모르겠지만, 적어도 경쟁자의 새끼를 죽이지는 않았다.

할머니의 돌봄

할머니 가설에서는 늙은 암컷, 특히 더는 번식하지 않는 암컷이 후손의 삶을 개선함으로써 자신의 유전자를 널리 퍼뜨리기 위해 에너지와 자원을 투자할 것이라고 가정한다.[10] 일례로 향고래가 있지만, 연구하기가 매우 어려워서 어떤 일이 일어나는지 추측만 할 따름이다. 둘째로, 랑구르원숭이 할머니는 모든 시간을 싸우는 데 쓰지 않으며 손주를 배려할 줄 안다. 일본원숭이 할머니도 손주의 생존에 긍정적 영향을 미치는 것처럼 보이지만, 생식 연령 이후 어미에게 도움을 받을 수 있는 딸은 거의 없는 듯하다. 마지막으로, 할머니 가설을 적절히 나타내기에 충분한 데이터를 늙은 동물에게서 수집하는 것은 불가능에 가까우므로, 정확한 원리를 이해하기 위해서 사람에게서 얻은 데이터를 참고할 것이다.

향고래

고래의 육아 능력에 대해서는 자세히 알려진 바가 없다. 많은 고래가 해마다 수천 킬로미터를 이동하기 때문이다. 하지만 향고래에게서 얻은 데이터에 따르면 향고래의 육아 능력은 대단하다. 늙은 암컷은 무리의 새끼(대부분 또는 전부가 친족이다)를 돌보는 '육아 도우미'로서 중요한 존재다. 새끼 향고래는 돌이 지나지 않았어도, 심지어 태어난 지 몇 시간만에도 무리의 일반적인 헤엄 속도(시속 4킬로미터)를 거뜬히 따라잡는다. 하지만 매우 어린 고래는 깊이 잠수하지 못하기 때문에, 어미가 1킬로미터가 넘는 깊이의 바다 밑바닥 근처까지 내려가 먹이를 찾는 동안 해수면이나 그 근처에 머물러야 한다. 이럴 때 새끼들은 한 번에 최대 한 시간까지 다른 새끼와 함께 또는 자기를 지켜주는 암컷(이 중 일부는 늙은 암컷이다)과 함께 지낸다. 어미마다 먹이 찾으러 잠수하는 때가 다르기 때문에 새끼들은 늘 안전하게 보호받는다. (여느 고래의 새끼는 늘 어미와 붙어 다니지만, 북방병코고래northern bottlenose whale와 들쇠고래short-finned pilot whale를 비롯하여 깊이 잠수하는 고래는 향고래와 비슷한 '육아 도우미' 패턴을 보인다.)

늙은 암컷은 다른 암컷의 새끼를 보호할 뿐 아니라 젖까지 먹인다. 새끼 한 마리가 두 암컷에게서 번갈아가며 젖을 빨거나, 크기가 비슷한(따라서 형제가 아닌) 새끼 두 마리가 암컷 한 마리에게서 젖을 빠는 광경이 관찰되었다. 늙은 암컷(42~61세) 스물두 마리를 연구했더니 임신했거나 배란 중인 암컷이 하나도 없었는데도 그중 여섯 마리가 젖을 분비하고 있었다.

화이트헤드는 범고래 같은 포식자가 무리를 위협하면 늙은 암컷 향고래가 나머지 어른 향고래와 더불어 새끼 지키는 일에 동참한다고 말했다. 어른 향고래는 바다 깊숙이 흩어져 물고기나 오징어를 찾다가 범고래를 발견하면 따라라락 소리clicking를 중단한 채 조용하고 재빠르게 수면으로 헤엄친다. 그러고는 한가운데에 새끼들을 둔 채 서로 몇 미터씩 간격을 두고 방어형 고리를 형성한다. 무리 중에 수컷이 있으면 가장자리를 순찰하기도 한다. 수컷은 몸집이 거대해서 범고래에게 당하지 않으며 오히려 꼬리로 쳐서 부상을 입히기도 한다.

위협을 받았을 때 무리 구성원이 취하는 행동은 다양하다. 어떤 때는, 특히 공격자가 많으면, 모두가 바깥쪽을 향한다. 또 어떤 때는 안쪽을 바라보기도 하는데, 꼬리가 마거리트marguerite(데이지 닮은 꽃) 꽃잎처럼 펼쳐져서 '마거리트 대형'이라고 부른다. 범고래가 동그라미 아래로 잠수하면 향고래는 아래쪽으로 방향을 틀어 적을 쳐다본다. 달아나거나 아래로 몸을 피하려는 녀석은 하나도 없다. 범고래는 향고래만큼 빠르며 반향정위를 이용하여 향고래가 숨 쉬려고 언제 어디로 올라올지 알기 때문에 그곳에서 기다렸다 공격한다. 무리를 지키는 향고래는 범고래와 맞서다 물리거나 살해당하기도 하지만 새끼는 안전하다. 아이 하나를 키우려면 마을 하나가 필요하듯 향고래나 코끼리 새끼를 키우려면 무리 전체가 필요하다.

랑구르원숭이

랑구르원숭이 할머니가 무리의 친족을 위해 싸우는 데만 시간을 다 보내는 것은 아니다. 손주에게 보탬이 되기도 한다. 카롤라 보리스는 이렇게 말했다. "할머니의 행동은 늙은, 생식 연령 이후의 랑구르원숭이 암컷이 자신의 포괄 적합도를 높이는 방법이 될 수 있다. 번식 우위가 조금만 커져도 개체는 반드시 이 방법을 쓸 것이며 이 방법은 (진화 과정에서) 선택될 것이다."

보리스는 인도 조드푸르에서 열여덟 마리의 랑구르원숭이 무리를 연구했다. 한 마리는 어른 수컷, 열세 마리는 어른 암컷, 네 마리는 새끼였다. 암컷 중에서 두 마리는 더는 번식하지 않는 비쩍 마른 할머니였다. 그중 6번에게는 다 자란 딸, 청소년 손녀, 유아 손자가 있었으며 3번에게는 다 자란 딸과 유아 손자가 있었다. 보리스는 랑구르원숭이 무리와 1,019시간을 접하면서 할머니와 새끼의 다양한 상호작용(대체로 30분 간격으로 일어났다)과 둘이 얼마나 가까이 있는지를 관찰했다.

보리스는 6번이 손자와 손녀를 다르게 대한다는 사실을 발견했다. 6번은 젖 떼는 시기에 손자를 다독이고 이따금 딴 새끼와 놀 때나 무리 밖의 수컷 가까이에 있을 때 공격적으로 개입하기는 했지만, 손자가 자라서 무리를 떠난다는 사실을 아는 듯 사회적 유대 관계는 전혀 형성하지 않았다. 하지만 손녀와는 사회적 유대 관계를 형성하여, 이따금 곁에 가까이 다가가기도 하고 서로 털 고르기를 해주기도 했다. 6번은 손녀가 (어미가 아닌) 딴 암컷과 활동하거나 또래와 격한 놀이를 할 때 곧잘 끼어들었다. 할머니가 개입하는 것을 본 나머지 랑구르원숭이들은 손녀에게 보호자가 있음을 알았으며 그 덕에 손녀는 일생을 함께할 무리에 순조롭게 동화될 수 있었다.

놀랍게도 3번은 자기 손녀를 편애하지 않고 딴 새끼 암컷(아마도 가까운 친족이었을 것이다)과도 접촉하며 털 고르기를 받았다. 이는 손녀가 딸의 첫아이여서 과보호받았기 때문인지도 모른다. 딴 새끼는 모성애가 덜한 어미의 (적어도) 일곱 번째 새끼였다. 3번은 어떤 새끼에게도 특별한 관심을 보이지 않았다는 점에서 독특했다. 두 할머니 중 누구도 자기 손주를 실제로 기르지는 않았다. 이것은 어미가 새끼를 지나치게 보호해서일 수도 있고, 무리에서 서열이 낮기 때문에 육아에 흥미가 없어서일 수도 있다.

보리스는 할머니와 손주의 관계에서 비용과 편익을 견주어 보았다. 여기서 비용은 할머니가 지출하는 여분의 에너지이고 편익은 손주에게 미치는 유익이다. 비용은 작아 보였다. 할머니가 좀 더 경계하고 이따금 실랑이를 벌이는 것이 전부였다(그러다 다칠 수도 있지만 실제로 다치지는 않았다). 하지만 새끼에게 미치는 편익은 심리적으로 매우 컸다. 새끼는 사회적 유대 관계를 통해 위안과 격려, 경계심 많은 연장자의 보호, 어미를 제외한 무리 구성원과의 연계 등을 얻는다. 보리스는 할머니의 행동이 새끼에게 실제로 이롭다고 생각했으며 할머니가 자신의 행동을 통해 손주의 장래에 어느 정도 투자하는 셈이라고 결론을 내렸다.

인간

인간 할머니는 진화를 연구하는 학자들에게 늘 골칫거리였다. 물론 할머니 자체가 아니라 할머니라는 개념이 문제였다. 대다수 종의 개체는 생식 연령이 지나면 얼마 살지 못한다. 하지만 인간 여성은 폐경 이후에 생식이 중단되는데 이때가 쉰 살쯤 된다. 수십만 년 전에는 대부분이 남녀를 막론하고 그렇게 오래까지 살지 못했지만, 지금은 여성이 폐경을 지나서도 대체로 수십 년을 더 살며 손자뿐 아니라 증손자나 고손자까지 보기도 한다. 왜 그럴까?

한 가지 이론은 인간이 진화하면서 건강한 노년 여성이 식량과 돌봄을 추가로 제공함으로써 손주에게 도움이 되었다는 것이다. 이 손주들은 딴 아이들보다 잘 자라고, 따라서 할머니의 건강한 유전자와 지혜를 자기 자녀에게 전달할 가능성이 컸다. 시간이 흐르면서 우리의 조상은 더 오래 살기 시작했다. 이제는 성숙하는 데 오랜 기간이 걸리는 자녀를 감당할 수 있게 되었다. 이 기간 동안 뇌가 발달하고 환경에 효과적으로 대처하는 법을 연장자에게 배울 수 있었다. 인류 진화에서 할머니 가설은 수렵 가설(수렵인이 고기를 공유하고 먹잇감을 찾아 새로운 영토로 과감하게 진출하면서 남성적 연대를 형성한 것이 가장 중요했다는 가설)을 비롯한 어떤 가설보다 그럴 듯하다.

아프리카에 사는 마지막 수렵·채집인인 탄자니아의 하드자족 같은 '원시' 사회를 연구했더니 50~60대의 여성도 강인하고 건강하며 믿을 수 없을 만큼 활동적이었다. 이들은 손주를 돌보는 일에 유용할 뿐 아니라 자기가 먹을 수 있는 것보다 훨씬 많은 식량을 구해 와서 친척들에게 잉여 식량을 나눠준다. 또한 가장 오랫동안 식량을 찾고, 어떤 범주의 집단에 비해서도 덩이줄기를 찾으려고 더 깊이 파고, 열매를 따고 음식을 가공하는 데 더 많은 시간을 들인다. 할머니가 식량을 제공하면 손주는 몸무게를 유지하고 더 빨리 크며 살아남을 가능성이 더 크다. 하지만 남아메리카의 아체족과 히위족을 비롯한 다른 부족의 늙은 여성은 잉여 칼로리를 무리에 가져오지 않는다.

최근의 통계 연구에서는 진화에 관한 한 서구 사회에서조차 할머니가 중요했음이 밝혀졌다. 연구에서는 두 인구 집단의 데이터를 분석했는데, 핀란드 데이터는 농촌과 어촌 다섯 곳 주민에 대한 루터파 교회의 옛 기록이며, 캐나다 데이터는 18세기와 19세기에 퀘벡 사그네 지역에서 태어난 모든 사람(대부분 가톨릭)의 기록이다.

두 집단의 여성은 자식을 매우 많이 낳았다. 핀란드는 자녀가 평균 6.8명, 손주가 11.3명이었으며 캐나다는 자녀가 9.1명, 손주가 38.2명이었다. 각 집단의 가정에서 할머니가 아이의 삶에 어떤 영향을 미치는지 알려주는 수치는 할머니가 쉰 살을 넘으면 10년마다 (그렇지 않은 경우보다) 손주가 두 명 더 많아졌다는 것이다. 도와줄 엄마가 있으면, 딸은 자녀를 일찍 낳고 아들과 딸은 자녀를 많이 낳을뿐더러 이 자녀가 성인이 되기까지 살아남을 가능성도 크며 아들과 딸 자신도 더 오래 건강하게 산다.

오늘날 할머니는 많은 확대가족에서 여전히 중요한 존재다(할아버지도 마찬가지다). 할머니가 하는 일로는 아이 돌보기, 책 읽어주기, 밥하기, 청소와 빨래 도와주기, 옛날이야기 들려주기 등이 있다. 내가 아기를 가졌을 때 우리 엄마는 젖 먹이기, 기저귀 갈기, 트림시키기, (아기와 녹초가 된 내가) 울 때 어떻게 해야 할지 등에 대해 내가 스스로 대처할 수 있을 때까지 귀한 조언을 해주었다. 엄마가 없었으면 아기 키우는 건 엄두도 못 냈을 것이다.

재러드 다이아몬드는 조부모의 영향력이 어찌나 큰지 인류의 진화에서 중요한 정도가 아니라 결정적인 역할을 했다고 잘라 말했다. 다이아몬드는 언어가 발달한 뒤에 노인은 어린 친척을 신체적으로 돕는 동시에 일생의 귀중한 경험(기근이 닥쳤을 때 어떤 식물을 먹어야 할지, 사이클론이 덮치면 어떻게 해야 할지, 유행병에 걸린 사람을 어떻게 치료해야 할지, 적의 습격을 어떻게 피할지)을 공유함으로써 어린 친척의 생존율을 높였다고 생각했다. 이런 재난은 아주 드물게 일어나지만, 대처법을 모르면 부족 전체가 몰살당할 수도 있었다. 따라서 노인의 지식은 지금의 도서관이나 인터넷에 있는 정보와 같은 역할을 했다.

다이아몬드는 할머니가 공유하는 경험은 매우 중요하며, 할머니가 폐경에 들어서지 않았다면 낳을 수 있었을 자녀보다 그 중요성이 훨씬 더 크다고 주장했다. 할머니가 계속 자녀를 가진다면 분만이나 수유 과정에서 죽게 될 가능성이 큰데(나이가 들면 이러한 활동의 위험성이 커진다) 그러면 집단이 위험에 처할 수도 있다. 다이아몬드는 이렇게 말했다. "범고래와 거두고래에서 폐경이 진화한 것도 비슷한 이유에서인지 모른다. 이들도 평생 동안 집단 안에서 살며 복잡한 관계를 형성하고 생존 기술을 문화적으로 전승한다."

    요약하자면, 많은 종에서 늙은 암컷은 나이가 들면서 수동적으로 바뀌기는커녕 후손의 장래를 개선하고, 그럼으로써 자신의 유전적 유산을 남기는 데 필수적인 역할을 한다. 이러한 역할이 진화에서 중요하기에 늙은 암컷은 생식이 중단된 뒤에도 오랫동안 산다. 늙은 암컷은 집단을 위해 싸우거나 친족에게 직접 도움을 준다. 피임약을 쓰기 전에 살았던 할머니들을 조사한 통계에 따르면, 육아를 돕는 할머니의 존재는 손주의 수와 상관관계가 있다. 다음 장에서는 여전히 생식하면서 성생활을 주도하는 늙은 동물들을 다룰 것이다.

13장
늙어도
섹시하게

SEXY SENIORS

• 이 장에 나오는 주요 동물

보노보

미어캣

큰긴팔원숭이

앞에서 보았듯 인간이든 동물이든 나이가 들면 생식력이 감퇴한다. 암컷은 늙으면 새끼를 적게 낳거나 아예 낳지 않으며, 많이 늙으면 불임이 될 수도 있다. 하지만 그렇다고 해서 연장자가 반드시 섹스에 대한 관심을 잃는 것은 아니다. 영어의 '늙은 염소old goat'('색골 노인'이라는 뜻_옮긴이)라는 말에서 보듯 나이 들어서도 색을 밝히는 경우가 있다. 많은 사람들은 70~80대가 되어서도 여전히 섹스를 즐긴다. 상대가 있고 건강한 노인은 다른 연령대 못지않게 자주 섹스를 한다. 하지만 동물은 사람과 달리 암컷이 발정하거나 배란할 때에만 교미한다(보노보는 예외다). 대형 포유류는 암컷이 젖을 먹일 경우 발정이 몇 년씩 늦어지기도 하므로 야생에서는 짝짓기를 관찰하기 힘든 경우가 많다. 이 장에서는 침팬지, 보노보, 고릴라, 랑구르원숭이, 개코원숭이, 돌고래, 사자, 미어캣 등 여러 늙은 동물의 성 행동을 관찰한 동물학자들의 기록을 은밀히 들여다볼 것이다.

야생의 섹스

침팬지

제인 구달이 아낀 암컷 침팬지 플로는 성욕이 강했다. 1963년, 35세가
넘은 플로는 딸 피피를 5년 동안 키운 뒤에 발정이 다시 시작되었다. 발
정 난 티를 어찌나 냈던지 수컷 열네 마리가 몸이 달아올라서 따라다녔
으며 플로는 여러 마리와 짝짓기를 했다. 침팬지는 정자 경쟁이 치열한
데, 발정기 암컷은 여러 수컷과 짝짓기를 하며 각 수컷은 정자를 대량
으로 방출한다. 암컷의 생식관에서 '경쟁'을 벌여 승리한 정자가 난자를
수정시킨다. 서열이 높은 수컷 휴고는 플로가 발정 난 다섯 주 내내 졸
졸 따라다니면서 플로가 다치거나 무서워할 때마다 어루만지거나 안아
주어 위로했다. 심지어 발정기가 끝나 나머지 수컷이 모두 흥미를 잃고
떠난 뒤에도 두 주 동안 곁을 지켰다.

　4년 뒤에 플로가 다시 추파를 던졌다. 아들 피건을 준準독립 상태까지
키운 뒤에 발정기가 시작되어 하루에 쉰 번씩 짝짓기를 했다. 발정기 직
전에 플로는 무리에서 서열이 가장 높은 암컷이어서 (다른 암컷이 아들의
도움을 받지 않는 한) 나머지 모든 암컷과의 싸움에서 이길 수 있었다. 플
로의 새끼를 위협하는 암컷은 플로와 싸울 각오를 해야 했다. 플로는 발
정기가 되자 평소보다 성질이 급해졌으며 급식소에서 바나나를 더 많이
챙길 수 있었다. 이빨이 이미 잇몸까지 닳았기에 다행스런 일이었다.

보스턴 출신의 연구자 세 명은 플로의 정열에 깊은 인상을 받아서, 늙은 침팬지 암컷이 수컷의 눈에 젊은 전성기 암컷보다 더 섹시하게 보이는지 알아보기로 마음먹었다. 각종 매체에서 젊은 미녀를 떠받드는 것을 보면 터무니없는 소리 같았지만, 연구자들은 우간다 키팔레 국립공원에 서식하는 침팬지 무리의 교미를 1996년에서 2003년까지 8년 동안 관찰하며 데이터를 수집하고 분석했다.

이들은 가설의 비현실성을 감안하여 연구 결과에 정확성을 기하기 위해 네 가지 방법으로 데이터를 검사했다. 교미 구애(음경이 발기한 채 상대방을 쳐다보면서 나뭇가지를 흔드는 것)를 하는 수컷은 발정기의 젊은 암컷보다 발정기의 늙은 암컷에게 우선적으로 접근할까? 그렇다. 수컷은 발정기의 젊은 암컷보다 발정기의 늙은 암컷이 있는 무리에 합류하고 싶어 할까? 그렇다. 늙은 암컷은 젊은 수컷, 서열이 높은 수컷, 으뜸 수컷과 짝짓기 하는 경향이 있을까? 그렇다. 짝짓기 상황에서 수컷은 늙은 암컷이 있는 집단에서 발정기 암컷에게 접근하려고 더 호전적으로 경쟁(특정 상대를 겨냥한 도발적 과시, 쫓아다니기, 공격)할까? 그렇다. 연구자들은 (다소 내키지 않는 인상이긴 했지만) 이렇게 결론 내렸다. "인간 남성이 젊은 여인의 탱탱한 입술과 매끈한 외모에서 매력을 느끼는 만큼 침팬지 수컷이 늙은 암컷의 쭈글쭈글한 피부, 너덜너덜한 귀, 몸 곳곳의 맨살, 축 늘어진 젖꼭지에서 매력을 느끼지는 않을지도 모르지만 그런 단서에 부정적으로 반응하지 않는 것만은 분명하다."

보노보

늙은 가메는 플로처럼 무척 섹시했다. 가메는 피그미침팬지라고도 하는 보노보(Pan paniscus)로, 갓난새끼에게 젖을 먹이지 않는 여느 암컷과 마찬가지로 거의 언제나 발정기여서 커다란 생식기가 부풀어 있었다. (침팬지는 발정기에만 짝짓기 하려 들며 짝짓기 시기도 짧다.) 가노 다카요시는《마지막 유인원: 피그미침팬지의 행동과 생태The Last Ape: Pygmy Chimpanzee Behavior and Ecology》(1992)에서 가메의 이야기를 들려준다. 가메는 비록 나이가 들었을지는 모르나, 아프리카 콩고에서 연구자들이 만들어놓은 사탕수수 섭이지에 가메가 도착하자 암컷과 수컷 모두 열광의 도가니에 빠졌다. 수컷은 가메와 섹스하고 싶어 안달했는데, 이는 암컷도 마찬가지였다.[11]

보노보는 암컷과 암컷의 성적 접촉이 매우 흔하기 때문에 '생식기-생식기genito-genital'의 약자를 써서 'GG 비비기GG rubbing'라는 용어까지 있다. 가메가 먹이를 먹고 있으면 암컷 X가 슬쩍 다가와 어슬렁거리다 곁에 앉는다. 그런 다음 일어나 똑바로 서서 손을 뻗으며 얼굴을 가메의 얼굴 가까이에 대고 마치 "보지 비비자"라고 말하는 듯 눈을 들여다보며 추파를 던진다. 가메는 등을 대고 누워 허벅지를 벌린 채(수컷과 정상위로 교미할 때 즐겨 취하는 자세) X가 배 위로 올라오면(이렇게 하면 생식기가 맞닿는다) 팔로 끌어안는다. 이 자세로 음핵이 닿도록 생식기를 비빈다. 둘은 '주체할 수 없는 감정'이 역력한 표정으로 교미 때와 비슷하게 빠르고 율동적인 찌르기 동작을 하되 옆으로 더 많이 움직인다. 암컷들은 교미할 때와 비슷한 비명을 지르며 행위를 마무리한다. (가노가 언급하지는 않았지만 '오르가슴'이라는 단어가 떠오른다.) 가노는 보노보 암컷의 생식기가 앞을 보고 있는 것이 "정상위 교미보다는 GG 비비기를 위해 진화한 것"이라고 확신했다.

하지만 가메가 늘 섹스에 흥미를 느낀 것은 아니었다. 비정상으로 태어난 한 살배기 딸 가메코가 죽은 뒤에 가메 가족은 보노보 무리와 섬이지에서 떨어져 살았기 때문이다. 가메는 젊은 아들 다와시가 가메코의 주검을 가슴에 안고 가도록 내버려두었다. 터벅터벅 걷는 가메 뒤로 둘째 아들 몬이 따라 걸었다. 이튿날 가메는 주검 옆에 슬픈 표정으로 서서 주검을 바라보며 파리를 쫓았다. 가메는 침울한 기색이 역력했으며 남들과 사회적 관계를 거의 맺지 않고 오랫동안 우울한 채로 지냈다.

젊은 보노보 암컷은 성숙기가 되면 원래 무리를 떠나 새 무리에 합류한다. 새로운 무리에서는 늙은 암컷이 이런 새내기의 멘토이자 수호자가 되는 경우가 많은데, 둘은 털을 골라주고 섹스를 하면서 유대 관계를 형성한다. 젊은 수컷은 젊은 암컷과 달리 어미의 무리에 머물며 평생 어미와 돈독한 유대 관계를 유지한다. 예전에는 이런 암수 한 쌍이 부부인 줄 알았지만 지금은 아니라는 사실이 밝혀졌다. 드 발은 어른 수컷과 그 어미(수컷에 비해 좀 작다)가 마치 커플처럼 함께 지내고 함께 다니지만 교미는 하지 않는다는 사실을 발견했다. 어미의 관심과 보호는 아들에게 이롭다(특히 어미가 서열이 높으면 더욱 그러하다). "보노보 수컷은 자기네끼리 유동적 연합을 형성하기보다는 엄마의 앞치마 끈을 잡으려고 다툰다."

가메는 장성한 아들이 셋 있었는데, 장남은 무리의 으뜸 수컷이었다. 가메가 높은 서열인 것도 이에 한몫했다. 가메는 늙어서 쇠약해지자 예전처럼 든든하게 자녀의 뒤를 봐줄 수 없었다. 버금 암컷의 아들은 이를 알아차렸음이 틀림없다. 가메의 아들들에게 대들기 시작했기 때문이다. 버금 암컷도 아들을 대신하여 가메의 장남에게 시비를 걸기 시작했다. 다툼이 어찌나 심해졌던지 두 어미가 서로 치고받기에 이르렀다. 가메는 버금 암컷에게 제압당해 땅바닥을 뒹굴었다. 이 패배로 망신당한 가메는 다시는 예전의 지위를 되찾지 못했다. 아들들은 금세 중간 서열로 내려앉았다. 가메가 죽자 아들들은 새 으뜸 암컷의 아들인 으뜸 수컷에게 따돌림당하여 무리의 주변부로 내몰렸다.

어미와 아들의 이 예외적 관계에서 분명히 알 수 있듯 보노보 어미는 모든 수컷에게 존중받을 뿐 아니라 나이가 들면서 자신감도 점차 커진다. 늙은 어미와 아들이 섭이지에 다가가면 중간 서열과 낮은 서열의 수컷은 재빨리 길을 비키며, 으뜸 수컷은 자신의 사탕수수 조각을 지키려고 등을 돌리거나 먹이를 품에 안은 채 줄행랑친다. 가메의 아들들이 침팬지였다면 자기네 지위를 지키려고 뭉쳤을 것이다. 하지만 보노보는 이런 식의 수컷 동맹을 형성하는 일이 거의 없다. 늙은 암컷이 무리에서 권력을 행사할 수 있는 것은 이 때문이다.

동물원의 늙은 보노보도 야생 보노보처럼 섹스를 좋아한다. 드 발이 사육장 밖을 걷고 있는데 20년간 알아온 로레타가 드 발을 알아보고는 새된 훗훗 소리로 반겼다. 로레타는 부풀어 오른 생식기를 드 발에게 드러내고는, 상체를 숙여 다리 사이로 그를 쳐다보며 유혹하듯 손을 흔들었다.

고릴라

침팬지 수컷과 마찬가지로 고릴라 수컷도 젊은 암컷보다 늙은 암컷에게 더 끌리는지는 모르지만, 이를 입증한 데이터는 거의 없다. 1984년에 5번 무리의 에피는 이제 베토벤과만 교미하지는 않았다. 베토벤도 나이를 먹고 있었다. 에피는 베토벤의 아들 지즈랑 파블로와도 짝짓기를 했으나 베토벤은 전혀 불평하지 않았다. 5번 무리에는 "성적으로 성숙하여 색정에 불타는 젊은 암컷 퍽, 틱, 포피, 팬지"가 있었지만 덩치 큰 수컷 세 마리 중 누구도 이들과 교미하고 싶어 하지 않았다. 영장류 수컷 열네 종의 성적 선호를 살펴본 문헌 연구에 따르면, 젊은 암컷보다 늙은 암컷과의 짝짓기를 좋아하는 수컷이 종마다 있었다(암컷이 항상 매우 늙은 것은 아니었다). 일반적으로 이 암컷들은 새끼를 기르는 데 이미 성공한 적이 있으므로 수컷의 선택은 가임력이 있고 유능한 어미임이 입증된 암컷을 수정시킨다는 점에서 합리적이다.

랑구르원숭이

늙은 랑구르원숭이 암컷은 침팬지와 보노보 암컷과 달리 매우 공격적이어서 무리에 침입하는 수컷을 공격하는 반면에, 전성기 암컷은 (새끼와 함께) 뒤로 물러나 이 소동을 차분하게 관전한다(이 사례 및 솔과 관련된 사건에 대해서는 12장 참고). 하지만 발정기가 되면 호전성이 사라지기도 한다. 이를테면 솔은 수컷과 싸운 전력이 있었지만, 발정기가 되자 부부 관계를 맺었으며 과거의 숙적 머그와 며칠간 사귀기도 했다(머그가 납치하려던 새끼를 솔이 보호한 적이 있었다). 솔은 발정기 동안 총 일곱 차례에 걸쳐 적어도 세 마리의 수컷을 유혹하고 짝짓기를 했으나 임신의 기미는 없었다.

개코원숭이

늙은 수컷 개코원숭이는 섹스를 열망하는지도 모른다. 개코원숭이 셜록은 24세(사람으로 치면 90세 정도)에도 여전히 사랑을 했다. 이런 늙은이는 더는 으뜸 수컷의 지위나 전성기의 체력을 무기로 구애에 성공할 수는 없지만, 암컷과 친해져서 짝짓기까지 이어질 수 있다. 바버라 스머츠는 로버트 사폴스키와 같은 종의 개코원숭이(Papio cynocephalus anubis)를 연구했는데, 지역은 케냐 내 다른 지역인 길길 근처였다. 스머츠는《개코원숭이의 섹스와 우애Sex and Friendship in Baboons》(1985)에서 에부루 절벽 무리에서 암수가 나누는 우애의 특징을 중점적으로 살펴보았다. 대부분의 암컷은 하나 이상의 남자 친구가 있어서(수컷도 하나 이상의 여자 친구가 있었다) 함께 앉아 시간을 보내며 털 고르기를 주고받았다. (원서에서는 이 특별한 관계를 나타내기 위해 '친구Friend'라는 단어의 첫 글자를 대문자로 표시했다.) 이 우애는 섹스를 전제로 한 것이 아니었다. 암컷은 대체로 임신이나 수유 중이었기 때문이다. 암컷은 대부분의 수컷을 피하려 했지만(수컷은 덩치가 암컷보다 두 배나 크고 공격적이어서 뚜렷한 이유 없이 암컷을 공격하곤 했기 때문이다) 남자 친구와 있을 때에는 새끼가 곁에 있어도 편안하고 다정했다. 암컷은 이따금 새끼를 남자 친구에게 남겨두고 혼자서 먹이를 찾으러 떠나기도 했다. 새끼가 남자 친구와 함께 있어도 안전하다는 것을 알았기 때문이다.

　남자 친구는 대체로 전성기 수컷보다 나이가 많았다. 남자 친구는 150마리로 이루어진 무리에서 더 오래 지냈으며 암컷과 교류하고 정을 쌓을 시간이 더 많았기 때문이다. 스머츠는 관찰 기록을 분석하다가 늙은 수컷이 부부 관계(발정기 암컷과 사귀면서 짝짓기 하는 것)에 평균적으로 가장 많은 시간을 보낸다는 사실을 발견했다. 이것만 놓고 보면 수컷이 짝짓기를 주도하는 것처럼 보일 수도 있지만 실상은 다르다. 수컷 연합이 암컷과 사귀는 수컷을 물리쳐도 암컷이 퇴짜 놓고 전혀 다른 수컷과 사귈 수도 있다. 사회적 영장류에서는 강간 사례가 사실상 전혀 알려진 바 없다. 암컷이 뭉쳐서 수컷을 통제하는 것이 한 가지 이유다.

가장 성공을 거둔 남자 친구는 늙은 키클롭스였다. 수컷 중에서는 서열이 낮았지만 암컷 네 마리의 남자 친구였던 키클롭스는 나이를 불문하고 모든 수컷 중에서 부부 관계에 가장 능했다. 키클롭스는 차분한 성격의 소유자였다. 높은 서열의 수컷들이 자기를 에워싸고 코에서 몇 센티미터 떨어지지 않은 위치에서 송곳니를 드러내며 위협해도 동요치 않고 침착하게 앉아 있었다. 결국 도발에 실패한 수컷들이 물러났다.

스머츠의 연구 과정에서 늙은 수컷 2~4마리의 연합이 전성기 수컷과 함께 있던 발정기 암컷과 부부 활동을 한 경우는 열세 번이었다. 그중 한 마리는 암컷과 새로운 부부 관계를 맺었다. 늙은 수컷이 다른 늙은 동료의 도움을 받지 않고 혼자 힘으로 딴 수컷에게서 발정기 암컷을 차지한 경우는 한 번뿐이었다. 외톨이 늙은 수컷은 으뜸 수컷이나 전성기 수컷을 물리치고 암컷과 부부 관계를 맺을 능력이 없었을 것이다. 이 늙은 남자 친구들은 늙은 수컷으로부터는 암컷을 꾀어내지 않았는데, 이것은 늙은 수컷의 연대감 때문일 수도 있고 장래의 동맹을 염두에 두었기 때문일 수도 있다. 남자 친구 수컷은 특히 배란기 암컷과 짝짓기 하여 아빠가 되고 싶어 했다. 알렉산더와 보즈는 예외였지만(10장 참고), 늙은 수컷 개코원숭이의 연합이 형제애로 확대되는 경우는 거의 없다. 젊은 전성기 수컷은 서로를 동료가 아니라 경쟁자로 보기 때문에 이런 관계를 맺지 않는다.

스머츠는 어느 날 늙은 보즈와 (그의 여섯 여자 친구 중 하나인) 이올란테가 만나는 장면을 묘사했다. 보즈는 개코원숭이 몇 마리와 함께 무리의 본대에서 떨어져 나왔다. 그들이 돌아오는데, 첫 새끼를 업은 젊은 어른 이올란테가 동쪽 지평선 쪽으로 다가오는 작은 무리를 보았다. 이올란테는 다른 암컷들과 함께 그들에게 시선을 돌렸다. 스머츠가 쌍안경을 들고 그들이 누구인지 알아보기도 전에 이올란테가 일찌감치 흥분하여 소리를 지르기 시작했다. 다른 암컷들도 이 소리에 자극받아 그들을 올려다보며 소리를 지르기 시작했다. 이올란테는 나머지 암컷에게서 뛰쳐나와 더 열심히 소리 지르며 몇 미터 앞으로 다가갔다. 그러다 약 100미터 앞에서 늙은 보즈가 보이자 그를 맞이하려고 달려갔다. 이올란테를 만난 보즈는 등에 업힌 새끼를 부드럽게 어루만졌다. 이올란테는 돌아서서 보즈와 나란히 걸어 나머지 무리와 합류했다.

바버라 스머츠는 다른 책에서 매우 늙은 수컷 셜록이 어떻게 마법을 부렸는지 이야기했다. 셜록이 암컷 옆에 앉아 있는데, 암컷이 재빨리 두 번 연속 셜록을 쳐다보면 셜록은 이파리를 먹는 데 집중하기 시작했다. 암컷이 몸을 살짝 비키면 셜록은 한 발 물러나 무심한 듯 주위를 둘러보았다. 암컷이 셜록과 눈을 마주치고도 시선을 돌리지 않으면 셜록은 나직한 소리를 내고 추파를 던지면서도 암컷을 만지지는 않았다. 마침내 암컷이 추파로 응답하고서야 셜록은 암컷에게 다가가 몸을 어루만졌다. 얼마 안 가서 암컷은 기꺼이 셜록과 짝짓기를 했다. 셜록의 성공 비결은 "상대방을 유심히 관찰하고 친근한 의도를 표현하되 은근히 접근하고 상대방이 앞장설 때까지 기다리는" 것이었다. 스머츠도 개코원숭이에게 다가갈 때 이 방법을 썼다.

돌고래

'우애'는 돌고래에게도 효과적인 전략인지 모른다. 몇 년에 걸쳐 늙은 야생 병코돌고래bottlenose dolphin의 성 행동에 대한 정보가 꽤 수집되었다. 병코돌고래를 오랫동안 관찰하면 늙은 개체를 식별하는 것이 (힘들기는 하지만) 불가능하지는 않은데, 병코돌고래는 나이가 들면서 턱이 하얘지고 생식기 무늬가 커지기 때문이다. 연구자들은 서오스트레일리아 샤크 만의 늙고 굼뜬 수컷이 젊은 수컷만큼 열정적으로 암컷을 거느리지는 않지만 암컷과 친밀한 상호작용에 더 많은 시간을 보낸다는 사실을 알아냈다. 연구자들은 늙은 수컷이 젊은 수컷과 신체적으로는 경쟁이 안 되지만 암컷에게 잘해주면 적어도 한 마리는 꾀어 짝짓기 할 수 있으리라는 가설을 세웠다. 나이가 많다는 말은 아비가 되기에 적합한 좋은 유전 형질을 가지고 있다는 뜻이기 때문이다. 그간의 관찰에서 유추하건대 많은 또는 대부분의 해양포유류는 매우 능동적인 성생활을 영위하며 이러한 성향은 늙어서도 유지되는 듯하다. 이를테면 도살된 생식 연령 이후 들쇠고래의 생식관에 정액이 들어 있었는데, 이는 최근에 짝짓기를 한 적이 있음을 시사한다.

사자

아프리카의 사자는 대부분 독이나 덫, 총, 질병, 사고, 딴 사자 때문에 죽지만, 레오 패거리 같은 소수는 노년(수컷은 10대, 암컷은 20대)까지 살아남는다. 늙은 암컷이 새끼를 낳을 가능성은 젊은 암컷보다 적지만, 그래도 일부는 번식에 성공한다. 나이로비 국립공원의 늙은 암컷 M은 2년 동안 새끼가 없어서 불임인 줄 알았는데 그 뒤에 새끼를 낳았다.

늙은 수사자도 성적으로 활발하지만 전성기 때만은 못하다. 젊고 튼튼한 수컷 한 마리는 55시간에 걸쳐 암사자 여러 마리와 157번 교미했다. 테리 쇼트는 토론토의 온타리오 왕립박물관에 전시할 표본을 구하려고 전 세계를 돌아다녔는데, 훗날 탄자니아 마냐라 호수 근처에서 늙은 수컷과 만난 일을 회상했다. 녀석은 뭉툭한 송곳니가 세월의 흔적으로 누렇게 바랬고 가는 감귤색 갈기는 제멋대로 늘어졌으며 가죽은 숱한 흉터로 덮여 있었지만, 전성기의 젊고 건강한 암컷 두 마리와 함께 있었다. 수컷은 더위와 파리 때문에 심기가 불편해서, 쇼트의 랜드로버가 너무 가까이 접근하자 으르렁거리며 차량에 달려들어 앞발로 후려쳤다. 이렇게 앙갚음한 뒤에 꼬리를 흔들며 어슬렁어슬렁 숲 속으로 들어갔다. 암컷 두 마리도 뒤따랐다.

미어캣

늙은 수컷은 섹스에 시큰둥할 때도 있지만, 암컷이 섹시한 분위기를 조성하면 넘어가기도 한다. 내가 아프리카에서 기린을 연구할 때 멘토이던 그리프 유어는 미어캣(Suricata suricatta)의 행동을 연구하다 이 사실을 발견했다. 젊은 암컷이 한껏 달아올라 (더는 성적으로 활발하지 않은) 3세 수컷과 교미하고 싶어 안달이 나서 수컷 근처를 서성거리며 수컷의 뺨에 난 털을 물었다. 이러다 둘이 부둥켜안고 뒹구는 것이 으레 다음 순서였다. 수컷은 흥분 상태가 충분히 고조되면 올라타기를 시도했다.

동물원의 섹스

동물원의 섹스는 다채롭기 이를 데 없다. 일부 희귀종은 포획 생활의 스트레스 때문에 짝짓기를 전혀 하지 않는다(그래서 희귀하다). 그런가 하면 원숭이와 보노보 같은 동물은 걸핏하면 성 행동으로 시간을 때우기 때문에 관람객은 서둘러 자녀를 딴 곳으로 데려간다. 이 절에서는 늙은 침팬지(지모), 늙은 고릴라(티미), 늙은 큰긴팔원숭이siamang gibbon와 젊은 큰긴팔원숭이 커플의 사례를 살펴볼 것이다.

침팬지

지모는 조지아의 여키스 야외 연구소에 있는 침팬지 무리의 으뜸 수컷이 되었지만, 애초에 이 무리에 합류한 것은 우연이었다. 직원들은 예전의 으뜸 수컷을 무리에서 내보내고 어른 수컷 두 마리를 합류시켰다. 여러 해 동안 무리에서 함께 산 암컷들이 그들을 공격하여 수컷 두 마리에게 중상을 입히자 두 마리는 다른 곳으로 옮겨졌다. 몇 달 뒤에 직원들은 새로운 수컷 두 마리를 데려왔다. 한 마리는 금세 쫓겨났지만 또 한 마리인 지모는 무리에 남을 수 있었다. 늙은 암컷 두 마리가 곧장 다가와 잠깐 동안 지모의 털을 골라주었으며 이 중 한 마리는 으뜸 암컷이 공격했을 때 지모를 필사적으로 지켜주었다. 몇 해 뒤에 발견된 기록에 따르면 지모와 암컷 두 마리는 오래전에 다른 곳에서 함께 산 적이 있었다. 드 발은 "14년도 더 전에 있었던 교류에서 이 모든 차이가 일어난 것은 분명한 사실이다"라고 말했다.

지모는 덩치가 크지 않았지만, 동료들의 다툼을 말리는 데 능했으며 여전히 섹스에도 적극적이었다. 지모는 말하자면 잘나가는 수컷이었지만, 어느 날 그의 총애를 받는 암컷 한 마리가 청소년 수컷 소코와 몰래 짝짓기를 했다. 여느 때라면 침입자를 쫓아버리고 말았겠지만, 이 암컷은 그날 지모와의 섹스를 몇 번이나 거부했기 때문에 지모는 둘이 함께 있는 광경을 보고 격분했다. 지모는 있는 힘껏 소코를 향해 내달려 그를 잡으려고 사육장을 휘젓고 다녔다. 소코는 겁에 질려 비명을 지르고 똥을 지리며 도망 다녔다. 하지만 지모가 연적을 사로잡기 전에 근처의 암컷들이 항의 표시로 '우어 우어' 하면서 소리를 지르기 시작했다. 암컷들은 동참할 암컷이 더 있는지 주위를 둘러보았는데, 으뜸 암컷을 비롯한 모두가 지모를 바라보며 항의에 동참하자 용기백배하여 귀청이 떨어질 정도로 목청껏 소리를 질렀다. 지모는 이 소음에 추적을 중단하고는 짜증나고 당혹스럽다는 표정을 지었다. 그러자 암컷들은 평소의 행동으로 돌아갔다. 지모는 늙었어도 여전히 무리에서 중요한 존재였지만, 무소불위의 권력을 휘두르지는 못했다.

고릴라

동물원은 사육 동물을 번식시키고 이 동물원에서 저 동물원으로 옮길 때 인정사정 봐주거나 동물의 감정을 고려하지 않기도 한다. 실버백 고릴라 티미는 클리블랜드 동물원에서 30년 동안 외롭게 우리에 갇혀 지내다가 마침내 배필 케이티를 얻었다. 티미는 케이티가 마음에 들었다. 몇 해에 걸쳐 다른 암컷도 티미의 우리에 들여보냈지만 티미가 무시하는 바람에 곧 방출되었다. 케이티는 여느 암컷과 달랐다. 케이티와 티미는 합방하자마자 소문난 금실을 과시했다. 둘은 서로에게 헌신적이었으며 오랜 시간을 함께 지내고 서로 끌어안고 잤다. 티미는 외로운 삶의 막바지에 기적적으로 행복을 찾은 것처럼 보였다.

안타깝게도 기적은 열매를 맺지 못했다. 케이티는 임신이 되지 않았다. 그래서 동물원 당국은 티미를 브롱크스 동물원에 보내어 여러 암컷과 짝짓기를 시키고 케이티에게 새 수컷 배우자를 만나게 해주는 것이 최선이라고 판단했다. 이 결정에 대해 라디오와 신문에는 다음과 같은 불만 여론이 쏟아졌다. 티미와 케이티가 사랑하는 것이 분명한데 어떻게 티미를 다른 곳으로 보낼 수 있는가? 대체 왜 동물원은 케이티와 함께 있고 싶어 하는 티미의 바람보다 자기네 계획이 더 중요하다고 생각하는 건가? (발신인이 티미로 되어 있는 편지가 신문에 발표되기도 했다.) 클리블랜드 시민 수천 명의 소망보다 동물원 관리들의 결정이 우선하는 이유는 무엇인가?

이 문제는 결국 법정까지 갔으나 티미는 패소했다. 브롱크스 동물원으로 옮겨진 티미는 바위에 앉아 멍하니 허공을 바라보며 말년을 보냈다. 한편 클리블랜드 동물원에서는 케이티가 새 배우자와 싸움을 벌였다. 상대는 케이티를 공격하여 부상을 입혔다. 서로에게 만족하던 티미와 케이티를 떼어놓은 잔혹한 처사에 대중의 분노는 사그라들 줄 몰랐다. 동물원장은 자신의 행동을 변호하며 이렇게 말했다. "사람들이 동물에게 인간의 감정을 부여하는 것이 역겹다. … 동물에게 감정이 있다고 말하는 것은 현실의 테두리를 벗어나는 것이다." 이 동물원장은 직업을 잘못 택한 게 아닐까?

긴팔원숭이

동물은 성적 욕구를 직접 표현하기도 하지만 은근히 암시하기도 한다. 이를테면 여느 대형 유인원과 달리 일부일처제로 사는 큰긴팔원숭이 *(Hylobates syndactylus)*가 그렇다. 큰긴팔원숭이는 암컷과 수컷이 자식과 더불어 친밀한 가족 관계를 형성한다. 해마다 새끼가 한 마리씩 태어나는데, 새끼들은 출가하기 전 3∼4년 동안은 부모에게서 배워야 한다.

루이지애나 매입 기념 동식물원의 연구자들은 6세 암컷이 동물원에 새로 들어오자마자 18세 수컷이 성적으로 흥분하는 것을 보고 깜짝 놀랐다. 수컷은 새끼 때 야생에서 포획되어 5년 동안 커플로 살다가 배우자가 죽은 뒤로는 12년 동안 혼자 지냈다.

야생의 큰긴팔원숭이 부부는 큰 소리로 정교한 이중창을 불러 부부임을 알린다. 수전 매카시는 큰긴팔원숭이의 이중창을 다음과 같이 묘사했다.

큰긴팔원숭이의 이중창은 수컷이 두 번 깊이 우렁차게 소리를 내면서 시작한다. 그러면 암컷이 한 번 우렁차게 소리를 내어 화답한다. 수컷은 다시 두 번 소리를 내고, 암컷은 즉시 이어받아 높은음으로 빠르게 짖어댄다. 암컷이 다섯 번쯤 소리를 낸 뒤 수컷은 점점 높아지는 우렁찬 소리를 내고, 암컷의 짖는 소리도 빨라진다. 그리고 수컷은 이중음으로 괴성을 지른다. 그 즉시 암컷은 다시 짖어대기 시작하고, 다섯 번 짖고 나면 수컷은 이번에는 짖어대는 괴성을 지른다. 암컷이 약간 빠르게 높은음으로 짖어댄 뒤 둘다 짖으면서 홱 움직인다. (《사람보다 더 사람 같은 동물의 세계》161쪽)

루이지애나 동물원의 큰긴팔원숭이 부부는 즉시 이 이중창을 연습하기 시작했으며 실력이 일취월장했다. 석 달이 지나자 이중창을 정확히 마무리하는 하는 비율이 24퍼센트에서 79퍼센트로 늘었으며, 마침내 거의 모든 이중창을 완벽하게 불렀다. "가장 흔한 실수는 암컷이 수컷의 두 번째로 지르는 소리 두 번을 기다리지 않고 고음의 짖는 소리 부분을 시작해버리는 것이었다. 또 다른 흔한 실수는 수컷이 길게 소리를 뽑거나 이동 울음소리locomotion call를 내어 두 가락 소리를 망쳐버리는 것이었다."

　많은 조류를 비롯해 동물의 쌍이 이중창을 부르는 이유는 무엇일까? 어쩌면 이중창은 상대방의 행동과 활력을 평가하여 천생연분인지 알아보려는 시도인지도 모른다. 울창한 숲에서 자신의 위치를 알려 상대방이 엉뚱한 개체와 짝짓기 하는 것을 방지하려는 목적일 수도 있다. 그것도 아니면 이 세력권이 자기네 것이니 넘보지 말라는 경고인지도 모른다. 섹스와 번식은 이 모든 가능성과 연관되어 있다.

　요약하자면, 성 행동만 놓고 보면 늙은(그렇다고 매우 늙지는 않은) 동물은 젊은 동료와 전혀 다르지 않은 경우가 많다. 클리블랜드 동물원장의 폄하 발언과는 달리 동물에게도 사람처럼 감정이 있다. 일부 늙은 동물은 (상대방이 동의만 한다면) 만나는 모든 암컷과 짝짓기 하려 한다. 늙은 고릴라 베토벤은 발정기의 늙은 암컷과는 짝짓기 했지만 '색정에 불타는' 젊은 암컷과는 짝짓기 하고 싶어 하지 않았다. 어떤 발정기 암컷은 상대를 까다롭게 고르지만, 침팬지 플로처럼 어느 수컷이든 받아주는 암컷도 있다. 다양성은 노소를 막론하고 삶에서 양념 역할을 한다.

14장
각자의 개성

THEIR OWN PERSON

• 이 장에 나오는 주요 동물

아메리카너구리

불곰

말코손바닥사슴

유럽참새

늙은 동물이 홀로 돌아다니는 데는 여러 이유가 있다. 어떤 동물은 종의 특성 때문에 타고난 외톨이이고, 어떤 동물은 뒤에서 설명할 데면데면한 말코손바닥사슴처럼 시간이 흐르면서 괴팍해지고, 어떤 동물은 나이가 들면서 동작이 느려져 무리와 보조를 맞추지 못하고, 어떤 동물은 랑구르원숭이 암컷과 하이에나 넬슨처럼 늙었다는 이유로 무리에서 쫓겨나기도 한다. 늙은 동물을 관찰한 연구자들은 동물의 개별적 성격을 존중하여 개입하지 않았다.

모주

모주는 일본원숭이의 적응력과 끈기를 보여주는

좋은 예다. 모주는 일본 알프스의 지고쿠다니地獄谷 공원에 사는 늙은 암컷으로, 살충제 중독으로 인한 선천성 기형으로 손발 없이 태어났다. 모주는 동료에게 뒤처지지 않으려면 뭉툭한 팔다리로 땅바닥을 기어야 했다. 다른 원숭이들은 얼음과 눈 속에서도 이 나무 저 나무 잽싸게 뛰어다녔지만 모주는 새끼를 업은 채 눈 속을 뚫고 다녀야 했다. 하지만 모주가 일생 동안 낳고 기른 새끼 다섯 마리 중 누구도 신체장애가 없었다. 다행히 공원에는 모주가 몸을 녹일 수 있는 온천과, 야생에서 못다 구한 먹이를 보충할 급식소가 있었다.

모주가 18세이던 1991년에 일본원숭이 무리가 200마리를 넘기면서 두 모계로 분리되었다. 지배적 암컷과 그 가족을 비롯한 우세 분파가 급식소를 독차지하기 시작했다. 그런 탓에 종속적 암컷으로 이루어진 상대 분파는 먹이에서 배제되었다(모주는 이 분파에 속했다). 모주는 어떻게 할지 결정해야 했다. 급식소에 못 가게 된다면 살아남는 데 충분한 먹이를 찾지 못할지도 몰랐는데, 그렇다고 종속적 집단을 떠나면 자기 새끼를 비롯해 친족 모두와 헤어져야 했다.

모주는 확실한 생존을 선택했다. 우선 지배적 집단의 암컷들(모주는 이들과 함께 자랐다)을 정성스럽게 '털 고르기' 해주면서(손발이 없어서 살살 긁어주는 것에 불과했지만) 분위기를 조성했다. 이따금 자신을 공격하는 암컷들도 있었지만, 모주는 꿋꿋이 지배적 집단 언저리에 머물면서 눈에 안 띄게 처신했다. 결국 몇몇 암컷이 답례로 털 고르기를 해주기 시작했다. 마침내 모주는 지배적 집단에 동화되어 급식소에서 먹이를 찾는 것이 허락되었다. 인생의 봄날이 찾아온 것이다. 모주가 사람이 주는 먹이를 받아먹으면서, 자신이 살아남기 위해 버려야 했던 가족과 새끼 생각을 한 번이라도 했을지 궁금하다.

휴고

침팬지 휴고는 늙은 침팬지 수컷이 다 그렇듯 낮은 서열의 개체로서 삶을 시작하고 마무리했다. 휴고는 덩치는 컸지만 결코 으뜸 수컷이 되지는 못했다. 하지만 행동을 통해 이따금 지도자가 되어 무리를 이곳에서 저곳으로 이끄는 임무를 맡았다. 휴고는 구달을 처음 보았을 때 여느 침팬지처럼 달아나지 않고 돌을 던졌다(다행히 빗맞았다). 휴고는 대담하되 지나치게 공격적이지는 않았다. 바나나를 너무 좋아해서 탈이긴 했지만. 한번은 커다란 새끼 개코원숭이를 잡았는데 친구들이 살점을 얻어먹으려고 기다리는데도 아홉 시간 가까이 혼자 앉아서 고기를 뜯어 먹었다. 휴고는 나이가 들면서 이빨이 닳고 몸이 쪼그라들었으며 딴 침팬지들이 사이좋게 지내는 것에 개의치 않고 곧잘 혼자 지냈다. 하지만 휴고의 무리에서 떨어져 나온 집단의 수컷 고디를 보자 수컷 다섯 마리와 합세하여 치명적 공격을 퍼부었다. 휴고는 고디를 물어뜯고 5킬로그램짜리 돌덩이를 던졌다(역시 빗맞았다). 휴고와 늙은 털 고르기 파트너 마이크는 유행성 폐렴에 걸려 같은 달에 죽었다.

넬슨

사회적 동물은 무리를 따라잡지 못하고 뒤처지거나 구성원들에게 따돌림당하면 곧잘 외톨이가 된다. 이들은 홀로 고요한 삶을 살아가기 때문에 나는 이들이 과거나 미래의 삶을 곱씹고 평온한 현재를 즐기는 철학자라는 생각이 든다. 탄자니아 응고롱고로 분화구에 사는 하이에나 넬슨은 그런 외톨이였다. 넬슨이 고초를 겪은 것은 단지 늙어서만은 아니었다. 수컷이어서 낮은 서열의 암컷에게까지 종속된 탓도 있었다. (하이에나는 여느 포유류와 달리 철저한 모계 사회를 이루고 산다.) 잡은 짐승이 작으면 암컷들이 넬슨에게 먹이를 나눠주지 않을 때도 있었다. 그러면 넬슨은 혼자서 먹이를 찾아 떠났다.

넬슨의 귀는 먹이와 암컷을 차지하려고 다투다가 뜯겨져 나갔으며 오른쪽 눈은 보이지 않았다. 넬슨은 걸을 때면 방향을 확인하기 위해 고개를 오른쪽으로 돌리고 다녀야 했다. 그래도 걸핏하면 풀이나 돌부리에 발이 걸려 넘어졌다. 한번은 굴 가까이에 있다가 발을 헛디뎌 입구 쪽으로 고꾸라졌다. 근처에 어미들이 있었다면 새끼들이 다칠까 봐 다짜고짜 공격했을 것이다.

넬슨은 여느 하이에나처럼 곧잘 털뭉치hairball를 게웠으며, 냄새나는 토사물 위에서 뒹굴고 소화되지 않은 뼛조각을 골라내는 일을 즐겼다. 이런 조각은 이미 반쯤 분해되었기 때문에 하이에나에게 별미다. 근처 새끼들은 넬슨의 털뭉치 위에서 뒹굴고 그 맛도 보았다. 넬슨이 가슴을 들썩들썩하며 털뭉치를 게우면, 새끼들은 주위에 모여들어 넬슨이 못하게 하기 전에 털뭉치를 전리품으로 챙겼다. 체면이 깎인 넬슨은 맘 편히 털뭉치를 게우고 싶어서 새끼들에게서 달아났다.

제인 구달은 넬슨에게 푹 빠졌다. 유독 순수한 바리톤 음성 때문이었다. 구달은 넬슨을 보지 않고도 목소리로 알 수 있었다. 하이에나는 소란하기로 유명하다. 무리의 구성원들은 독특한 울음소리를 내어 서로를 식별하는데, 넬슨은 유난히 목청이 컸다. 모든 사회적 교류 상황에서 하이에나 특유의 '우-우-흡' 하는 울음소리를 내면 무리의 모든 하이에나가 넬슨의 위치를 알 수 있었다. 이따금 조용한 소리로 우-우-흡 하면서 걸어다니기도 했는데, 어쩌면 넬슨이 자기 목소리를 음미하고 있었던 것인지도 모르겠다.

아메리카너구리

늙은 아메리카너구리Raccoon 역시 음악에 취미가 있는지도 모른다. 스털링 노스는 《아메리카너구리는 똑똑해》에서 뉴저지의 이웃집을 찾아온 아메리카너구리 수컷 이야기를 들려주었다. 이 늙은 수컷은 이웃집의 음악, 특히 바흐와 베토벤을 좋아했다. 어느 날 저녁 노스 부부가 이웃집을 방문했을 때 집주인이 베토벤의 〈교향곡 제9번〉 음반을 틀었다. 음악이 인근 숲으로 퍼져나가고 얼마 지나지 않아 이 늙은 아메리카너구리가 살며시 방충망을 열고 터벅터벅 걸어 들어와 오디오 스피커를 마주 보고 앉았다. 마지막 악장이 끝나자 녀석은 방충망을 빠져나가 조용히 숲으로 돌아갔다. 조애나 버거의 늙은 앵무새도 음악을 좋아하여 시도 때도 없이 노래를 흉내 냈고, 엘마 윌리엄스는 염소, 말, 닭 같은 가축이 라디오에서 흘러나오는 음악을 들으려고 모였다가 유악이 끝나고 아나운서 목소리가 나오면 돌아갔다고 말했으며, 베코프는 모차르트의 음악을 좋아한 45세 포획 코끼리를 언급한 바 있다.

아메리카너구리는 야생에서 기껏해야 10~12년을 사는데, 이때쯤 되면 이빨이 죄다 닳아 없어진다. 하지만 먹이를 가려서 주면 훨씬 오래 사는데, 노부부의 애완동물이던 제리는 커다란 우리에서 22년을 살았다. 아내는 매일 옥수수빵을 구워 깍둑썰기 해서는 따뜻한 우유랑 대구 간유 몇 방울과 함께 먹였다. 제리는 고통 없이 편안하게 죽었다. "세상에서 가장 잘 먹고 장수한 아메리카너구리"였을 것이다.

패치스

열두 살 난 스프링어 스패니얼 패치스는 사람들과 어울려 지내는 것보다 혼자 사는 것을 더 좋아했다. 패치스는 자기 주인이 6년 전에 버린 위니펙의 시골집 동쪽에서 살았다. 마음씨 착한 이웃들이 패치스를 데려가 키우려고 했지만, 차가 출발하면 패치스가 미쳐 날뛰며 차 안을 발기발기 찢어놓는 바람에 황급히 제자리에 데려다놓아야 했다. 이웃들이 개집을 두 채 지어줬지만, 패치스는 어느 곳에도 들어가려 하지 않았다. 겨울이면 집 아래나 낡은 판잣집에서 웅크린 채 추위를 피했다. 사람들이 찾아와 먹이와 물을 주었지만, 패치스는 영원한 동반자를 바라지 않았다. 패치스는 자거나, 나무 더미에 앉아 지나가는 차를 바라보거나, 숲에서 토끼를 사냥하면서 조용히 세월을 보냈다.

늑대

늑대는 부상을 당하여 무리 안에서 정상적으로 살지 못하게 되면 곧잘 외톨이가 된다. 그중 몇 마리는 살아남으려고 양이나 소를 잡다가 솜씨가 어찌나 좋아졌던지 늙어서 악명을 떨쳤다. 콜로라도 번스홀의 레프티는 왼쪽 다리가 덫에 걸린 뒤 고독한 악당이 되었다. 덫에서 빠져나오긴 했으나 발을 잃은 레프티는 결국 상처는 나았지만 평생 특이한 걸음걸이를 하며 살아야 했다. 그래서 자신에게 이런 피해를 입힌 인간에게 복수심을 품었으리라 생각하는 사람들도 있다. 늙은 레프티는 8년에 걸쳐 가축 384마리를 죽였다.

오리건 남부의 시카 울프, 사우스다코타 하딩 카운티의 스리 토스, 몬태나의 고스트 울프도 레프티 못지않게 악명을 떨쳤다. 이 세 마리의 서부 늑대가 손쉬운 사냥감인 가축을 먹잇감으로 삼은 것은 덫에 걸리거나 총상을 입어 부상을 당한 탓에 더는 야생동물을 잡을 수 없었기 때문이었다. 녀석들은 목장 관리인, 사냥꾼, 밀렵꾼, 독약, 헬리콥터, 비행기를 피하며 살아야 했기 때문에, 나이가 들면서 가축 사냥 솜씨가 일취월장했다.

늑대는 10세쯤이면 늙었다고 보지만 야생에서는 14세까지, 동물원에서는 16세까지 살 수 있다. 그때까지 살아남은 늑대는 이빨이 닳거나 부러진 채 혼자 돌아다니며, 죽은 동물의 고깃점으로 연명한다.

올드 모즈

불곰grizzly bear(Ursus arctos)도 악당 늑대처럼 이미지가 좋지 않다. 얼마 전까지만 해도 늙은 불곰은 나쁜 일로만 입에 오르내렸다. 올드 모즈Old Mose는 편안하게 어슬렁거리는mosey 습성 때문에 이런 이름이 붙었다. 해럴드 매크래컨은 《사람처럼 걷는 짐승: 불곰 이야기 The Beast That Walks Like Man: The Story of the Grizzly Bear》(2003)에서 올드 모즈 이야기를 들려주었다. 부제의 '이야기'는 여러 해 동안 곳곳에서 불곰이 학살된 사연을 일컫는다. 올드 모즈는 사람들이 자신을 울타리에 가두자 한 치의 망설임도 없이 울타리를 때려 부쉈다. 콜로라도에서 장수長壽하는 동안 소 약 800마리를 비롯하여 3만여 달러어치나 되는 가축을 죽였으며, 현상금을 노리고 자신을 쫓던 사냥꾼도 한 명 죽였다(다섯 명이라는 소문도 있었다). 이 현상금 사냥꾼들은 올드 모즈를 찾기 위해 로키 산맥 분수령을 가로지르는 지름 120킬로미터의 넓은 면적을 수색하던 중이었다.

에노스 밀스는 매크래컨에게 올드 모즈가 장난꾸러기라고 말했다. 여러 보고에 따르면 올드 모즈는 탐사업자나 야영객이 자는 야영지에 몰래 다가가 우레처럼 포효하며 텐트 사이를 돌진했다고 한다. 사람들이 걸음아 나 살려라 하고 흩어져 원숭이처럼 나무에 매달리는 광경을 보면서 올드 모즈가 즐거워했다고 주장하는 사람도 있었다. 어쩌면 자기 영역에서 인간을 몰아내고 싶었을 뿐인지도 모르지만 말이다. 올드 모즈는 자신을 해코지하려 들지 않는 사람에게는 결코 해를 입히지 않았다고 한다.

1904년 4월, 35세쯤 된 올드 모즈가 겨울잠에서 막 깨어나 허기진 채로 모습을 드러내자마자 잘 훈련된 사냥개 무리가 그를 궁지로 몰았다. 모즈는 총알 네 발을 맞았다. 모즈는 이빨이 멀쩡했으며, 털가죽 상태도 좋았고, 몸무게는 450킬로그램이 넘었다. 사람들은 이번에 모즈를 죽이지 못했더라면 앞으로도 여러 해 동안 가축을 잃을 뻔했다며 가슴을 쓸어내렸다.

베엘제붑

늙은 악당만이 포식자인 것은 아니다. 테리 쇼트는 《까마귀 날듯 *Not as the Crow Flies*》(1975)에서 자신과 동료 연구자가 온타리오 북부의 습지 근처에 임대한 오두막 바깥을 어슬렁거리던 데면데면한 말코손바닥사슴 이야기를 들려준다. 늙고 등이 굽은 이 말코손바닥사슴은 초라한 뿔에 피부 조각이 매달려 있었고(때는 초가을이었다), 얼굴이 여위었으며, 털가죽에는 옴이 올랐다. 녀석은 처음에 빨랫줄을 공격하여 속옷, 바지, 양말을 물어뜯었으며 침 범벅이 된 빨랫감이 키 큰 풀밭에 떨어지자 마구 짓밟았다. 이 광경을 보고 화가 난 쇼트는 녀석에게 다가가 욕설을 퍼부었다. 그러면 녀석이 달아날 줄 알았는데 오히려 천천히 몸을 돌리더니 쇼트를 향해 성큼성큼 다가왔다. 쇼트는 놀라서 황급히 오두막으로 물러나 쾅 하고 문을 닫았다.

그 뒤로 두 사람이 오두막에서 나오거나 들어가려고 하면 이 말코손바닥사슴, 베엘제붑 Beelzebub 은 땅바닥을 긁고 콧김을 뿜고 눈알을 굴리고 뿔을 흔들며 '자기' 땅에서 사람들을 몰아내려고 쫓아다녔다. 사람들은 베엘제붑이 오두막 앞쪽에 있으면 뒷문으로, 뒤쪽에 있으면 앞문으로 줄행랑쳤다. 쇼트는 자기 집에 매번 살금살금 잠입해야 하는 것이 진절머리 나서 베엘제붑에게 돌을 던져 몸통과 뿔을 맞혔다. 화가 난 베엘제붑은 속력을 한층 높여 쇼트를 쫓아다녔다.

온타리오 왕립박물관에 소장할 표본의 수집 작업이 끝나자 두 사람은 기차역까지 짐을 실어다줄 트럭 운전수를 고용했다. 그런데 운전수는 베엘제붑이 근처에서 얼쩡대는 모습을 보더니 차에서 내리려 들지 않았다. 대신 트럭을 후진하여 오두막 앞문에 딱 붙여서 상자들을 곧바로 트럭 짐칸에 실을 수 있도록 했다. 두 사람도 짐칸에 올라탔다. 운전수는 길을 따라 50미터쯤 가서 차를 세웠다. 그제야 두 사람은 베엘제붑에게 방해받지 않고서 앞쪽 좌석에 앉을 수 있었다.

클래런스

클래런스는 버림받은 참새였다. 아마도 유럽참새 house sparrow(*Passer domesticus*)였을 것이다. 클레어 킵스는 날지 못하는 클래런스를 직접 기르면서 몇 가지 기술을 가르쳤다. 클래런스는 기억력이 비상했다. 클래런스는 참새로서는 고령인 12세에 뇌졸중을 일으켰는데, 그제야 킵스는 클래런스의 퍼포먼스에 대한 기록을 하나도 남기지 않았다는 사실을 깨달았다. 카메라 앞에 선 클래런스는 6년 전에 마지막으로 공연했던 내용을 정확히 기억해내 보여주었다.

1941년 런던 대공습 기간에 젊은 클래런스의 퍼포먼스는 폭격에 지친 아이와 어른의 마음을 사로잡았다. 클래런스는 킵스와 줄다리기를 하고 카드를 뽑고 부리로 돌리는 묘기를 부렸다. 대단원의 마무리는 다음과 같았다. "킵스가 왼손 위에 오른손을 오므려 방공호처럼 지붕을 만들고서 '공습경보다!'(방공호에 대피하라는 신호)라고 외치자 클래런스가 킵스의 손안에 숨었다. 잠시 뒤 클래런스가 '공습경보가 해제되지 않았는지 알아보려는 듯' 고개를 빼꼼히 내밀자 객석에서는 박장대소가 터졌다." 전쟁이 끝나자 클래런스는 공연계에서 은퇴했다.

댄

캐나다의 저명한 경제사학자인 우리 아버지 해럴드 애덤스 이니스가 자서전에서 당신 아버지에 대해 쓴 글을 인용하며 이 장을 마무리하는 것이 좋겠다. 우리 아버지의 아버지 윌리엄 이니스는 1865년에 태어나 온타리오 시골에서 농부로 살았다.

(아버지의 첫 번째 말인 올드 댄은) 오랫동안 앓았는데, 어느 날 아침 마구간에서 데리고 나오려 하자 아버지에게 농장 뒤편으로 통하는 문으로 가자고 몸짓을 했다. 아버지는 말을 따라갔다. 녀석은 연신 나머지 문을 모두 열어두라는 시늉을 했다. 마침내 둘은 남쪽으로 3킬로미터 떨어진 오래된 집터에 도착했다. 그런 다음 둘은 마구간으로 돌아왔다. 녀석은 산책에 만족한 듯했으며, 돌아온 지 몇 시간 뒤에 숨을 거두었다. 이 일화는 말의 지

능뿐 아니라 아버지의 공감 능력에 보내는 찬사다.

늙은 동물이라고 해서 반드시 죽을 날만 기다리며 허송세월하는 것은 아니다. 앞의 이야기들에서 보듯 늙은 동물은 자신의 '개성'을 간직하며 삶에 만족한다. 더는 젊은 동물과 부대끼지 않지만 연장자로서의 조심성과 독립성을 잃지 않는다.

15장
적응할 것인가
못할 것인가

ADAPTING AND NOT ADAPTING

• 이 장에 나오는 주요 동물

세발톱거북

땅거북

병코돌고래

흑범고래

늙은 동물 중 일부는 새로운 상황에 쉽게 적응하지만, 개체나 집단에 따라서는 아예 적응하지 못하기도 한다. 아마도 이 차이는 뇌의 처리 방식과 관계가 있을 것이다. 거북과 땅거북tortoise은 아주 오랫동안 지구상에 살았지만, 비일상적인 사건이 일어났을 때 개체마다 독특한 반응을 보일 수 있다. 고릴라, 침팬지, 보노보 등의 영장류는 저마다 행동의 융통성이 매우 크며 코끼리와 돌고래도 마찬가지다. 하지만 사람이 인공적 조건을 부과할 경우 어떤 개체(이를테면 돌고래와 침팬지)는 완벽하게 적응하지 못할 수도 있으며, 적응의 실패로 무리 전체가 절멸하기도 했다(흑범고래).

적응

거북

늙은 개에게 새로운 재주를 가르칠 수 없다는 속담은 틀렸다. 늙은 동물은, 심지어 2억 년 가까이 지구상에 살았던 한 파충류목의 일원조차 새로운 경험을 흡수할 수 있다. 세발톱거북Nile soft-shelled turtle(*Trionyx triunguis*) 피그페이스는 워싱턴 국립동물원에서 거의 평생을 보냈는데 40년을 삭막한 사육장에 갇혀 지냈다. 일주일에 한 번 먹이로 주는 금붕어 열두 마리를 쫓아다니는 것이 유일한 낙이었다. 피그페이스는 '민첩하게' 금붕어를 추적하며 죄다 잡아먹었는데, 20분밖에 걸리지 않았다.

그러던 어느 날 피그페이스가 앞발을 물고 앞 발톱으로 목을 긁어 상처를 냈다. 사육사는 걱정이 되어서 장난감을 몇 개 줘야겠다고 마음먹었다. 이 현명한 조처로 피그페이스의 삶이 180도 달라졌다. 피그페이스는 농구공을 냄새 맡고 물고 물탱크 주위로 밀기 시작했다. 물에 뜨는 농구대는 씹고 흔들고 당기고 차고 들락날락 헤엄칠 수 있어서 더 신나는 장난감이었다. 피그페이스는 사육사가 물탱크를 채울 때 쓰는 호스로 줄다리기를 하기 시작했으며 머리에 물을 뿌려주면 좋아했다. 노는 법을 배운 것이다! 피그페이스는 몇 해 뒤인 1993년에 50세가 넘은 나이로 죽었다.

케냐 몸바사의 동물원에 사는 늙은 땅거북도 새로운 경험에 쉽게 적응했다. 2004년 12월 인도양에서 지진해일이 몰아닥치는 바람에 바다로 휩쓸려 고아가 된 300킬로그램짜리 아기 하마를 새 식구로 맞이한 것이다. 100세가 다 된 땅거북 음지는 아기 하마 오언보다 100배는 늙었지만 금세 친구가 되었다(하마는 정상적인 상황에서는 2년 이상 어미와 함께 지낸다). 둘은 함께 몸을 부비며 헤엄치고 돌아다니고 먹고 잤다. 음지는 노령에도 불구하고 후견자라는 새 역할을 선뜻 받아들였다.

고릴라

포획 실버백 고릴라 중에는 늙어서 유명해진 녀석들이 숱하게 많지만 잠보보다 유명한 녀석은 없다. 잠보가 유명해진 계기는 어떤 일을 했기 때문이 아니라 어린 소년에게 하지 않은 일 때문이었다. 잠보는 리처드 존스턴스콧의 책을 통해 널리 알려졌다.

1986년 8월의 어느 무덥던 날, 영국 저지 동물원에서 레반 메릿이라는 어린아이가 고릴라 가족을 최대한 가까이에서 보려고 난간 위로 몸을 기울이다 깊이 3.5미터의 물 빠진 해자에 떨어지고 말았다. 겁에 질린 관람객들이 다들 숨 죽인 채 얼어붙어 있는데 늙은 잠보가 무슨 일이 일어났는지 보려고 가족을 이끌고 어슬렁어슬렁 아이에게 걸어왔다. '작은 인간처럼 보이는군. 왜 꼼짝 않고 누워 있는 거지?' 잠보는 허리를 숙여 아이의 몸에서 킁킁 냄새를 맡더니 호기심 많은 나머지 고릴라와 아이 사이를 육중한 몸으로 가로막고 섰다. 그런 다음 1분 가까이 엉덩이를 대고 앉은 채 "이를 어째!" "하느님 맙소사!" "애한테서 떨어져!"라고 외치는 사람들의 겁에 질린 얼굴을 찬찬히 뜯어보았다.

잠보는 다시 아이에게 돌아서서 옷을 살짝 들추고는 검은 손가락으로 아이의 하얀 살결을 어루만졌다. 그러고는 손을 코로 가져가 냄새를 맡았다. 얼마 지나지 않아 의식을 되찾은 아이가 훌쩍거리며 몸을 뒤틀기 시작했다. 그러자 위에서 사람들이 이구동성으로 소리를 질러댔다. "움직이면 안 돼!" "소리 내지 마!" "조심해!" "뭐라도 해봐요!" "사육사는 어디 갔지?" 소란에 놀란 잠보는 돌아서서 근심 어린 표정으로 나머지 고릴라를 이끌고 우리로 돌아갔다. 그러자 사육사가 재빨리 우리 문을 잠갔다.

사육사들이 아이를 구출하는 동안 구경꾼들은 자기들이 본 광경을 서로 이야기하고 또 이야기했다. 잠보는 위협적인 존재에서 영웅으로 탈바꿈했다! 힘없는 아이를 다른 고릴라가 해코지하지 못하도록 아이를 지키고 고릴라를 쫓아 보낸 것이다! 레반은 완전히 회복되었으며, 현명한 늙은 고릴라 덕에 목숨을 구한 소년으로 유명해졌다.

잠보는 고릴라의 상징이 되어 여러 텔레비전 프로그램에 출연했다. 동식물보전협회Fauna and Flora Preservation Society는 잠보의 이미지를 활용하여 고릴라가 피에 굶주린 짐승이 아님을 홍보했다. 《킹콩》 같은 영화와 (고릴라 사냥을 정당화하려는) 사냥꾼들이 잘못된 정보를 퍼뜨렸지만, 사실 고릴라는 아프리카 밀림에서 방해받지 않고 살아가야 할 평화로운 채식주의자다.

잠보는 레반 사건 전부터 유명했다. 포획 상태에서 태어나 젖병이 아니라 어미젖으로 자란 첫 고릴라였기 때문이다. 잠보는 다른 고릴라를 존중하고 그들에게 존경받는 실버백의 본보기였다. 호전적일 때도 있었지만, 믿기지 않을 정도로 다정하기도 했다. 한번은 자기 먹이를 훔치는 찌르레기를 잡았는데 요조모조 살펴본 뒤에 그냥 풀어주었다. 또 한번은 한 여인이 사육장 안에 떨어뜨린 안경을 위로 던져 올리기도 했는데, 사육사가 안경을 받아 주인에게 돌려주었다. 잠보는 호스를 가지고 노는 것을 좋아해서, 손발을 씻으면서 주위를 물바다로 만들었다. 간지럼도 좋아했다. 눈을 꼭 감고 입을 크게 벌린 채 웃음을 주체하지 못했다.

잠보는 열다섯째 증손자가 태어난 직후인 1992년에 동맥류로 죽었다. 당시 몸무게는 180킬로그램, 신키는 178센티미터였다. 잠보를 기려 제정된 잠보 상은 "우리와 세상을 공유하는 동물 종의 참된 본성과 필요를 더욱 인식하는"데 기여한 개인과 단체에게 수여한다. 최초의 상금 100파운드는 밀렵꾼에게 도살당한 산고릴라 디짓을 기리기 위해 다이앤 포시가 설립한 디짓 기금(지금은 다이앤 포시 고릴라 기금으로 바뀌었다)에 돌아갔다.

애틀랜타 동물원의 41세 고릴라 수컷 윌리 B는 사육사 찰스 호턴과 함께 놀이를 하나 고안했다. 관람객이 껌을 씹고 있으면 윌리는 사육장 앞쪽으로 다가와 입을 오물거렸다. 윌리가 뭘 먹고 있느냐고 관람객이 물으면 사육사 호턴은 윌리 입에 아무것도 없으며 껌을 씹고 싶어 한다고 대답했다. 그러면 대부분의 관람객은 윌리에게 껌을 줬다. 그러면 윌리는 먹이 주는 곳으로 걸어가 호턴이 오기를 기다렸다가 그에게 껌을 건넸다.

침팬지

취리히 동물원장을 지낸 하이니 헤디거는 유인원과 원숭이가 입안에 물을 머금었다가 관람객이 가까이 오면 내뿜는다는 사실을 알고 있었다. 그래서 근처에서 사진을 찍은 뒤에 늙은 침팬지 우리를 지나갈 때면 늘 조심했다. 어느 날 헤디거가 보니 침팬지는 통로를 등지고 무심하게 앉아 발가락 장난을 하며 자기에게는 신경을 쓰지 않았다. 뺨에 물이 들어 있는 것 같지는 않았다. 하지만 헤디거가 우리 정면을 지날 때 침팬지가 몸을 홱 돌리더니 우리 앞쪽으로 뛰쳐나와 3.5미터 거리에서 따끈한 물을 헤디거에게 끼얹었다. 장난꾸러기 침팬지는 처음부터 헤디거에게 물을 내뿜을 생각이었음이 틀림없었다. 동물심리학자 헤디거는 옷이 젖어서 당황했지만, 침팬지의 장난이 성공한 것이 기뻤다. 또한 침팬지에게 이런 장난을 생각해낼 지능이 있다는 사실과 포획 동물에게 무료함을 달랠 장난감이 필요하다는 사실을 똑똑히 알게 되었다.

그런가 하면 늙은 보노보 수컷 한 마리는 머리를 써서 다른 보노보들의 목숨을 구했다. 어느 날 샌디에이고 동물원에서 카코웨트가 갑자기 사육사 쪽 유리창으로 다가와 울부짖으며 미친 듯이 팔을 흔들었다. 야외 사육장 주변을 두르고 있는 2미터 깊이의 해자를 청소하기 위해 물을 빼냈다가 청소를 끝내고 다시 물을 채우기 위해 밸브를 돌리려는 참이었다. 그곳에서 오래 살아온 카코웨트는 청소 작업에 대해 잘 알고 있었다. 사육사들이 무슨 일인가 하고 살펴보니 어린 보노보 여러 마리가 물이 빠진 해자로 내려가 놀다가 미처 빠져나오지 못한 상태였다. 사육사들은 사다리를 내려주었고, 가장 어린 한 마리를 빼고는 모두 무사히 탈출했다. 혼자서 올라오지 못한 어린 새끼는 카코웨트가 직접 끌어올렸다. 모두 무사했다.

코끼리

아프리카코끼리와 인도코끼리는 야생에서 인간의 활동을 접하면 곤란해진다. 농부의 식량에 너무 훌륭하게 적응하는 탓이다. 인도에서는 인구가 팽창하면서 코끼리가 사는 숲이 상당수 벌목되어 농경지로 바뀌었다. 늙은 코끼리는 바나나, 망고, 코코넛, 사탕수수, 곡물 등 마을 인근에서 자라는 식물을 맛있게 먹은 기억을 간직하고 있다. 코끼리, 특히 수컷 코끼리는 곧잘 이런 작물을 습격하여 큰 피해를 입힌다. 저녁 6시에 밭에 도착한 늙은 수컷 한 마리는 열두 시간 동안 꾸역꾸역 기장을 먹어 무려 250킬로그램가량 먹어치웠다. 울타리를 쳐도 코끼리의 힘을 당해낼 수 없고, 불 옆에서 사람이 지켜도 결과를 장담할 수 없다. 힌두교에서는 코끼리에게 총 쏘는 것을 금지하기 때문이다. 해마다 150~200명이 야생 코끼리에게 죽임을 당한다.

돌고래

병코돌고래는 사람을 경계하는데, 여기에는 그럴 만한 이유가 있다. 케네스 노리스는 돌고래를 포획 상태에서 연구하고 싶어서 배(제로니모 호)를 장만하여 샌디에이고 만의 병코돌고래 무리에게 접근해 그물로 몇 마리를 잡기로 했다. 그중 하나가 스카백이었다. 오래전에 배와 충돌하면서 등지느러미와 꼬리를 깊이 베인 탓에(지금은 나아서 흰색으로 바뀌었다) 사람들이 쉽게 알아볼 수 있었다. 스카백도 제로니모 호를 알아보았다. 예전에 노리스가 쳐놓은 그물을 뛰어넘고(이렇게 할 수 있는 돌고래는 흔치 않다) 딴 그물 사이로 빠져나간 전력이 있었기 때문이다.[12]

노리스는 날이면 날마다 스카백의 무리를 쫓아다녔지만, 늙은 현자 스카백은 돌아가는 상황을 금세 눈치챘다. 제로니모 호가 다가올 때마다 스카백이 수면으로 올라와 한쪽 눈으로 배를 쳐다보면 무리가 자리를 떴다. 스카백은 제로니모 호가 적이라는 것을 알았다. 겉모습 아니면 독특한 엔진 소리(이쪽이 가능성이 크다)로 판단했을 것이다. 선장이 노리스에게 말했다. "소용없습니다. 도저히 가까이 못 갈 겁니다. 선생님께서 알기도 전에 저기 예인선의 선수파船首波를 탈 거라고요." 선장의 말대로 스카백과 동료들은 예인선 옆에서 근육 하나 움직이지 않은 채 파도를 타고 있었다. 새러소타 만 안팎의 따스한 플로리다 바닷물에서 살아가는 병코돌고래 100마리 중 절반은 꽤 늙은 개체로, 무선 송신기나 30년 전 사진으로 식별할 수 있었다. 일부 암컷은 50대까지 살지만, 덩치가 훨씬 큰 수컷은 대부분 마흔 전에 죽는다. 암컷은 성인기 내내 번식하며 일부는 48세에 새끼를 낳고 그 뒤로 몇 해에 걸쳐 기르기도 한다. 어미는 늙을수록 육아 경험이 많고 새끼를 성공적으로 기른다. 젊은 암컷의 첫 새끼는 성년기까지 살아남는 일이 드물다.

스카백 무리의 꾀를 당하지 못한 노리스는 멕시코의 캘리포니아 만 위쪽에서 병코돌고래를 잡는 것으로 계획을 변경했다. 그곳에는 "길이 3.4미터가량에 몸무게 365킬로그램을 웃도는 늙고 뚱뚱한 가부장들"이 이끄는 큰 규모의 무리가 많았다. 돌고래들은 새우잡이 저인망 어선 사이를 뛰놀며 새우잡이 어부들이 잡어를 버릴 때 공짜 식사를 하려고 기다렸다. 하지만 아마도 '늙고 뚱뚱한 가부장'이 무리를 이끌었을 이곳에서도 돌고래들은 똑똑해서 그물에 걸리지 않았다.

노리스는 간신히 돌고래 몇 마리를 연구용으로 잡을 수 있었다. 예전 연구자들은 돌고래를 야생에서 잡아 평생 가두어 길렀다. 하지만 이렇게 갇혀 지내는 것은 돌고래에게 해롭지 않을까? 캐럴 하워드는 《돌고래 연대기Dolphin Chronicles》(1995)에서 지적인 동물 돌고래를 세심하게 배려하는 최근의 경향을 소개했다. 요즘은 돌고래를 포획하여 몇 해 동안 연구한 뒤 바다로 돌려보낸다. 그러고는 몇 해에 걸쳐 주의 깊게 모니터링 하는데, 이 돌고래들은 자신이 처음 잡힌 곳에서 다시 살아갈 수 있는 것으로 보인다. 이들이 긴 여생을 정상적으로 보내길 바란다.

부적응

　　돌고래 앨리스와 침팬지 비에유처럼 어떤 동물들은 포획의 충격 때문에 자신에게 요구되거나 기대되는 행동을 하지 못하기도 한다. 포유류나 조류 무리가 전혀 새로운 상황에 노출되었을 때 늙고 경험 많은 지도자와 그 추종자는 알맞게 대처할 수도 있고 그러지 못할 수도 있다. 그것은 뇌의 배선이 어떻게 되어 있느냐에 따라 결정된다. 진화 과정에서 그런 상황을 한 번도 겪지 못해 그에 대한 반응이 뇌에 새겨져 있지 않으면 문제가 생길 수 있다. 현재 지구를 주름잡는 인간의 활동은 많은 문제를 일으켰다. 이를테면 미국 서부 개척자들이 울타리를 세우고 초원을 경작지로 개간하자 영양붙이 무리는 수백 년 동안 누비고 다니던 서식처를 빼앗겼다. 울타리를 뛰어넘으려면 길고 가느다란 다리뼈가 부러질 각오를 해야 하며, 울타리 밖으로 빠져나가는 길을 찾지 못해 죽은 녀석도 많았다.

　이런 상황은 흑범고래 같은 일부 동물에게는 단순한 문제가 아니라 재앙이었다. 흑범고래는 여느 돌고래나 고래처럼 뇌가 크지만, 그렇다고 해서 반드시 지능이 뛰어난 것은 아니다. 그들에게 큰 뇌가 필요한 이유 중 하나는 수생 환경에 대처하는 체계, 특히 정교한 이동을 감독하고 반향정위 신호음을 보내고 받고 해석하는 체계를 담아야 하기 때문이다.

돌고래 앨리스

늙은 포획 병코돌고래 앨리스는 소심하고 수줍음이 많았다. 꽤 오랫동안 자유롭게 살았던 앨리스는 충격적인 변화를 겪게 되었다. 돌고래는 정기적으로 수조를 청소해줘야 하는데, 그러려면 연결된 다른 수조로 옮겨야 한다. 앨리스는 그때마다 고역을 치렀다. 앨리스가 똑바른 방향으로 가도록 하려면 그물로 뒤에서 밀어야 했다. 앨리스는 2.4미터 너비의 문에 가까이 가면 옆으로 누워 단말마의 비명을 질렀다. 억지로 입구에 밀어 넣으려 하면 발작적으로 물러나는데, 그러다 그물과 뒤엉키기도 했다. 동물학자 케네스 노리스는 앨리스가 익사할까 봐 수조에 뛰어들어 180킬로그램짜리 몸뚱이를 수면으로 끌어올려 숨 쉴 수 있게 해줘야 했다. 그러고는 겁에 질려 삑삑 소리를 내는 앨리스를 새 수조에 밀어 넣었다. 앨리스가 얼마나 괴로워했던지 며칠이 지나야 실험을 진행할 수 있었다. 앨리스는 지능이 정상 이하이기는커녕 돌고래가 밤이나 뿌연 물속에서 어떻게 물고기를 '보고' 잡는지 밝혀내는 중요한 연구의 훌륭한 피험자였다. 앨리스는 중년일 때 미 해군에 연구용으로 포획되었다. 나이가 들자 노리스가 실험용으로 앨리스를 임대했다. 30대를 훌쩍 넘긴 탓에 등지느러미는 가장자리가 닳고 피부에는 흉터가 줄무늬처럼 나 있고 몸통은 울룩불룩했다.

1950년대 초에는 해양수족관oceanarium(대양이나 심해에 사는 어류나 포유류 등의 해양동물과 해양식물들을 전시하기 위해 염수로 채워 만든 수족관_옮긴이)이 전 세계에 단 한 곳, 플로리다 세인트오거스틴에만 있었다. 고래와 돌고래에 관심이 있는 사람은 거의 없었다. 포획 상태에서 오래 사는지, 묘기 훈련을 시킬 수 있는지 아는 사람도 전혀 없었다. 돌고래가 칠흑 같은 어둠 속에서 반향정위를 이용하여 물고기를 잡는다는 사실, 돌고래와 고래가 종에 따라 사회 구조가 다양하다는 사실을 아는 사람 또한 한 명도 없었다. 고래잡이의 기록을 제외하면 야생 고래와 돌고래의 행동에 대해 알려진 바가 거의 없었다. 고래잡이들은 수십 년에 걸쳐 고래와 돌고래를 해마다 수만 마리씩 도살했다.

노리스는 로스앤젤레스에 태평양 머린랜드라는 두 번째 해양수족관을 짓기 위해 채용되었다. 해양수족관에서 해양포유류를 전시하는 일에 열심이었던 노리스는 훗날 해양포유류를 연구하기로 결심하고 캘리포니아 대학 로스앤젤레스 캠퍼스UCLA의 교수가 되었다.

노리스와 동료 로널드 터너가 궁금했던 것은 '돌고래가 소리만을 이용하여 얼마나 정교하게 구별해낼 수 있을까?'였다. 앨리스는 나이가 많았지만 이 물음에 답을 줄 수 있었다. 앨리스는 고무 빨판을 눈가리개처럼 쓰고서 물속에 매달려 있는 공 두 개 중 더 큰 것 앞에 있는 손잡이를 주둥이로 누르면 상으로 물고기를 받았다. 앨리스가 그냥 추측한 거라면 시도 중에서 절반은 맞고 절반은 틀렸을 것이므로 노리스와 터너는 시험을 여러 번 반복했다. 앨리스가 왼쪽이나 오른쪽의 방향을 기준으로 선택하는 게 아니라 크기를 기준으로 선택하도록 공의 위치를 무작위로 바꿨다. 두 사람은 오랫동안 실험을 진행하면서 앨리스가 크기를 얼마나 정교하게 구분하는지 알아내기 위해 두 공의 크기를 점점 비슷하게 했다. 실험에 쓰인 공은 지름이 1.27~6.35센티미터였다.

처음에 앨리스는 눈가리개를 쓰지 않으려고 했다. 노리스와 터너는 앨리스가 눈가리개를 거부할 때마다 '타임아웃'을 선언하고는 수조를 떠나 앨리스의 시야에서 사라졌다. 버림받은 앨리스는 당황하여 몸을 곤추세운 채 수조 가장자리를 둘러보며 두 사람이 어디 있는지 찾았다. 두 사람이 앨리스를 이렇게 20초 이상 '처벌'한 뒤에 돌아오면 앨리스는 고분고분하게 실험에 참여했다.

그해 말이 되자 앨리스는 실험에 익숙해져 아무런 차질 없이 며칠 동안 실험을 계속할 수 있었다. 매일 아침 눈가리개를 하고는 수중 신호에 따라 커다란 원을 그리며 헤엄치는데, 숨을 쉬려고 수면으로 올라왔다가 다시 들어가 실험 장치 쪽으로 헤엄치면서 끽끽 소리를 연달아 냈다 (소리는 수중 청음기로 들을 수 있었다). 앨리스가 작은 공 앞의 손잡이를 누르면 자동 먹이 공급기에서 아무런 소리 신호도 나지 않는데, 그러면 앨리스는 화가 나서 휙 돌아서서는 다시 원을 그리기 시작했다. 올바른 손잡이를 누르면 먹이 공급기에서 끽끽 소리가 나면서 물고기가 나오고 앨리스는 냉큼 받아먹었다. 그러면 공이 위로 올라갔다가 난수표에 따라 무작위로 위치를 바꾸거나 바꾸지 않은 채 다시 내려와 또 다른 실험이 시작되었다.

앨리스가 두 공을 완벽하게 구분하면 공 크기를 더 비슷하게 바꿔 실험이 재개되었다. 앨리스는 처음에는 실수를 많이 저질렀지만 점차 정확해졌다. 크기가 똑같은 공을 매달면 앨리스에게 돌아오는 반향 패턴이 한 가지뿐이기 때문에 앨리스는 아무것도 선택할 수 없다고 말하는 듯 어느 손잡이도 누르지 않았다. 결국 앨리스는 지름이 1.91센티미터밖에 차이 나지 않는 공을 무작위 선택 확률보다 훨씬 높은 77퍼센트의 확률로 구분해냈다. 실험은 이 시점에서 중단되었는데, 해군에서 앨리스를 돌려받고 싶어 했기 때문이었다. 앨리스는 과학자들의 눈과 마음을 열어주었으며, 돌고래가 수생 환경에 훌륭하게 적응할 수 있음을 처음으로 입증했다.

결국 노리스는 앨리스를 사들이기로 마음먹었다. 단점에도 불구하고 자신에게 소중한 존재가 되었기 때문이었다. 노리스는 앨리스를 캘리포니아에서 하와이로 데려갔다. 자연의 햇빛을 쬐자 앨리스의 옅은 회색이 금세 짙은 납빛으로 바뀌었다. 아침마다 노리스가 앨리스의 은퇴자 수조로 걸어가면 앨리스는 여느 때처럼 활기찬 두 음정의 울음소리를 내며 반겼다. 하지만 어느 날 앨리스가 아무런 반응을 보이지 않았다. 헤엄치기를 중단하고 수조 바닥으로 가라앉은 것이다. 노리스는 "사랑하는 오랜 벗에게 작별 인사를"이라고 비문碑文을 썼다.

침팬지 비에유

포획의 충격으로 고통받는 동물은 앨리스 말고도 많다. 콩고에서는 '라 비에유La Vieille'(프랑스어로 '나이 든 여인'이라는 뜻_옮긴이)라는 이름의 늙은 침팬지가 작은 콘크리트 우리에서 여러 해 동안 홀로 살았다. 비에유는 동물원의 침팬지 무리에 속해 있었는데 동물원은 대부분 방치된 상태였다. 여러 해 전에 걸쇠가 부서져 우리 문이 활짝 열려 있었지만 비에유는 비좁은 우리에서 한 번도 나오지 않았다. 비에유는 자유롭다는 것이 어떤 것인지 기억하지 못했으며 우리 속의 친숙함을 더 좋아했다.

흑범고래에게 닥친 재앙

어떤 종이 전혀 새로운 경험을 하게 되면(가장 흔한 경우는 난생처음으로 인간의 활동에 노출되는 것이다) 그 결과는 재앙이 될 수도 있다. 이런 동물(주로 해양포유류)은 고정된 행동 패턴이 없거나 합리적 대처 능력이 없는 경우가 흔하다.

끔찍한 사례로 태평양 서부에 사는 흑범고래가 있다. 흑범고래는 범고래orca를 닮아서 범고래붙이pseudorca(*Pseudorca crassidens*)라고도 한다. 거두고래의 가까운 친척이며 길이가 6미터가량인 거대하고 새까만 돌고래다. 짐 놀먼은《침범당한 국경*The Charged Border*》(1999)에서 경험 많은 늙은 암컷을 선두로 일본 본토 혼슈 섬을 따라 남쪽으로 헤엄치던 열 마리의 흑범고래 무리 이야기를 들려준다. 암컷 한 마리는 3주 전에 사산한 새끼를 가슴지느러미로 감싸거나 주둥이로 튕기면서 여전히 데리고 다녔다. 암컷이 바다에서 650킬로미터 넘도록 새끼를 데리고 다니느라 무리의 진행 속도가 느려졌다. 무리 중 한 마리가 6미터 아래에서 헤엄치는 고등어 무리를 반향정위로 발견하자 우두머리 암컷은 분수공을 조여 공기를 내뿜어 사냥 신호를 보냈다. 다시 한 번 짧은 파열음을 세 차례 내뿜어 신호를 보내자 흑범고래 열 마리가 열 방향에서 고등어 무리를 향해 곤두박질했다. 녀석들은 공처럼 모인 고등어 주변에서 물을 첨벙거리고 꼬리를 흔들어 고등어 무리를 혼란에 빠뜨리며 안쪽으로 몰았다. 우두머리가 휘파람을 짧게 두 번 울리자 흑범고래들은 일제히 날카롭게 끽끽 소리를 내며 고등어들을 어리둥절하게 했다. 가장자리에 있는 고등어들은 옴짝달싹 못하는 신세가 되었다.

경험 많은 암컷이 은빛 밥상을 차리자 흑범고래 무리는 가장 어린 새끼부터 차례로 고등어 덩어리에 달려들어 몇 마리를 통째로 삼킨 뒤에 제자리로 돌아갔다.

다들 배부르게 먹은 뒤에 무리는 다시 남쪽으로 출발했다. 힘들면 수면에서 쉬다가 다시 헤엄쳤다. 하루 반이 지나 무리는 일본의 한 어장에

도착했다. 초승달 아래에서 오징어를 잡으려고 어선이 많이 모여 있었다. 어부들은 갈고리 달린 긴 낚싯줄을 바닷속으로 내렸다. 흑범고래 한 마리는 오징어를 하루에 45킬로그램가량 먹어치우기 때문에 어부들은 낚싯줄이 습격받고 있음을 알아차렸다.

늙은 우두머리 암컷은 근처에서 대규모의 고등어 무리가 헤엄치고 있음을 알리는 독특한 박자의 휘파람 소리를 내어 무리를 불러모았다. 한편 16킬로미터 밖에서는 어선들의 디젤 엔진 소리가 들려왔다. 여러 해 동안 고래와 돌고래가 기다란 낚싯줄에서 오징어를 숱하게 훔쳐 먹은 탓에 어부들이 화가 단단히 나 있었지만, 우두머리 암컷은 주의를 기울이지 않았다. 어부들이 10년 동안 병코돌고래와 흑범고래를 한데 몰아 죽였지만, 우두머리 암컷은 위험을 알아차리지 못했다. 요란한 소리를 내는 어선 반대쪽으로 무리를 이끌기는커녕 먹이를 찾아 깊이 잠수하고 동료들과 소통하고 노래하고 심지어 졸기까지 했다.

일본 어선 400척이 흑범고래를 에워쌌다. 각 어선은 쓰킨보つきんぼう라는 아연도관을 물속에 집어넣었다. 도관은 한쪽 끝이 나팔 모양이었는데, 무선 신호를 보내면 귀청이 떨어질 것 같은 굉음을 울렸다. 이 장치를 쓰면 엄청난 소음 때문에 흑범고래들이 서로 의사소통할 수 없어 심리적으로 무력화된다. 우두머리 암컷은 신호로 탈출로를 알리려 했지만 아무도 신호를 들을 수 없었다. 생전 처음으로 반향정위가 무용지물이 되었다. 흑범고래들은 왜 이런 난국이 찾아왔는지 영문을 알 수 없었다. 바싹 붙은 채 놀라서 몸부림치다 마침내 단념하고 말았다. 어부들이 쳐놓은 그물 아래로 헤엄쳐 달아나거나 그물을 찢을 수 있었지만 어느 것도 시도하지 않았다. 우두머리 암컷은 무리가 한데 머무르기를 바랐는

지도 모르겠다. 빵빵하게 부푼 사산아를 제 앞으로 밀어대는 젊은 암컷이 새끼를 버리지 않을 것임을 알았는지도 모르겠다. 흑범고래들은 이런 위기를 한 번도 겪어보지 못했으며 아무런 대책이 없었다.

어부들은 어선과 그물을 동원하여 흑범고래를 '죽음의 만'이라는 곳으로 몰아넣었다. 흑범고래들은 바닷가에 떠내려와 열두 시간 동안 뜨거운 햇볕 아래서 한 마리씩 천천히 죽어갔다. 녀석들은 죽음을 달게 받아들이는 듯했다. 흑범고래는 뇌가 크고 자라면서 더 커지지만, 인간의 함정에 대항하여 싸울 엄두를 내지 못한 것으로 볼 때 인간의 관점에서 그다지 똑똑하지는 않은 듯했다. 하지만 학살은 이번만이 아니었다. 돌고래 학살은 불법이지만 일본 바닷가에서는 해마다 무방비 상태의 돌고래 2만 3,000마리가 죽임당하고, 페로 제도에서는 거두고래 2,300마리가, 노르웨이와 아이슬란드, 일본의 난바다外海에서는 참고래 2,300마리가 살육당한다.

먼 어장에서 플로리다 인근으로 떠내려온, 상처 입은 커다란 흑범고래 수컷은 일본에서 잔인하게 학살당한 열 마리와 달리 무리 곁에서 편안한 죽음을 맞이했다. 무리는 이 늙은 수컷을 따라 얕은 바다까지 와서 이틀간 번갈아가며 그의 몸을 떠받쳐 내부 장기가 바다 밑바닥에 가라앉지 않고 분수공이 물 위에 올라와 있도록 했다. 그가 죽은 뒤에야 사체를 난바다로 떠내려 보내고 자기들도 떠났다.

늙은 동물은 젊은 동물과 마찬가지로 새로운 환경에 적응할 수도 있고 적응하지 못할 수도 있다. 이 장의 사례들에서 보듯 훌륭하게 적응하는 늙은 동물도 많지만, 전혀 새로운 상황을 맞닥뜨리거나 포획 등으로 인해 스트레스를 받으면 제 능력을 발휘하지 못하기도 한다.

16장
열정이
소진되면

ALL PASSION SPENT

• 이 장에 나오는 주요 동물

일본원숭이

물소

누

워터벅

길고 파란만장한 삶을 보낸 뒤에, 많은 동물은 모든 열정을 소진한 채기꺼이 활동을 줄여간다. 앞에서 우리는 오랜 삶으로 지쳤지만 편안한두 쌍의 고릴라 베토벤과 에피, 라피키와 코코를 살펴보았다. 이 장 전반부에서는 집단 연구 프로젝트의 일환으로 직접 연구한 영장류 종(일본원숭이, 필리핀원숭이, 개코원숭이, 침팬지)의 늙은 동물에 대해 설명할 것이다. 그다음으로 현장 과학자들이 연구 과정에서 우연히 관찰한 늙은 동물(물소, 부시벅영양, 사자, 누, 붉은사슴, 워터벅, 참고래, 코끼리)을 언급할 것이다. 마지막으로, 사람의 통제하에 있는 늙은 동물(아시아의 농사용 코끼리,포획 호랑이, 개)을 살펴본다.

집단 연구

원숭이

일본원숭이에 대해서는 상세한 연구가 이루어졌다. 이름만 놓고 보면 일본에 가야 관찰할 수 있을 것 같지만 지금은 텍사스에도 산다. 1950년대에 교토 인근 숲에서는 아라시야마 무리의 일본원숭이 서른네 마리가 야생으로 살아가고 있었다. 일본원숭이들이 매일 무엇을 하는지 알기란 쉬운 일이 아니었기에, 호기심 많은 동물학자들은 숲 근처 공터에 고구마를 뿌려놓고 녀석들의 행동을 관찰했다.

먹이를 공급하자 일본원숭이들은 모습을 드러냈을 뿐 아니라 금방 개체 수가 늘어 A 무리와 B 무리의 두 딸 무리로 나뉘었다. A 무리는 약 150마리로 이루어졌는데, 멀리까지 원정 다니며 농장과 농가를 습격하여 먹이를 훔쳤다. 격분한 사람들은 원숭이를 사살하는 방안을 고려했고, 연구자들은 경악했다. 그래서 1972년 일본과 미국의 과학자들은 이 일본원숭이들을 미국에 보내기로 합의했다. 새 무리의 터전은 텍사스로 정해졌다. 처음에는 러레이도 인근에 울타리 친 넓은 사육장을 마련했다가 나중에 딜리 근처로 옮겼다. 무리의 이름은, 아직도 일본에 살고 있는 친척인 아라시야마 동부 무리와 구별하기 위해 '아라시야마 서부 무리'로 지었다.

늙은 암컷 몇 마리는 일본의 무리에 남았는데, 오사카 대학의 나카미치 마사유키는 일본원숭이의 노년에 흥미를 느껴 이들을 관찰하기로 마음먹었다. 나카미치는 늙은 암컷이 젊은 자매들과 다르게 행동하는지 궁금했다. 그래서 11~29세 사이의 암컷 열네 마리가 무엇을 하는지 사흘에 걸쳐 하루 열 시간씩 관찰했다. 절반은 22세 밑이었고 절반은 그 위였다. 세 차례 관찰하는 동안 연구자마다 각 암컷의 행동과 어떤 동료가 곁에 있는지를 10초 단위로 기록했다. 그 덕에 나카미치는 분석할 데이터가 산더미였다. 여기서 살펴볼 최연장자들인 Op(29세), Gl(28세), Op의 자매 Yu(27세)에 대한 관찰 결과는 1만 건이 넘었다. 이 어미 중 누구도 지난 5년간 새끼를 낳지 않았으며 살날이 몇 해 남지 않은 상태였다.

관찰 결과에 따르면 늙은 암컷은 쉬는 시간이 젊은 암컷에 비해 훨씬 길었으며 털 고르기 같은 사회적 상호작용에 덜 참여했다. 털 고르기는 보답으로 털 고르기, 덜 공격하기, 희소 자원에 대한 접근권 증가, 갓난 새끼에 대한 접근 등과 바꿀 수 있는 교환재로 간주되며 심리적 유대감을 강화하는 데에도 중요하다. 다행히 이 세 마리는 무심한 태도에도 불구하고 지배력을 잃거나 최상의 먹이에 대한 권리를 빼앗기지 않았다. (지배력을 판단하기 위해 원숭이 두 마리 사이에 땅콩을 놓고 누가 집는지 살펴보았다.) 젊을 때 지배적인 암컷은 평생 지배적 암컷으로 지내되 자식에게는 종속적이 되기도 한다. Op는 대부분의 암컷에게 지배적이었으나 딸 네 마리 중 한 마리와 손녀 두 마리에게는 종속적이었다. Gl은 딸 다섯 마리 중 세 마리와 손녀 한 마리에게 종속적이었다. Op와 Gl은 장성한 딸들과는 가깝지 않았으며 어린 딸들과 시간을 보냈다.

털 고르기는 쌍방의 사회적 결속을 다지는 역할을 하며 사회적 활동을 나타내는 최상의 진단 기준이었다. Op와 Gl은 다른 원숭이의 털을 골라주는 일에는 완전히 태만했다. 즉, 한 번도 털을 골라주지 않았다. 이들과 Yu는 자기 털을 고르는 일도 거의 없었다. Op는 10시간이 지나도록 자기 털을 단 한 번 골랐다. 털 고르기는 사회적 결속 때문만이 아니라 기생충 때문이기도 하기에, 늙은 원숭이는 몸을 자주 긁었다. 다른 원숭이들이 이따금 Op와 Gl의 털을 골라줬지만, Yu는 다른 원숭이들의 털을 골라주고 자기도 (두 원숭이보다 더 많이) 보답을 받았다. Yu는 Op나 Gl과 달리 수컷과 시간을 보내며 종종 털을 골라주었다. 대체로 이 늙은 원숭이들은 털 고르기에 그다지 열중하지 않았고, 키울 새끼도 없었으므로 사교적인 젊은 자매들에 비해 혼자 보내는 시간이 많았다.

이후에 나카미치는 늙은 암컷들이 어떤 행동을 하는지뿐 아니라 이들이 어디에 사는가에 따라 행동이 달라지는지도 알아보기로 마음먹었다. 아라시야마 무리는 일본과 텍사스에 나뉘어 있었으므로 연구 대상으로 제격이었다. 각 무리는 몇 세대 전에 같은 무리에 속했으나 이제는 다른 환경에서 살아가고 있었다. 이론상 이 상황은 유전과 환경의 영향을 비교하기에 적합했다.

뚜껑을 열어보니 늙은 원숭이의 행동은 두 집단 사이에 거의 차이가 없었다. 나카미치의 앞선 연구에서처럼 늙은 암컷은 대부분의 시간을 쉬면서 보냈으며 주로 혼자 지냈다. 일본원숭이 무리에는 반드시 암컷 한 마리와 딸 여러 마리가 포함되어 있지만(성숙기에 무리를 떠나는 것은 암컷이 아니라 수컷이다) 나카미치의 두 연구에서는 젊은 어른 암컷과 늙은 어른 암컷 사이에 사회적 교류가 드물었다. 늙은 암컷이 다른 암컷과 교류하는 경우에도 나이 든 딸보다는 어린 딸과 교류하는 일이 훨씬 많았다. 사람의 경우였다면 자매간에 다툼이 크게 벌어졌을 것이다. 나이 든 암컷이 젊은 친족을 지키거나 방어하는 경우 이 암컷은 종속적 개체이기보다는 지배적 개체일 가능성이 컸다. 지배적 개체는 자식에게 물려준 높은 지위를 지키기 위해 기꺼이 싸웠다.

그 뒤 나카미치는 일본에서 방목하는 가쓰야마 무리의 어른 일본원숭이 암컷 85마리를 대상으로 나이와 털 고르기의 관계를 연구했다. 나카미치는 일본원숭이를 여섯 개의 하위 집단으로 나누었는데, 그중 두 집단은 각각 높은 서열과 낮은 서열의 늙은 암컷(15~22세)으로 이루어졌다. 일본원숭이 암컷은 친족의 털을 골라주는 것을 선호하지만 친족이 아닌 원숭이의 털도 어느 정도 골라준다. 서열이 높은 암컷과 낮은 암컷 모두 친족 아닌 암컷과의 털 고르기는 나이가 들면서 감소한 반면에 친족과의 털 고르기는 감소하지 않았다. 나이를 불문하고 서열이 높은 암컷은 서열이 낮은 암컷에 비해 자주 털 고르기를 받았으며, 또한 더 많은 비친족 암컷에게 털 고르기를 받았다. 요약하자면, 일본원숭이 암컷, 특히 서열이 낮은 암컷은 나이가 들면서, 드물어진 털 고르기 상호작용을 친족 암컷에게 집중할 가능성이 크다. 하지만 높은 서열의 늙은 암컷은 높은 서열의 젊은 암컷 못지않게 털 고르기를 받았다.

나카미치는 늙은 암컷이 털 고르기 상호작용에서 친족에게 치중하는 비율이 젊은 암컷보다 큰 이유를 두 가지 제시했다. 첫째, 다른 원숭이의 털을 골라주려면 에너지를 소비해야 하기 때문에 늙은 원숭이는 제한된 에너지를 친족을 위해 쓰는 쪽을 선택할 가능성이 있다. 둘째, 암컷은 연령대가 같은 원숭이와 털 고르기를 하는 경향이 있기 때문에 늙은 암컷은 제 나이와 비슷한 암컷들이 죽어서 털 고르기 상대가 적어져 친족과 털 고르기를 할 가능성이 있다. 늙은 가모장은 비친족 암컷과의 털 고르기 상호작용을 중단하더라도 여전히 구구 소리를 교환하며 사교성을 유지한다.

최근 연구에서 나카미치와 야마다는 오래 산 일본원숭이 암컷의 털 고르기 상대가 1993년과 2003년에 어떻게 달라졌는지 비교했다. 그랬더니 가까운 친족, 일부 비친족 암컷(죽지 않은 늙은 털 고르기 상대), 털 고르기 상대와 가까운 친족인 암컷(상당수 늙은 암컷도 자매 관계의 사슬로 묶여 있다) 등은 털 고르기 친분을 오랫동안 유지하는 것이 일반적이었다. 하지만 원숭이들은 집착하지 않았으며 이따금 오랜 짝을 버리고 새로운 털 고르기 짝을 선택하기도 했다.

늙은 일본원숭이 암컷은 무리 구성원들과 특별한 친분이 있지만, 자신의 사회에서 특별한 사회적 역할을 맡고 있지는 않다. 메리 파벨카는 텍사스의 아라시야마 서부 무리 암컷들의 행동을 연구했는데, 늙은 암컷과 젊은 어른 암컷을 구분하는 유의미한 차이는 전혀 없다고 판단했다. 파벨카는 5~30세의 원숭이 40마리를 총 450시간 동안 관찰하고 다음과 같이 결론 내렸다. "생물학적으로 나이 든다는 사실이 늙은 동물에게 특별한 역할 행동의 시작을 암시하는 전혀 다른 사회적 상황을 만들어내지는 않는 듯하다."

한스 페이네마 연구진은 필리핀원숭이의 사회적 집단을 연구하다 노년과 과거의 낮은 서열이 결합하면 낯선 남과의 사회적 상호작용을 꺼리게 된다는 사실을 발견했다. 일반적으로 늙고 서열이 낮은 동물은 서열이 높은 동물에 비해 현재의 행동을 더 고집했다. 늙고 서열이 낮은 암컷이 젊거나 친척 아닌 동물과 사회적 상호작용을 덜 하는 것은 사회적으로 종속적인 원숭이의 코르티솔 수치가 높아지는 것과 관계가 있는지도 모른다. 사람의 경우(개코원숭이도 마찬가지다) 높은 혈중 코르티솔 수치는 스트레스 및 인지 기능 저하와 상관관계가 있다. 낯선 개체를 상대하는 것은 친숙한 친족을 상대하는 것에 비해 지나친 스트레스를 일으키는지도 모르겠다.

연구자 마크 하우저와 게리 티럴도 일본원숭이와 짧은꼬리마카크 stumptail macaque의 사회 활동 감소가 흥미로웠다. 이들은 세 가지 가능성을 제기했다. 첫째, 나이 많은 자식이 있는 늙은 어미는 새끼들을 함께 놀게 하는 암컷 집단과 어울릴 가능성이 낮을까? 이는 사실이 아닌 것으로 판명되었다. 둘째, 늙은 암컷이 무리와 어울리지 않는 것은 사회적 관계를 유지하는 데 에너지를 허비하고 싶지 않아서일까? 연구자들은 이 역시 확증할 수 없었다. 마지막으로, 늙은 암컷이 폐쇄적인 것은 나이 때문일까? 어떻게 하면 이것을 입증할 수 있을까?

늙은 마카크 암컷이 전성기 때에 비해 덜 활기차거나 덜 공격적인 것은 자신에게 별 문제가 되지 않는 듯하다. 나이가 들면 대체로 길러야 할 새끼가 없기 때문이다(늙은 암컷이 어미 잃은 어린 고아를 돌보는 경우는 있지만). 대부분은 빈둥거리며 인생을 즐긴다. 왜 안 그러겠는가? 일본원숭이, 붉은원숭이, 필리핀원숭이의 사회 구조 또한 지배적 암컷이 대체로 평생 지배력을 유지하도록 짜여 있다. 지배 서열상 굳이 그럴 필요가 없는데 왜 다른 원숭이의 털을 골라줘야 하는가? 옥신각신하면서 에너지를 허비할 사회적 상황에 휘말릴 이유가 어디 있는가? 긴장을 풀고 즐기면 그만인데.

그래서 나이가 들면 평온해진다. 나이가 들면서 점점 사나워지는 랑구르원숭이와 달리 일본원숭이 암컷은 점점 평화로워진다. 이러한 특징은 젊을 때 유독 공격적이던 개체에게서 특히 잘 관찰된다. 매우 늙은 개체는 이빨이 빠지고 얼굴에 주름살이 파이고 등이 뻣뻣하고 어깨가

구부정하지만, 평화로운 삶을 살아간다. 늙은 개체는 싸움이 일어나거나 근처에 포식자가 있어도 덜 흥분하기 때문에, 무리 구성원을 진정시키는 효과가 있다. 나카미치는 흥분하기 쉬운 무리를 안정시키는 것이 "늙은 암컷의 가장 중요한 사회적 기능인지도 모른다"고 썼다.

개코원숭이

개코원숭이도 날이 갈수록 느려진다. 로버트 사폴스키는 후속 연구를 진행하기 위해 해마다 똑같은 케냐 개코원숭이 무리에게 돌아왔는데, 친구들이 조금씩 늙어가는 모습을 보고 기분이 울적해졌다. 나오미는 날이 갈수록 쇠약해졌으며 중년의 딸 라헬도 어미와 마찬가지로 늙수그레했다. 지배적 수컷이던 녀석들은 한때 혈액 시료를 뽑을 주사 바늘조차 잘 들어가지 않던 피부와 혈관이 너덜너덜해지고 연약해졌다.

다만 '매우 노쇠한' 평범한 수컷 검스와 사회적 약자 나오미를 사정없이 괴롭히던 '늙은 레아'의 사례는 긍정적이었다. 레아는 어느 날 문득 나오미를 내버려두고는 검스와 한날한시에 무리에서 사라졌다. 사폴스키는 최연장자 개코원숭이 두 마리를 같은 날에 잃어서 충격에 빠졌다. 대체 무슨 일이 일어났을까? 동시에 하이에나나 표범에게 잡아먹혔을까? 그리고 열흘이 지났다. 사폴스키는 개코원숭이 무리가 한 번도 들르지 않은 지역으로 우회하여 야영지에 돌아오게 되었다. 그런데 그곳에서 검스와 레아가 함께 앉아 있는 것을 보았다. 둘은 차량을 보고 화들짝 놀랐다. 적어도 레아는 자신의 무리를 따라다니던 사람들을 근 20년간 차분하게 대해왔는데 말이다. 놀란 레아가 가까운 덤불로 어기적어기적 걸어 들어가자 그에 못지않게 충격을 받은 검스가 뒤따랐다.

이튿날 사폴스키는 같은 지역을 다시 운전했는데, 멀찍이 바람 부는 산등성이의 야생화 꽃밭에서 두 벗이 함께 앉아 있는 모습을 목격했다. 그 뒤로는 한 번도 그들을 볼 수 없었다.

스무 살이 넘어 폐경이 된 개코원숭이 암컷 아테나는 남자 친구가 없었다. 아테나는 검스랑 레아와 마찬가지로 한 번에 몇 주씩 무리에서 사라졌으나 둘이 아니라 혼자였으며 결국 영영 자취를 감추었다.

개코원숭이는 말년에 이르면 하루하루가 살얼음판이다. 수컷은 병든 암컷이 보조를 맞출 때까지 하루 이틀 기다려줄지도 모르지만, 무리가 먹이를 찾으러 다닐 때 노쇠한 수컷이 뒤처지면 아무도 기다려주지 않을 것이다. 늙고 연약한 망토개코원숭이 한 마리가 나머지 무리보다 두 시간 늦게 취침용 절벽에 도착했을 때 사위는 이미 어둑어둑해지고 있었다. 녀석이 천천히 몸을 끌며 잠자리로 올라오자 다른 구성원들이 다정하게 맞아주었다.

늙은 암컷 나르바도 늦게 도착한 적이 있었다. 무리가 나르바 없이 절벽에 자리 잡자 남자 친구인 프렌드가 일어나 북쪽을 하염없이 바라보더니 절벽을 내려가 그 방향으로 걸어가기 시작했다. 10분쯤 뒤에 프렌드는 나르바와 함께 돌아왔다.

늙은 개코원숭이는 암수를 불문하고 혼자 지내면서 젊었을 때보다 훨씬 위험한 행동을 하는 경우가 많다. 훗날 나르바는 일주일 동안 포식자의 위험에 노출되어 지내다가 가족에게 돌아오기도 했다. 그 뒤로 나르바는 영영 자취를 감추었다. 쿠머는 매우 늙은 외톨이 개코원숭이가 오랫동안 고생을 겪지 않을 것이라고 말했다. 며칠 안에 죽거나 하이에나나 표범에게 금방 죽임당할 테니 말이다.

침팬지

탕가니카 호수 옆 마할레 산맥에서는 연구자들이 1960년대부터 침팬지를 연구했다. 곰베처럼 이곳에서도 암컷이든 수컷이든 늙은 개체는 거의 없었으며 다들 딴 침팬지와 접촉하며 사회성을 유지했다. 40대 후반의 와나구마는 마할레 M 무리 중에서 가장 나이 많은 축에 들었는데, 한쪽 눈에 백내장이 생겨 잘 보지 못해서 움직이는 데 제약이 있었다. 털이 가늘어지고 이빨이 닳았으며 새까맣던 털은 갈색으로 바랬다. (침팬지는 아주 늙으면 앙상하게 여위며 머리와 어깨의 털이 듬성듬성해진다.) 여느 늙은 침팬지와 마찬가지로 와나구마는 젊은 침팬지만큼 멀리 이동하거나 자주 유실수에 오르거나 털 고르기 같은 사회적 활동에 많은 시간을 보내지 않았다. 더는 새끼를 낳지 않았지만, 다행히도 아들 NT가 전성기 으뜸 수컷이었다. 와나구마는 이따금 아들과 시간을 보냈으며, 아들이 핵심 어른 수컷 하위 집단에 속해 있었으므로 이 수컷들과도 어울렸다. 딴 침팬지는 와나구마를 공격하지 않았으며 이따금 털을 골라주기도 했지만, 와나구마는 아들 말고는 누구에게도 털 고르기로 답례하지 않았다. 누군가 작은 동물을 잡으면, 굶주린 어린 침팬지를 외면하고 와나구마를 비롯한 늙은 침팬지에게 고깃점을 나눠주었다.[13] 와나구마는 나이 때문에 존경받았다. 마침내 안락한 삶을 누리게 된 것이다.

완쿠마는 와나구마에 비해 다른 암컷들과 더 사이가 좋았다. 딸 MM이 얼마 전에 죽어서 무리 안에 다른 친족이 없었기 때문일 것이다. 완쿠마는 어린 고아 두 마리와 친하게 지내며 함께 먹이를 먹고 돌아다녔지만, 서열 7위의 수컷과도 시간을 보냈다. 하지만 와나구마와 달리 딴 침팬지가 털을 골라주면 자기도 답례로 털을 골라주었다. 마이클 허프

먼은 이렇게 말했다. "의지하고 자신에게 관심을 가져줄 다 자란 자식이 없어서 딴 개체와 교류하는 데 더 힘을 쏟았을 것이다."

M 무리에서 나이가 가장 많은 축에 드는 가기미미도 젊었을 때보다 사회성이 줄었지만(딴 침팬지와 친하게 지내는 시간으로 측정했다) 와나구마보다는 여전히 두 배 더 사회적이었다. 어른 수컷의 핵심 하위 집단과는 제한적이지만 지속적으로 교류했으며 이따금 늙은 암컷이랑 젊은 수컷과도 어울렸다. 와나구마와 마찬가지로 털 고르기를 하기보다는 받는 경우가 훨씬 많았다. 늙은 수컷은 이따금 전성기 수컷을 공격할 듯 협박하지만, 이 젊은 수컷은 앙갚음하지 않고 되도록이면 평화를 유지하고 싶어 한다. 늙은 침팬지가 기어올라도 이미 확립된 사회적 관계가 흔들리지 않으리라는 것을 알기 때문이다.

우연한 관찰

물소, 부시벅영양, 누

다이앤 포시는 산악 야영지 카리소케에 물소(Syncerus caffer)가 서식하는 것을 알고 기뻤다. 그중 한 커플은 나이가 무척 많았다. 수컷은 오랫동안 살면서 밀렵꾼, 덫, 다른 물소와 마주친 탓에 흉터로 가득했다. 뿔 밑동의 돌기는 심하게 닳았으며 뿔도 과거의 영광이 무색하게 동강이 나 있었다. 포시는 이 수컷에게 '음지'라는 이름을 붙였는데, 스와힐리어로 '노인'이라는 뜻이다. 포시가 음지를 처음 보았을 때, 음지는 자기만큼 늙은 암컷과 함께였다. 드문 일이었다. 물소 암컷은 늙어도 대체로 무리에 머물지만 수컷은 외톨이가 되기 때문이다. 암컷은 산을 탈 때면 음지가 시력이 나쁘다는 사실을 아는 듯 앞장섰다. 이윽고 암컷마저 사라지자 음지는 혼자서 풀을 뜯었다.

일부 야생동물이 밀렵꾼으로부터 보호받은 것은 틀림없이 포시와 보조원(고릴라 찾는 사람)들이 산에 있었기 때문이었을 것이다. 포시의 숙소 근처에 살았던 음지와 늙고 우람한 부시벅영양 프라임 투가 장수를 누린 것은 이 덕분일 것이다. 포시에 따르면 프라임 투는 너무 늙어서 걷기조차 힘겨웠지만 어른 암컷 두 마리, 두 살배기 두 마리, 한 살배기 두 마리로 이루어진 무리의 어른 수컷이었다. 포시가 살해당한 뒤에 그녀와 절친하던 로저먼드 카는 포시의 야영지에서 거행된 장례식에 비통한 심정으로 참석했다. 장례식을 빠져나와 슬픔을 달래려고 인근 풀밭에 들어간 카는 포시가 곧잘 창밖으로 감탄하며 바라보던 프라임 투를 목격했다. "녀석은 사람과 소음을 늘 경계했지만, 이번에는 낯선 사람들이 찾아오고 근처가 소란한데도 풀밭에 서서 마치 작별 인사라도 하는 듯 포시의 집 쪽을 바라보고 있었다."

마크 오언스와 델리아 오언스는 《사바나의 비밀Secrets of the Savanna》(2006)에서 잠비아의 노스루앙와 국립공원에 세운 야영지 주위에 있던 늙은 수컷 물소 무리 이야기를 들려준다. 오언스 부부가 루앙와를 처음 찾은 것은 1986년인데, 당시에 물소들은 경계심이 매우 많았다. 밀렵꾼이 수많은 물소를 학살한 뒤였기 때문이다. 오언스 부부는 여러 해 동안 쌍안경으로 강 건너편 덤불 속에서 물소를 언뜻 살짝살짝 볼 수 있었다. 이따금 녀석들은 의심스러운 눈빛으로 인간 침입자를 돌아보았다. 서서히 다른 동물들이 야영지에 모여들기 시작했다. 물소는 막사들이 보호구역을 이루어 사자와 밀렵꾼으로부터 푸쿠영양puku antelope, 흑멧돼지warthog, 코끼리를 보호해주는 광경을 지켜보았다. 점차 물소도 이곳이 안전하다는 것을 알고 다른 동물에 합류하기 시작했다.

1990년이 되자 아침마다 강기슭 키 큰 풀밭에서 밤을 보낸 우람한 물소들이 느릿느릿 야영지로 들어왔다. 녀석들은 더는 교미에 관심이 없었으며 무리와 보조를 맞추기에는 너무 지치고 느렸다. 처음에는 밤에 찾아왔다. 한번은 어두워진 뒤 델리아가 부엌으로 가던 길에 풀 뜯던 물소 한 마리와 마주친 적도 있었다. 놀란 녀석은 나직하게 울려 퍼지는 으르렁 소리를 냈지만, 다행히도 숙소로 달아나는 델리아를 쫓지는 않았다. 두 사람은 녀석에게 브루투스라는 이름을 붙여주었다. 몸집이 비슷한 수컷 배드애스도 이내 이곳을 찾기 시작했다. 녀석은 머리를 낮추고 뿔로 허공을 휘젓는 이상한 습성이 있었다. 두 녀석은 매일 야영지 근처에 서서 막사를 오가는 사람들을 쳐다보았다. 그 뒤에 스터비Stubby(꼬리가 밑동stub만 남았다)와 너빈Nubbin(뿔이 닳아서 동강이nubbin가 되었다)이 합류했다. 이 물소 네 마리는 이제 카쿨레 클럽으로 불렸는데 '카쿨레'는 치벰베 말로 늙은 수컷 물소를 일컫는다. 급기야 네 물소는 부엌 근처에서 빈둥거리거나 되새김질하거나 제멋대로 풀을 뜯거나 잠을 잤으며 소등쪼기새oxpecker가 녀석들의 우람한 몸을 누비며 진드기를 찾았다. 오언스 부부는 새 손님에 대해 복잡한 심정이었다. 한편으로는 위험한 동물이 가까이에 있어서 불안했지만 다른 한편으로는 오랫동안 동족이 학살당하는 것을 목격한 물소들이 마침내 사람을 편안하게 대하기 시작했다는 것이 기뻤다.

콩고의 알베르 국립공원에 사는 늙은 외톨이 물소도 나이가 들면서 달라졌다. 원래는 아프리카에서 가장 위험한 동물이었으나 이제는 스위스 알프스의 소떼처럼 순한 짐승이 되었다. 더는 뿔 때문에 사냥당하거나 동료에게 괴롭힘당하지 않았기에 성미가 한결 부드러워졌다. 하이니 헤디거는 물소가 이렇게 순한 것이 믿기지 않아서 도주 거리flight distance(사람이 걸어서 접근할 때 동물이 달아나지 않는 최소 거리)를 측정했는데 12미터에 불과했다.

외톨이로 언급된 늙은 수컷은 대부분 혈중 테스토스테론이 감소하여 교미에 별 관심이 없었다. 하지만 그들도 곁이 그립긴 했을 것이다. 오언스 부부는 칼라하리 사막의 늙은 사자 이야기를 들려주었는데, 녀석들은 더 이상 사자 무리를 단결시킬 만한 힘이 없었다(그리고 싶지도 않았을 것이다). 늙은 전사들은 흰개미 둔덕에 올라서서 한 번에 몇 분씩 먼 풍경을 바라보며 무리를 불러들이려고 울음소리를 바람에 실어 보냈지만 그 소리를 들을 동료는 아무도 없었다. 이따금 수컷들은 다른 늙은 수컷이나 심지어는 예전의 적을 만나 어울리기도 했다. 고독을 견디기보다는 누구와라도 함께 있고 싶어서였다.

칼라하리의 외톨이 누 수컷은 오언스 부부의 랜드로버가 가까이 올 때마다 뒤를 따랐다. 어찌나 외로웠던지 자동차와도 친구가 되고 싶어 하는 것 같았다. "사회적 종의 개체는 황막한 사막에서, 또는 사자와 밀렵꾼이 득시글거리는 강 유역에서 혼자 지내지 않을 수만 있다면 무슨 짓이든 할 것이다. 많은 수컷 포유류는 처음에는 공격적이고 저돌적인 경쟁자로 살지만, 대부분의 시간을 친척들과 떨어져서 보내다 보면 마침내 홀로 남겨지며 아마도 고독해진다."

워터벅

다른 동물에게 잡아먹히는 동물은 늙어 죽을 만큼 오래 살지 못한다. 움직임이 느려지면 포식자에게 쉽게 잡히기 때문이다. 하지만 살아남는 일부는 외톨이가 된다. C. A. 스피니지는 우간다에서 워터벅(Kobus ellipsiprymnus)을 폭넓게 연구했다. 워터벅은 10~12년 이상 사는 일이 드물지만 늙은 암컷 한 마리는 (이뿌리의 백악질 나이테 개수로 판단컨대) 18세까지 살았는데, 이것은 아마도 이빨이 유달리 튼튼해서였을 것이다. 많은 종처럼 워터벅도 이빨이 멀쩡할 때까지만 살 수 있다. 이 암컷은 몸이 여위었으며 회색 털이 많고 관절이 뻣뻣해서 한 수의사는 녀석이 우기를 넘기지 못할 것이라고 추측했다. 하지만 녀석은 우기를 넘기고 뻣뻣한 몸이 나긋나긋해졌을 뿐 아니라 새끼까지 낳았다. 워터벅 암컷은 나이가 들어도 자기가 내키면 수컷을 찾아가지만, 매일매일 다니는 범위가 점차 좁아진다. 자신을 괴롭히는 전성기 암컷이 다니지 않는 곳을 찾기 때문이다.

워터벅은 보통 최대 70마리까지 대규모 무리를 이루고 산다. 번식기에는 호전적인 전성기 수컷이 딴 수컷과 싸워 넓은 세력권을 차지하고 방어하는데, 이는 자기 땅을 찾는 암컷과 짝짓기 하기 위해서다. 10~11세의 늙은 수컷은 젊은 수컷보다 세력권이 좁으며 대체로 물가 명당에서 멀리 떨어져 있다. 하지만 그렇다고 해서 세력권 욕심이 없어진 것은 아니다. 스피니지에 따르면 수컷 Y9는 10세쯤 되었을 때 한때 자기 땅이던 명당자리를 되찾으려고 세 차례 이상 시도했다. 세 번 다 쫓겨났지만, 마지막에는 스피니지를 지나쳐 세력권 경계선까지 새 주인과 질주했다.

붉은사슴

프레이저 달링은 《붉은사슴 무리*A Herd of Red Deer*》(1969)에서 늙은 붉은사슴 수컷이 많은 종의 늙은 외톨이 수컷과 마찬가지로 비사교적으로 바뀌며 삶을 포기하다시피 한다고 말했다. 스코틀랜드에서는 늙은 붉은사슴 수컷이 앞니가 닳아 없어진 채 낮에는 들키지 않으려고 고사리 덤불에 낮게 누워 있고, 밤에는 밭을 약탈한다. 수컷은 자는 곳과 먹는 곳만 왔다 갔다 한다. 뿔은 빈약해지고 생식샘은 발정기가 되어도 부풀지 않고 암컷에게 아무런 흥미도 느끼지 않는다. "녀석은 무엇을 할까? 하루의 대부분은 아무것도 하지 않는다. 먹고 자고 멍하니 시간을 보낸다." 늙은 수컷은 흔히 달빛 아래에서 총에 맞아 최후를 맞는다.

참고래

참고래도 나이가 들면서 젊은 친족들보다 잠이 많아진다. 새끼를 여러 마리 낳은 늙은 어미 트로프는 바람 부는 날이면 아르헨티나 고래 연구소의 관찰 시설 아래로 들어가 마치 물속에 가라앉은 갈대처럼 미동도 없이 몇 시간이고 머물러 있기를 좋아했다. 잠을 잘 때는 이따금 (꿈꾸고 있는 듯) 천천히 수면으로 올라와 숨 쉬고는 다시 천천히 바닥으로 가라앉았다. 참고래는 지방이 많아서 힘을 완전히 빼면 물에 뜨는데 이때 호흡수가 부쩍 감소한다. 트로프는 하루의 대부분을 완전한 휴식으로 보내는 것이 분명해 보였다.

아프리카코끼리

코끼리는 천성이 아주 사회적이어서 혼자 있는 것을 힘들어한다. 하지만 나이가 아주 많은 코끼리는 무리가 먹이를 찾아다니거나 물을 마시러 갈 때 걸음을 따라잡지 못하여 외톨이가 된다. 교미에도 더는 관심을 보이지 않으며 이빨이 닳아서 먹이도 잘 못 먹는다. 한번 누우면 다시는 못 일어나기 때문에 결코 눕지 않는다.

하지만 암컷은 외톨이인 경우가 드물다. 1966~1967년에 우간다에서 코끼리 2,000마리를 몰살하는 사업이 벌어졌는데, 도태 사냥꾼들은 고독한 암컷을 여섯 마리밖에 발견하지 못했다. 이 암컷들은 전직 가모장으로, 나이는 52~59세 사이였으며 느릿느릿 움직이고 늙수그레했다. 이들은 임신하지도 젖을 먹이지도 않았으며 몸 상태는 열악했다. 사냥꾼들은 "녀석들은 오래 살지 못할 듯하다"라고 썼는데, 자기네 말대로 전부 총으로 쏴 죽였다.

케이티 페인은 짐바브웨의 동료들과 함께 늙은 암컷 태뷸러에게 무선 송신기를 달아 매일매일 어디에 있는지 관측했다. 위치를 413차례 판독한 결과, 태뷸러는 23제곱킬로미터라는 좁은 영역을 거의 벗어나지 않았다.

외톨이 수컷 코끼리는 외톨이 암컷보다 더 흔하고 더 공격적인데, 여기에는 몇 가지 이유가 있다. 으뜸 수컷의 자리를 젊은 수컷에게 빼앗겨 수치심을 느껴서일 수도 있고, 성적 좌절을 겪어서일 수도 있으며, 부상 또는 심장 문제나 담석 등 여러 질병이나 (빈혈을 일으키고 단백질 흡수를 저해하는) 장내 기생충(회충, 십이지장충, 촌충) 때문에 활력을 잃어서일 수도 있다. 덩치 큰 수컷 중 일부는 상아를 노리는 사냥꾼들에게 오랫동안 시달린 탓에 교활하고 매우 위험하며 총으로 맞히기 힘들다. 이들은 불한당이나 약탈자가 되어 사람이나 차량을 거침없이 공격하고 농작물에 피해를 입힌다.

나이가 무척 많은 코끼리는 암수를 불문하고 주로 몸을 잘 숨길 수 있는 곳으로 다니며 멀리 이동하지 않고서도 오랫동안 생존할 수 있다. 강이나 습지 근처의 울창한 수풀을 좋아하는데, 이곳에서 자라는 식물은 연해서 늙은 코끼리의 닳아빠진 이빨로도 쉽게 씹을 수 있다. 외톨이 코끼리가 죽으면 살은 청소부 동물이 먹고, 흩어진 뼈와 엄니는 설치류가 쏠고, 금세 식물이 몸을 덮는다. 이것을 일종의 무덤으로 볼 수 있을까?

자연사한 코끼리 중에는 사체가 발견되지 않은 경우가 많기 때문에 늙은 코끼리가 죽으러 가는 코끼리 묘지가 있는지를 놓고 논란 중이다. 거대한 상아를 탐내는 사냥꾼들이 촉발한 논란이었다. 실제로 일부 늙은 수컷은 (이따금 젊은 수컷을 거느리고서) 우간다의 탕기 강 하류 등지에 모이기도 한다. 이곳은 사냥꾼이 범접하기 힘들고, 건기에도 강가를 따라 초목이 자라며, 마시고 씻을 물이 마르지 않는다. '탕기 불'이라는 이름으로 널리 알려진 늙은 수컷은 일어섰을 때 어깨 높이가 3.1미터였으며 눈 위가 움푹 파이고 주름진 피부 아래로 등뼈가 삐죽 솟아 있었다. 자연사한 뒤에 엄니 무게를 달아보니 왼쪽은 72킬로그램, 오른쪽은 66킬로그램이나 됐다. 이렇게 거대한 구조물을 달고 있는 것이 만년에 얼마나 불리했는지는 상상에 맡긴다. 노쇠한 수컷은 엄니를 이용하여 싸우거나 나무를 쓰러뜨릴 일도 없다.

아프리카의 국립공원 바깥에 머무는 아프리카코끼리의 미래는 밝지 않다. 급증하는 인구가 코끼리의 터전을 야금야금 먹어 들어가고 있기 때문이다. 이를테면 남아프리카공화국 나이스나 숲에서는 코끼리 개체수가 부쩍 줄었다. 1920년에 총에 맞아 죽은 코끼리도 있고 그 뒤에 죽은 코끼리도 있다. 생물학자 라이얼 왓슨의 보고에 따르면 2000년에 나이스나 숲에 남은 코끼리는 50대의 늙은 가모장 한 마리뿐이었다. 왓슨은 외로운 암컷을 생각하니 마음이 아팠다. 암컷은 자연적 조건에서 매우 사회적이기 때문에 평생 한 번도 외톨이로 지내지 않는다. 늘 어미, 이모, 자매, 새끼에게 둘러싸여 있다.

왓슨은 이 외로운 영혼이 인도양 해안에서 바다를 쳐다보는 광경을 지켜보았다. 숲에는 이야기할 대상이 하나도 없어서 이곳으로 온 것 같았다. 바닷가에 오면 파도가 밀려오면서 사람 귀에는 들리지 않는 초저주파음이 발생하여 위안을 얻고 평안을 찾을 수 있기 때문이다.

그때 왓슨은 공기가 진동하는 것을 느꼈다. 코끼리와 코끼리가 소통할 때 내보내는 초저주파음에 익숙하지 않았다면 알아차리지 못했을 미세한 떨림이었다. 왓슨이 바다를 쳐다보니 100미터 떨어진 곳에서 흰긴수염고래 한 마리가 물 위에 뜬 채 코끼리를 바라보고 있었다. 분수공이 뚜렷이 보였다. 고래도 서로에게 메시지를 보낼 때 초저주파음을 사용하는데, 이 소리는 차가운 바닷물 속에서 수백 킬로미터를 가기도 한다. 지상에서 가장 큰 포유류와 바다에서 가장 큰 포유류가 말을 주고받는 것 같았다. 왓슨은 두 포유류가 가모장 대 가모장으로서 늙고 외롭다는 것에 대해, 자신이 낳은 자식들에 대해, 과거의 사회적 삶에 대해 생각을 나눈다고 상상했다. "나는 돌아서서 눈물을 참으며, 두 포유류가 둘만의 시간을 보낼 수 있도록 자리를 피했다. 그곳은 한갓 인간이 있을 자리가 아니었다."

사람의 통제를 받는 늙은 동물

아시아코끼리

더글러스 채드윅은 인도의 자연 보전 지역 안에 있는 무두말라이 코끼리 보호구역을 찾았다. 이곳에는 길들인 코끼리와 조련사가 티크 목재를 벌목한다. 이 코끼리들은 환경에 끼치는 피해가 불도저보다 훨씬 적으며 기계보다 훨씬 오랜 기간인 30년가량 일한다. 은퇴한 코끼리는 연금 수급자pensioner로 불리며 이곳에서 즐겁게 여생을 누린다. 매일 강에서 목욕하며 조련사가 피부를 청소해주고 기생충을 없애려고 씻겨준다. 먹이로는 통밀, 당밀, 쌀, 코코넛 등을 준다.

암컷 타라는 60대 중엽에 은퇴한 뒤 임신했는데, 이는 여느 암컷이 번식을 끝내는 시기보다 10년이나 늦은 것이었다. 타라는 78세까지 보호구역에서 살았다. 채드윅은 또 다른 은퇴한 암컷인 73세의 고다브리에게 빵을 한 번에 한 개씩 먹였다. 채드윅은 58세의 암컷 라티(아프로디테와 비견되는 힌두교 여신의 이름)도 소개받았다. 라티는 새끼를 열 마리 낳았는데, 보호구역 내 수컷을 받아들이려 하지 않았기 때문에 모두 보호구역 바깥의 야생 코끼리와 짝지어 낳았다. 이러한 관습은 길들인 코끼리와의 근친 교배를 방지하기 위해 허용되었다.

채드윅이 도착하기 전날, 조련사들은 코끼리를 위해 잔치를 열었다. 기나긴 벌목철의 끝을 축하하고 코끼리의 노고를 치하하는 자리였다. 조련사들은 담당 코끼리의 이마에 화려한 색깔을 칠하고 이들의 힘과 능력을 찬양하는 의식을 진행한 다음, 자비로 구입한 쌀과 과일, 과자를 맘껏 먹게 해주었다.

미국에서는 페타PETA(동물의 윤리적 처우를 옹호하는 사람들)를 비롯한 단체가 서커스와 동물원에서 퇴역한 늙은 코끼리가 평화롭게 여생을 보낼 수 있도록 테네시의 보호구역 같은 전원 보호구역을 마련하도록 압력을 넣고 있다. 이는 고무적인 현상이다. 이 코끼리들은 대부분 암컷인데, 다 자란 수컷은 힘이 너무 세서 안전하게 사육할 수 없기 때문이다. 이런 까닭에 1952년 조사에 따르면 미국에서 사육되는 코끼리 264마리 중에서 수컷은 여섯 마리에 불과했다. 오늘날 동물원의 코끼리는 평균 40대 초에 죽는다. 포획 상태에서는 수명이 부쩍 짧아진다.

서커스 호랑이

로위너라는 늙은 서커스 호랑이는 해가 갈수록 느긋해졌다. 로위너는 조련사 클라우스 블래스잭의 순회 서커스단에서 일했는데 그중에는 늙은 호랑이도 여러 마리 있었다. 로위너는 공연을 즐겼지만, 나이가 든 탓에 밤 11시에 시작하는 마지막 공연 때는 기운이 하나도 없었다. 로위너가 우리에서 자고 있으면 호랑이 순서를 알리는 음악이 흘러나왔다. 로위너는 음악 소리를 듣자마자 일어나 제 발로 링까지 터벅터벅 걸어가서는 자기 자리에 뛰어올라 앉았다. 그러고는 다시 꾸벅꾸벅 졸기 시작했다. 눈꺼풀이 감기고 고개가 처지고 허벅지에서 힘이 빠지고 무릎이 천천히 벌어졌다. 마침내 꼬리마저도 긴장이 풀려 축 늘어졌다. 로위너는 베테랑 연기자였으므로 제 역할을 무사히 끝마쳤지만 공연이 끝나면 반색하며 잽싸게 우리로 가서 이튿날 아침까지 곤히 잤다.

개

개는 인생의 끝자락이 가까워지면 뇌가 쪼그라들고 청각, 시각, 미각, 후각이 무뎌진다. 젊은 개에 비해 건망증이 심하고 훈련하기 힘들고 명령에 제대로 반응하지 않는다. 하지만 스탠리 코런이《개의 지능The Intelligence of Dogs》(1994)에서 밝혔듯이 이런 늙은 개를 타성에서 깨우는 방법이 있다. 휘슬러라는 이름의 케언테리어 유기견은 11세에 복종 훈련을 시작하여 12세에 훈련을 이수했다. "휘슬러는 뿌듯해하는 강아지마냥 꼬리를 힘차게 흔들며 링 밖으로 걸어나갔다. 주인에게 꼬리가 있었다면 덩달아 행복하게 꼬리를 흔들었을 것이다."

코런은 갈색 래브라도 리트리버 샷건의 놀라운 이야기도 들려주었다. 이 이야기는 늙은 개가 위기에 대처할 수 있을 뿐 아니라 지능과 충성심까지 회복할 수 있음을 보여준다. 샷건은 11세였는데, 더는 소파에 뛰어오른다거나 할 수 없었다. 어느 날 밤에 연기 냄새를 맡은 샷건은 가족을 깨우기 위해 맹렬히 짖기 시작했다. 짖어도 소용이 없자 샷건은 관절염 걸린 다리를 질질 끌며 부모 방으로 달려가 침대 위에 기어올라서는 부모가 깰 때까지 짖었다. 부모는 두 어린 아들은 구했지만 큰딸 멜리사는 이 소동에 잠이 깨 이미 피한 줄 알았다. 하지만 착각이었다. 샷건이 연기 자욱한 멜리사의 방에 들어가니 그녀는 침대 옆에 선 채 어찌할 바를 몰라 울고 있었다. 샷건은 잠옷 소매를 물고 멜리사를 끌어당겼다. 앞문이 화염으로 막혀 있자 멜리사를 뒷문으로 데리고 갔다. 샷건은 뒷다리로 서서 뒷문 걸쇠를 밀어 열고는(그 과정에서 코를 베었다) 멜리사를 뒤뜰로 이끌었다. 멜리사를 무사히 구해낸 샷건은 그제야 그슬린 발을 핥기 시작했다.

코런은 샷건이 늙어서 예전보다 느리고 못 미더웠지만 그렇다고 멍청하지는 않았다고 강조했다. 샷건은 위험을 직감하고 가족에게 경고했으며 한 아이가 피하지 못한 것을 알고 위기 상황에서 적절히 대처하여 아이를 구했다. 그의 무리인 다섯 명의 가족 모두 이 늙은 개 덕에 목숨을 건졌다.

생의 막바지에 이르면 대부분의 동물은 더 이상 지도력, 번식, 싸움, 심지어 사회적 삶에도 흥미를 느끼지 않는다. 대체로 친족들과만 교류할 뿐이다. 많은 동물은 외톨이가 되지만, 곁을 그리워할 때도 있다. 늙은 동물은 먹이와 물을 충분히 구할 수 있는 좁은 영역으로 이동 범위가 제한되지만 마침내 휴식하고 긴장을 풀 여유를 찾는다. 그렇다고 해서 불꽃이 반드시 꺼지는 것은 아니다. 워터벅 Y9는 잃어버린 영토를 되찾으려고 필사적이었으며, 관절염에 걸린 개 샷건은 화마로부터 가족의 목숨을 구할 수 있었다. 하지만 죽음은 피할 수 없다. 다음 장에서는 늙은 야생동물, 포획동물, 반려동물의 자연적 죽음을 이야기할 것이다.

17장
피할 수 없는
마지막

THE INEVITABLE END

• 이 장에 나오는 주요 동물

흰꼬리사슴

참고래

나그네비둘기

야생동물은 사람과 달리 느리고 고통스럽게 죽음을 맞이하는 일이 드물다. 움직임이 느려서 달아나지 못하는 동물은 포식자들이 호시탐탐 노리기 때문이다. 잡아먹히지 않더라도 병에 걸리면 치료할 약이 없다. 이빨이 닳아서 음식도 제대로 먹지 못한다. 늙은 동물은 대개 외톨이거나 친구가 하나뿐이다. 코끼리처럼 무리의 속도를 따라잡을 수 없거나 하이에나처럼 무리에서 쫓겨났기 때문이다. 전성기 때보다 여위고 털이 빠지며 그나마 남은 털도 회색이나 흰색으로 바랜다. 관절염이나 기생충, 보이지 않는 질병 등으로 고생하기도 한다. 이 장에서는 몇몇 늙은 동물의 마지막 날을 묘사하고 (야생과 포획 상태의) 코끼리와 고릴라가 행하는 장례식과 사람들이 늙은 반려동물을 위해 행하는 장례식에 대해 이야기해볼 것이다.

세 유제류

산양 B램은 13세가 다 되어 죽었는데, 발레리우스 가이스트가 녀석의 마지막 몇 달을 기록했다. 배와 등이 살짝 늘어진 걸 보면 나이가 많은 게 분명했지만 B램은 마지막 발정기에 고스트 산에서 암컷들과 짝짓기도 했다. 그 일대의 모든 수컷 중에서 뿔이 가장 컸기 때문이다. 하지만 발정기가 끝났을 때는 암양이나 다른 숫양만큼 빨리 달리지 못했다. 1월에는 수컷 집단에 합류했는데, 이 수컷들은 생크추어리 산의 동굴에서 겨울밤을 보냈다. B램은 매일 몇 시간 정도는 딴 수컷처럼 쉬었지만, 먹이를 찾는 데 더 많은 시간을 들여야 했다. 급기야 이제는 절름발이 신세가 되었다. 움직일 때 왼쪽 뒷다리를 쳐들어야 했기에 눈을 파헤쳐 식물을 찾을 때 균형 잡기가 힘들었다.

2월 초가 되자 B램은 피골이 상접했다. 아직도 밤이면 수컷들과 함께 동굴에서 쉬었지만, 낮에는 다른 수컷들처럼 멀리 돌아다니지 못하고 근처에 머물며 먹이를 찾았다. 6세인 G램이 걸핏하면 B램을 들이받고 괴롭혔다. 종속적 개체는 이따금 아프거나 다친 지배적 개체를 이런 식으로 괴롭힌다. 과거에 당한 것을 앙갚음하는 걸까? 2월 말에 B램은 동굴을 떠나 공터로 가서 시린 북극풍을 맞으며 잤다. 그러면서 날이 갈수록 산 아래쪽으로 내려갔다. 3월 12일에 가이스트는 B램의 사체를 발견했다. 늑대에게 공격받아 목 여기저기에 이빨 자국이 나 있었다.

전성기의 아프리카물소 수컷은 암수가 섞인 대규모 무리에서 살지만 12세쯤 되면 대체로 혼자 또는 작은 무리에서 살아간다. 늙은 물소 음지는 또래 암컷 한 마리와 다이앤 포시의 산악 야영지 근처를 돌아다녔다. 암컷이 죽자 음지는 혼자 살았다. 이른 아침에 야영지에서 포시의 목소리가 들리면 풀을 뜯으며 천천히, 마치 함께 있고 싶다는 듯이 포시 쪽으로 다가왔다. 나중에는 말라비틀어진 궁둥이를 긁어도 가만있었다. 어느 날 아침 일찍, 두 봉우리 아래 고요한 빈터 풀밭에서 음지가 죽어 있는 것을 산사람이 발견했다. 음지는 평생 밀렵꾼의 위협에 시달리며 살았는데 마침내 그들을 영영 따돌리고 자연사했다.

저명한 박물학자 시거드 올슨은 슈피리어 호 퀘티코의 늙은 흰꼬리사슴(*Odocoileus virginianus*)이 최후를 맞는 장면을 묘사했다. 녀석은 늑대 무리에게 쫓기다 기진맥진하여 멈추어 서고는 순식간에 숨이 끊어졌다. "굶주리거나 병들어 천천히 죽을 수도 있었지만, 녀석은 때가 왔을 때 당당하게 죽었다. 숙적을 맞아 필사적으로 싸웠고, 광활한 얼음판 위에 선 용맹한 전사처럼 죽었다."

코끼리

코끼리는 이빨이 제 역할을 할 때까지만 살 수 있다. 위턱과 아래턱에는 여러 겹으로 이루어진 단단한 어금니가 여섯 개씩 있는데, 이 어금니는 평생 천천히 돋아나 마치 빙하가 이동하듯 줄지어 앞으로 밀려 나온다. 씹을 때 쓰는 어금니는 위턱과 아래턱에서 각각 한두 개뿐이다. 여섯째와 마지막 이빨이 씹는 자리로 밀려 나온 뒤에 닳으면 코끼리는 더는 먹이를 제대로 씹지 못한다. 그래서 매우 늙은 코끼리는 강가를 종종 찾는데, 이곳에서는 연한 식물이 자라기 때문이다.

코끼리들이 죽으러 가는 코끼리 묘지는 정말 있을까? 상아 사냥꾼들은 그런 곳을 무척 찾고 싶을 것이다. 게다가 늙은 코끼리일수록 엄니가 크니 말이다. 이따금 코끼리 뼈가 한곳에서 대량으로 발견되기도 한다.

왜 그런지에 대해서는 여러 설이 있다. 사냥꾼 한 명이 차드 호 동쪽에서 코끼리 뼈가 많이 널려 있는 곳을 발견했다. 사냥꾼은 코끼리들이 극심한 가뭄을 맞아 이곳으로 와서는 유독한 탄산 샘물을 마시고 죽었을 거라 생각했다.

아프리카 사람들이 대규모 코끼리 무리 주위에 큰불을 놓아 코끼리들이 타 죽었다는 설도 있다. 수백 구의 사체가 땅에 널려 있었는데, 상당수가 늙은 코끼리였다.

루이스 리키는 통상로 옆에 사는 아프리카인들이 집 근처에 상아를 숨겨두었는데 이게 나중에 발견되어 묘지로 오인된 것이라고 추측했다. 나머지 뼈가 썩어 없어진 뒤에도 엄니는 멀쩡했던 것으로 추정되었다. 아니면, 널브러진 코끼리 뼈는 밀렵꾼의 학살 흔적인지도 모른다.

무엇 때문에 죽었든 살이 없어진 코끼리 뼈는 살아 있는 코끼리의 흥미를 끈다(다른 종의 뼈는 그렇지 않다). 대부분은 그런 뼈를 이따금 우연히 발견하는 듯하다. 코끼리는 주위를 돌며 뼈를 검사하고 코로 뼈를 집어 냄새를 맡는다. 공손하게 뼈를 날라 풀이나 흙으로 덮는 것 같기도 하다. 신시아 모스는 죽은 암컷의 턱뼈를 숙소에 가져왔다. 이빨을 검사하여 나이를 확인하기 위해서였다. 그런데 몇 주 뒤에 그 암컷의 가족이 숙소를 지나다 턱뼈를 보러 들렀다. 암컷의 일곱 살 난 새끼는 잠시 턱뼈 곁에 머물면서 발과 코로 뼈를 뒤집었다. 새끼는 마치 어미를 기억하는 듯했다.

고래

로저 페인은 참고래의 기대 수명을 알지 못한다. 이 종을 관찰한 지 약

24년밖에 되지 않았기 때문이다. 하지만 1935년에 찍힌 한 암컷의 사진을 비롯해 몇 가지 증거가 있다(이때 암컷의 새끼가 죽었는데, 이런 식의 학살이 금지되기 전에 북아메리카에서 고래잡이에게 살해된 마지막 참고래였다). 당시에 암컷은 어미가 된 지 적어도 5년은 되었을 것이다. 그 뒤로 1992년을 비롯하여 네 차례 더 사진에 찍혔다. 암컷은 늙어 보이지 않았지만 62세는 족히 돼 보였다.

참고래는 어떻게 죽을까? 사람 말고는 천적이 거의 없고 고래잡이도 금지되었으니 말이다. 참고래는 이따금 고기잡이 그물에 걸린다. 해마다 전체 참고래의 무려 10~20퍼센트가 이런 식으로 잡힌다. 참고래는 그물을 끌고 다닐 수 있을 만큼 힘이 세지만(반면에 돌고래는 익사한다) 그물을 떨어내지는 못하는 듯하다. 헤엄쳐서 먹이를 먹지 못하는 바람에 죽기도 하고, 그물이 살을 파고들어 생긴 염증 때문에 죽기도 한다. 사람들이 그물에 걸린 참고래를 구해주려고 시도하기도 하지만, 자신의 안전에 지나치게 연연하다 실패하는 경우가 허다하다. 겁에 질린 고래는 꼬리를 철썩철썩 흔들며 배를 몇 킬로미터나 끌고 가기도 한다.

참고래의 또 다른 사인은 물 위에서 쉬고 있을 때 배에 부딪히는 경우다. (참고래에 '참'이라는 이름이 붙은 이유는 고래잡이의 이상적인 표적이기 때문이다. 참고래는 느리고, 지방이 많아서 쉽게 뜨고, 물 위에서 많은 시간을 보낸다.) 1999년 새끼를 여섯 마리 이상 낳은 매우 늙은 암컷 스타카토의 사체가 케이프 코드 해안에 떠내려왔다. 스타카토는 1977년에 처음 관찰되었으며 그 뒤로도 여러 차례 확인되었는데, 커다란 머리에 박힌 굳은살과 따개비로 알아볼 수 있었다. 생물학자들은 처음에는 스타카토에게서 아무런 이상을 발견하지 못했지만, 사체를 부검해보니 아래턱 오른쪽 부위가 심하게 갈라져 있었다. 배와 부딪힌 뒤에도 일주일가량 살아 있다가 상처 때문에 죽은 것이었다.

샤리 본디가 1999년 겨울에 멕시코 바하칼리포르니아에서 관찰했듯 고래는 늙어서 자연사하기도 한다. 본디는 얕은 앞바다에 늙은 쇠고래 gray whale 열 마리가 모여 있는 것을 보았다. 평소에는 어미랑 새끼와 시간을 보내기 때문에, 특이한 광경이었다. 이튿날 그중 한 마리가 죽었다. 본디는 이렇게 말했다. "마지막 가는 길을 배웅하는 것만 같았다."

여느 고래목과 마찬가지로 늙은 향고래는 뇌의 일부가 밤낮으로 깨어 있어야 한다. 규칙적으로 수면에 올라와서 숨을 쉬어야 하기 때문이다. 향고래는 바다 밑으로 1킬로미터 이상 내려가는 심해어로, 트로프 같은 참고래와 달리 얕은 물에서 몇 시간씩 쉬면서 머리만 내밀어 숨 쉬는 묘기를 부리지 못한다. 늙은 향고래는 힘닿는 데까지 유목 생활을 영위한다. 늙어서 죽을 때가 가까워지면 스스로 얕은 바닷가에 떠내려오는데 그러면 익사하지 않고 죽을 수 있다.

반려동물

반려동물의 죽음은 대체로 야생동물처럼 빠르지 않다. 엘리자베스 토머스가 연구한 무리 중 마지막 남은 세 마리 개는 거의 동시에 죽어가기 시작했다. 으뜸 수컷인 허스키 수에시는 알츠하이머 비슷한 병에 걸린 것 같았다. 자기 누이와 근처의 장소는 기억했지만 사람의 존재는 거의 잊어버렸다. 수에시가 관절염이 심해져서 더는 서 있을 수 없게 되자 토머스는 수에시를 동물병원에 데려가 안락사시켰다. 토머스는 집에 돌아와 수에시의 목걸이를 다른 개들에게 보여주었다. 개들은 차분하게 목걸이를 쳐다보더니 천천히 토머스의 옷과 손에서 냄새를 맡은 뒤에 "상황을 골똘히 생각하고 이해하는 듯" 조용히 토머스를 바라보았다.

이누크슈크는 몇 주 뒤 수에시와 마찬가지로 의식 없이 평화롭게 숨을 거뒀다. 파티마는 홀로 남았다. 당뇨병이 악화되었는데, 인슐린 주사를 맞으면 상태가 좋아진다는 것을 알고서 먹이 달라고 보채듯 토머스에게 주사를 놓아달라고 보챘다. 어느 날 파티마는 개문을 통해 집을 떠나 천천히 숲으로 걸어 들어갔다. 그리고 다시는 돌아오지 않았다. 토머스는 남편과 함께 파티마를 찾아 온 동네를 돌아다녔지만, 흔적을 전혀 발견할 수 없었다. 목걸이조차 찾지 못했다. 파티마는 죽을 때가 되었음을 직감하고 홀로 떠난 것이다.

제임스 서버는 개가 종종 죽음을 앞두고 떠난다는 데 동의했다. "두려운 길에서, 피할 수 없는 마지막 냄새가 풍기지만 그들은 이 냄새를 혼자서 맞닥뜨리고 싶어 한다. 숲으로 들어가 나뭇잎 사이로 … 사람의 연민에 마음 흔들리지 않고 최후의 고독을 감내한다. 누구와도 나눌 수 없음을 알기에."

드물긴 하지만 동물이 자신의 죽음이 아니라 부유한 주인의 죽음 때문에 이목을 끄는 경우도 있다. 억만장자 리오나 헴즐리는 자신의 흰색 몰티즈 트러블을 위해 애견 신탁에 1,200만 달러를 남겼다. 유언에 따라 헴즐리의 동생은 개를 보살피고 기금을 관리하는 대가로 1,000만 달러를 받았다.

짝 잃은 동물

오랫동안 함께 지낸 동물들은 한 마리가 죽으면 슬퍼하는 경우가 많다.

평생 암수가 함께 사는 앵무새도 배우자의 죽음을 애도한다(포획과 야생 둘 다 마찬가지다). 남은 한 마리는 이따금 무리와 동떨어져 지내며 깃털 치장을 게을리하여 제대로 날지 못한다. 짝을 잃고 외톨이가 된 새들은 우두커니 서서 먹이만 간신히 먹고 경계심을 내려놓으며 건강 유지에 필요한 일을 하지 않는다.

벳시 웨브는 《동물의 정서적 삶 The Emotional Lives of Animals》(2007)에서 라마 분과 브리짓의 오랜 우정에 대해 들려준다. 둘은 처음에는 콜로라도에서, 나중에는 알래스카에서 웨브의 가족과 함께 살았다. 알래스카에서 분과 브리짓은 그곳에 사는 다른 라마 두 마리와 친해졌다. 분은 27세가 되었을 때 갑자기 쓰러졌는데, 몸이 너무 쇠약해서 일어나지 못하고 그대로 죽었다. 이튿날 평생의 동반자 브리짓이 그의 주검 옆에서 같은 식으로 죽었다. 가까운 마당에 두 마리를 묻었는데, 남은 암컷 라마는 족히 이틀간 우두커니 서서 무덤을 쳐다보았으며 수컷은 외양간에서 구슬프게 울었다. 두 마리는 사흘날에야 정상으로 돌아왔다.

인도 러크나우의 동물원에서는 늙은 코끼리 한 마리가 친구를 잃고 슬퍼하다 자기도 숨을 거뒀다. 72세의 다미니는 동물원에서 다섯 달 동안 혼자 지내다가 임신한 젊은 암컷 참파칼리와 함께 살게 되었다. 두 코끼리는 첫눈에 서로가 맘에 들었다. 하지만 일곱 달 뒤에 참파칼리가 새끼를 유산하면서 목숨을 잃었다. 다미니는 너무 슬퍼서 아무것도 먹으려 하지 않았다. 다리가 더 이상 몸을 지탱하지 못하자 다미니는 옆으로 누운 채 머리와 귀를 축 늘어뜨리고 코를 말았다. 다미니는 식음을 전폐하고 전혀 움직이지 않았다. 사육사가 기분을 풀어주려고 아무리 애써도 소용없었다. 다미니가 좋아하는 먹이인 사탕수수, 바나나, 풀로 유혹해도, 다미니 위에 천막을 세우고 향긋한 약초를 흩뿌려도, 물을 뿌리고 선풍기를 틀어서 몸을 식혀줘도 허사였다. 다미니는 24일 뒤에 죽었다. 몸은 욕창으로 엉망이었으며 늘어진 살갗이 뼈에 덜렁덜렁 매달려 있었다.

최후의 종

가장 가슴 아픈 죽음은 마지막 나그네비둘기passenger pigeon(Ectopistes migratorius) 마사의 죽음일 것이다. 한때 하늘을 시커멓게 뒤덮을 정도로 큰 무리를 이루던 나그네비둘기는 서서히 개체 수가 줄더니 1908년에는 일곱 마리밖에 남지 않았다. 1910년에는 두 마리만 남았다. 마지막 나그네비둘기는 위스콘신 출신의 마사였다(미국의 초대 영부인 마사 워싱턴의 이름을 땄다). 마사는 신시내티 동물원에서 사육되고 있었다. 1914년 9월 1일에 마사는 땅바닥에서 죽은 채 발견되었다(나이는 17~29세 사이로 추정되었다). 사체는 냉동된 채 워싱턴으로 보내져 검사받은 뒤 박제되어 스미스소니언연구소 국립자연사박물관의 유리 진열대에 보관되었다.

장례

야생동물의 장례

동족의 뼈를 본 코끼리의 사례에서 보듯(이 장 앞부분 참고) 지능이 높은 동물은 동료가 죽으면 장례를 치른다. 코끼리는 가만히 서서 딴 곳을 쳐다보다가 이따금 다가가 뒷발로 살살 주검을 어루만짐으로써 죽은 동료를 추모한다. 이것은 장례식에 참석한 사람이, 죽은 친구를 보고 싶지 않지만 그의 시신을 두고 차마 떠나지 못하는 것과 같다.

피터 잭슨은 보츠와나 초베 국립공원에서 아기 코끼리의 주검을 만난 일화를 들려주었다. 녀석은 밤에 사자에게 살해됐으며 신체의 일부가 먹힌 상태였다. 잭슨이 주검을 쳐다보고 있는데, 코끼리 가모장(귀가 너덜너덜한 걸 보니 나이가 무척 많은 듯했다)이 100마리가량의 무리를 이끌고 작은 주검 쪽으로 다가왔다. 코끼리들은 피범벅이 된 주검을 둘러쌌다. 일부는 발을 쿵쿵 구르며 근처에 누워 있는 사자 무리를 향해 콧김을 내뿜었다. 하지만 대부분은 작은 주검을 코로 가볍게 어루만지고 냄새를 맡은 뒤에 멀찍이 떨어져 조용히 서 있었다. 결국 가모장은 돌아서서 골짜기를 따라 자신들이 왔던 곳으로 무리를 이끌고 돌아갔다.

코끼리는 이따금 주검을 묻기도 한다. 우간다에서 대규모 도태를 시행할 때 이례적인 사건이 일어난 적이 있다. 과학자들과 공원 공무원들은 학살당한 코끼리의 귀와 발을 핸드백과 우산꽂이 재료로 팔려고 수집했다. 코끼리의 신체 부위를 헛간에 넣어두었는데, 어느 날 밤에 코끼리들이 멀리서 냄새를 맡았는지 헛간을 부수고 들어와 귀와 발을 묻어주었다. 코끼리가 사람을 부끄럽게 했다.

코끼리들은 한 코끼리의 어깨에 올라탄 무모한 사자의 사체를 사실상 묻어준 적도 있다. 암컷 코끼리는 자기 어깨로 뛰어오른 사자의 꼬리를 코로 움켜쥐고는 사자가 죽을 때까지 바닥에 계속해서 패대기쳤다. 그러자 코끼리 무리가 근처의 덤불에서 가지를 꺾어다 사체를 덮었다.

신디 엥겔의 《살아 있는 야생》(양무, 2003)에 따르면, 고릴라도 주검을 묻는 듯하다. 고릴라들이 근처에서 나뭇잎과 흙을 가져다 주검을 덮는 광경이 관찰된 적이 있으며, 우간다의 숲에서는 얼기설기 쌓인 식물 아래에서 고릴라 사체가 발견되기도 했다. 다이앤 포시가 '자신의' 고릴라들이 죽은 뒤에 사체를 찾으려고 보조원들과 아무리 돌아다녔어도 실패한 것은 이 때문일 것이다. 이런 매장 행위는 부패로 인한 감염과 질병을 막는 효과가 있을까? 아니면 포식자가 주검을 발견할 가능성을 낮추는 것일까? 도무지 알 도리가 없다.

포획동물의 장례

적어도 한 곳의 동물원은 죽어가는 늙은 동물에게 특별한 배려를 베풀었다. 1980년대에 인도 찬디가르의 차트비르 동물원에서는 관람객을 더 많이 끌어들이려고 아시아사자와 아프리카사자를 교배한다는, 과히 훌륭하지는 않은 발상을 했다. 토후들이 기념으로 간직하려고 사냥하면서 아시아사자가 멸종 위기에 내몰렸기 때문이다. 이렇게 탄생한 잡종 사자는 70~80마리에 이르렀지만, 안타깝게도 면역계가 불안정하고 뒷다리에 힘이 없는 약골이었다. 동물원에서는 제 몸을 건사하지 못할 만큼 허약한 사자들을 위해 '양로원'을 지었다. 이곳은 주 전시 공간에서 떨어져 있으며 사자들이 "말년에 행복하게 사는 데 필요한 모든 시설"을 갖추었다. 이따금 뼈 없는 살코기를 먹이기도 하고 훌륭한 의료 서비스를 제공한다. 동물원 대변인은 이렇게 말했다. "동물이 머지않아 죽을 신세라고 해서 방치하여 죽여서는 안 되니까요."

 1994년 보스턴 동물원에서는 암으로 죽은 늙은 암컷 고릴라를 애도하는 경야를 치렀다. 오랜 세월을 함께한 배우자가 찾아올 수 있도록 시신을 그대로 두었더니 "그는 울부짖고 가슴을 치며 … 그녀가 좋아하는 먹이(셀러리)를 집어 그녀의 손에 쥐어주고는 망자를 깨우려 했다." 훗날 버펄로 동물원 원장이 된 도나 페르난데스는 이 광경을 보고 감정이 북받쳐서 눈물을 흘렸다. 그 뒤로 버펄로 동물원의 수컷 오메가와 시카고의 브룩필드 동물원에서 죽은 암컷 뱁스 등도 조문을 받았다. 텔레비전 보도에 따르면, 뱁스의 가족들은 시신이 누워 있는 방에 한 마리씩 조용히 들어와 그녀의 몸에 다가가서는 얌전히 냄새를 맡았다.

시대를 앞서가는 동물원들은 늙은 동물이 죽었을 때 장례를 치러준다. 2006년 밀워키 카운티 동물원에서 46세의 코끼리 루시를 병 때문에 안락사했을 때 동물원의 또 다른 코끼리는 루시의 우리에 들어와 조문하는 것이 허락되었다. 이와 마찬가지로 토론토 동물원에서는 극심한 관절염 통증을 앓은 40세의 아프리카코끼리 팻시를 안락사했을 때 다른 여섯 마리 코끼리가 시신 곁에서 밤을 지새우며 '애도'하도록 했다.

캐나다 뉴브런즈윅 멍크턴의 매그내틱힐 동물원에서는 그곳에서 20년 가까이 산 시베리아호랑이 토마를 위해 겨울 축제와 동물원 개방 행사를 계획했다. 사랑받는 늙은 토마는 신부전으로 죽음을 앞두고 있었다. 배우자 파샤가 3년 전에 바르비투르산염으로 안락사시킨 동물의 고기를 먹고 죽은 뒤로 토마는 홀로 지냈다.

반려동물

사람들 역시 사랑하는 오랜 반려동물의 죽음에 심리적으로 대처할 수 있도록 의식을 치를 수 있다. 늙은 동물을 냉정하게 수의사에게 보내어 안락사시키는 것이 아니라 추모와 연민의 간단한 작별 의식을 열어주는 것이다. 린다 텔링턴존스 말마따나 노쇠했거나 점차 병약해지는 동물에게 고통에서 벗어나고 싶으냐고 묻는 것이 맨 처음 순서다. 어리석은 소리처럼 들리겠지만, 텔링턴존스는 동물과 한 번도 실제로 이야기해본 적 없는 많은 사람이 이 질문을 던지고 있으며, 일부는 동물에게 분명히 안락사 허락을 받았다고 느낀다고 주장했다. 텔링턴존스는 많은 애완동물이 내려놓고 싶은 삶을 오랫동안 붙들고 있었기에 주인과 이야기를 나누고 얼마 지나지 않아 죽는다고 생각했다. 동물이 병마와 싸운 것은 인간 동반자가 자신의 죽음을 감당하지 못할까 봐 그랬다는 것이다.

개든 고양이든 말이든 반려동물이 안락사를 허락했거나 견디지 못할 만큼 큰 고통을 겪고 있으면 인간 동반자는 그 동물을 아는 친구 몇 명을 불러들인다. 그들은 주위에 가만히 앉아 녀석을 부드럽게 쓰다듬고 어루만진다. 녀석이 얼마나 근사한 삶을 살았는지, 인간 친구들에게 얼마나 큰 기쁨을 주었는지, 이 안타까운 상황에 대해 자신들이 얼마나 슬픔을 느끼는지, 그리고 지금이 삶의 순환에서 또 다른 단계로 넘어갈 시점이라는 것에 대해 이야기한다. 그런 다음 주인이 곁을 지키는 가운데 약물을 주입하여 고통 없는 고요한 세상으로 인도한다. 우리는 슬픔을 공개적으로 드러내지 말라고 배우지만, 가슴이 찢어지는데 슬픔을 숨기는 게 과연 능사일까?

작별 의식을 개인적으로 준비하기 힘들면 (일부 도시에서는) 애완동물 장례 서비스를 이용할 수 있다. 이 업체들은 죽은 애완동물의 조문, 추도, 매장이나 화장, 묘비 등을 제공하고 애도를 도와준다. "사람들은 동물이 물건처럼 버려지지 않도록 죽음을 맞이하는 일종의 의식이 필요하다고 생각한다."

죽어가는 동물 중에서 가장 기묘한 대접을 받은 것은 캐나다의 정치인 매켄지 킹과 함께 산 갈색 아이리시 테리어 팻일 것이다. 킹은 1922년에 처음 총리가 되었을 때 어머니, 형제자매, 가까운 친구 두 명이 모두 죽은 뒤여서 가족 친지가 한 명도 없었다. 팻은 킹의 절친이 되어 그의 고민에 귀 기울이고 정서적으로 버팀목이 되어주었다. 제2차 세계 대전이 터졌을 때 킹은 비밀 일기에 이렇게 썼다. "팻은 늘 나에게 어머니 같은 존재였으며 … 가장 중요한 이 순간에 내 곁에서 자신감을 불어넣어주었다." 2년 뒤 17세가 된 팻은 귀가 먹고 눈이 멀고 병들어 죽어갔다. 킹은 죽음이 임박한 팻을 품에 안아주려고 전쟁 위원회를 연기했다. 그는 팻에게 사랑의 말을 속삭였으며, 천국에 있는 어머니와 가족 친지에게 자신의 말을 전해달라고 부탁했다. 킹이 찬송가 〈우리 다시 만날 때까지〉를 부르는 동안 팻의 작은 몸뚱이는 차츰 식어갔다.

옮긴이의 글

이 사회에서 노인은 천덕꾸러기 취급을 받는다. 노인을 공경해야 한다는 당위와 존경할 노인이 없다는 현실 사이에서 노인 혐오가 커져만 간다. 이게 자연스러운 이치일까? 쓸모가 없으면 살아갈 이유도 없는 것일까?

이런 고민을 하던 차에 이 책을 접하게 되었다. 이성을 가진 인간의 세계에서도 노인을 짐스럽게 여기는데, 하물며 무정한 자연의 세계에서는 번식 가능 연령이 지난 동물이 가차 없이 퇴출되지 않겠는가? 먹이가 귀하기에, 노쇠하여 힘이 약하고 쓸모없는 구성원을 배제하는 무리가 경쟁에서 승리하지 않겠는가? 그런데 책을 읽으면서 이런 통념이 잘못임을 알게 되었다.

저자 앤 이니스 대그(영어판 원서가 출간되었을 때 이미 76세였으므로 '앤 할머니'로 부르기로 하자)는 무리 구성원이 더는 번식하지 못한다고 해서 존재 가치를 잃지 않으며 나름의 방식으로 무리에 이바지하고 구성원에게 존경이나 돌봄을 받는다고 말한다.

앤 할머니는 자료를 찾느라 애를 먹었는데, 이는 늙은 동물에 대한 연구가 거의 이루어지지 않았기 때문일 뿐 아니라 늙은 동물을 정의하고 식별하는 것이 매우 힘들기 때문이기도 하다. 게다가 늙은 동물은 포식자에게 잡아먹히기 쉬워서 천수를 누리는 일이 드물다. 그런 탓에 우리는 늙은 동물이 존재한다는 사실을 곧잘 간과하며 늙은 동물이 무리에서 하는 역할을 대수롭지 않게 생각한다.

늙은 동물이 무리에서 아무런 역할도 하지 않는다는 착각은 종종 비극적 결과를 낳기도 한다. 남아프리카공화국에서 젊은 수컷 코끼리들이 난동을 부리고 관광객을 죽였는데, 이 사건의 원인은 코끼리 개체 수를 조절한다며 늙은 코끼리를 도태한 것이었다. 코끼리 무리는 암컷과 새끼로 이루어지기에 우두머리 암컷이 '가모장'으로서 무리를 이끈다. 가모장의 경험과 지혜가 없으면 코끼리 무리는 먼 거리를 이동하며 물과 먹이를 찾지 못할 것이다. 고래도 늙은 가모장이 무리를 이끈다.

늙은 동물은 무리의 수호자가 되기도 한다. 젊은 것들에게 구박을 받으면서도 위험이 닥치면 맨 앞에 나가 무리를 지킨다. 자신은 새끼를 낳지 못해도 다른 새끼를 돌보며 할머니 노릇을 하기도 한다. 한때 우두머리였어도 이제는 낮은 지위로 내려가는 것을 달게 받아들인다.

이 책에는 애틋하고 안타까운 사연이 많이 등장한다. 이것은 우리가 동물을 의인화하여 감정 이입을 했기 때문이 아니다. 인간 아닌 동물도 실제로 새끼를 사랑하고 사별을 슬퍼하고 연장자를 존경한다. 책을 읽으면서 동물이 오히려 인간보다 슬기롭게 노년을 헤쳐나가고 있는지도 모른다는 생각이 들었다.

현대 사회에서 노인의 경험과 지혜가 무용지물처럼 보이는 것은 노인의 참여가 철저히 차단되었기 때문인지도 모른다. 세상에서는 예나 지금이나 같은 일들이 되풀이되고 있는데, 우리는 노인들이 자신의 경험과 지혜를 나누어줄 수 없는 구조를 만들어버렸는지도 모른다. 우리가 노인을 대하는 태도는 얼마 뒤에 다음 세대가 우리를 대할 태도다. 지금의 노인이 사회에서 인정받고 제 역할을 할 수 있도록 하는 것은 결국 우리 자신을 위한 일이다. 이 책에 실린 동물의 이야기에서 이를 위한 실마리를 얻을 수 있었으면 좋겠다.

노승영

미주

1 여기서 '좋은 유전자'가 있는 동물이란 늙도록 성공적으로 살아남아 번식한 동물을 일컫는다. 진화심리학자들이 쓰는('잘못 쓰는'이라고 해야 옳겠지만) 용어와 헷갈리면 안 된다. 용어의 차이에 대해서는 내가 쓴《쇼핑 중독은 유전자가 아니야: 다윈주의 심리학의 문제점》(2005, 172~175쪽) 참고.

2 수전 매컬로이는 9번의 서식지 이전을 감독하고 9번의 생애에 관심을 쏟은 동물학자에게 왜 늑대에게 이름이 아니라 번호를 붙였는지 물었다. 그는 "녀석들은 실험 동물 무리입니다. 한 마리의 생존보다는 무리의 생존이 중요합니다. 저희는 늑대를 무리로 여깁니다"라고 설명했다. 매컬로이는 잠시 귀를 의심했다. 연구자들이 자리를 비웠을 때 그들의 아내 중 한 명이 진짜 이유를 들려주었다. 연구자들은 늑대에게 애착을 느꼈지만 그중 몇 마리가 죽으리라는 것을 알았기에 이름 없는 동물을 잃는 편이 덜 고통스러울 것이라고 생각했다는 것이다. 그래도 매컬로이는 마음이 풀리지 않았다. 이름을 지어주지 않는 것은 늑대를 하찮게 여기는 것이라고 생각했기 때문이다. 나중에 "하느님을 일컫는 단어는 발음할 수 없는 글자로 이루어졌는데, 거룩한 존재의 진짜 이름은 말로 표현할 수 없기 때문이다"라는 이야기를 듣고서야 기분이 나아졌다.

   흔한 예로, 엘리자베스 마셜 토머스는 1986년에 케이티 페인과 코끼리를 연구할 때 코끼리에게 절대 이름을 지어주지 말고 번호를 붙이라는 지시를 받았다. 그래야 연구가 더 과학적으로 보인다는 이유에서였다. "야생동물에게 이름이 없는 것은 사실이지만, 번호도 없기는 마찬가지다. 우리는 이 사실을 염두에 두고서 경고를 무시하고 이름을 지었다. 숫자보다는 이름이 훨씬 기억하기 쉬우니까."

3 흥미로운 사실은, 잡지와 텔레비전에서는 일반적으로 젊은 남녀에 초점을 맞추는 반면에 동물에 대해서는 늙은 동물을 우대한다는 것이다. 일례로 찰스 다윈의 친

구이며 최근에 죽은 늙은 땅거북은 175년쯤 살았다. 그런가 하면 이름난 코끼리 라자는 58세가 되었을 때 스리랑카에서 "가장 존경받는 살아 있는 기념물"이라는 찬사를 받았다. 라자는 해마다 여름이면 캔디(스리랑카 중부에 있는 도시_옮긴이)에서 붓다를 기리기 위해 보석으로 화려하게 치장한 코끼리 50여 마리를 이끌고 행진했다. 등에 진 금궤에는 불치佛齒가 모셔져 있었다. 라자가 65세의 나이로 죽자 승려들은 명복을 빌었으며 수천 명이 참배했다. 라자는 박제되어 불치사佛齒寺 옆 박물관에 안치되었다.

1980년대 신시내티 동물원에서 살았던 늙은 치타 에인절도 있다. 에인절은 12년 동안 캐스린 힐커와 짝을 이루어 치타와 치타의 고향에 대한 교육을 진행했는데, 에인절 기금 웹사이트에 따르면 긴 생애 동안 100만 명 넘는 사람을 만났다. 아프리카에서 치타 개체 수가 재앙 수준으로 감소하자(1900년에는 10만 마리였지만 오늘날에는 1만 1,000마리에 불과하다) 1992년에 에인절을 기리며 에인절 기금이 설립되었다. 에인절 기금의 사명은 치타 보전 기금을 통해 야생 치타와 (번식 프로그램으로) 포획 치타를 보전하는 것이다. 에인절 기금의 성공 사례로는 서남아프리카 나미비아의 농민들이 치타로부터 가축을 보호할 수 있도록 아나톨리아 셰퍼드 경비견을 공급하여 치타를 농민들의 응징으로부터 보호한 것을 들 수 있다. 개가 치타를 구하다니!

4 최근 연구에 따르면 학습과 (평생 습득한) 경험은 사람의 뇌에서 물리적 변화를 일으킨다. "나이 든 사람의 경우, 지속적으로 사용해온 뇌세포(뉴런)가 있는 부분은 가지가 빽빽한 나무들로 이루어진 울창한 숲처럼 보이는데, 이것은 젊은 사람들의 뇌가 보다 덜 빽빽하게 보이는 것과 대조를 이룬다. 이러한 신경세포의 밀도는 나이 든 사람이 지니고 있는 능력의 물질적 토대가 된다"(Cohen 2005). 코끼리를 비롯한 동물의 뇌도 일생 동안 비슷하게 발달하는 듯하다.

5 일부 연구자는 이브를 '스카Scar'라고 불렀다.

6 베넷 갈레프는 '전통'과 '문화'라는 용어를 인간 아닌 동물에게도 쓸 수 있다고 말한다. 이는 새로운 발견과 의식儀式이 한 세대에서 다음 세대로 전달될 수 있음을

시사한다. 갈레프는 이러한 문화가 언어와 예술을 구사하는 인간 문화와 일치하는 것은 아니며 그렇게 취급해서도 안 된다고 설득력 있게 주장한다.

7 예컨대 흰꼬리사슴white-tailed deer에 대해서는 Sorin 2004; 부시벅영양bushbuck에 대해서는 Apio et al. 2007; 긴꼬리마카크long-tailed macaque에 대해서는 Van Noordwijk et al. 2001; 푸른박새blue tit에 대해서는 Poesel et al. 2006; 노래참새song sparrow에 대해서는 Hyman et al. 2004; 검은머리쑥새reed bunting에 대해서는 Bouwman et al. 2007; 남방참고래에 대해서는 Best et al. 2003 참고.

8 나는 수컷이 암컷을 소유한다는 것을 암시하는 '하렘'이라는 단어가 너무 싫어서 《하렘과 그 밖의 경악스러운 일들: 행동생물학에서의 성적 편견Harems and Other Horrors: Sexual Bias in Behavioral Biology》(1983)이라는 책을 쓰기도 했다. 수컷 하나가 암컷 집단과 함께 있는 것을 관찰할 수는 있지만, 면밀한 연구에 따르면 수컷은 암컷이 거부하면 짝짓기 할 권한이 없다. 발정기의 붉은사슴 수컷은 고분고분한 암컷들을 거느리고 다니는 것이 아니라 하루하루 양치기 개처럼 행동하며 최대한 많은 암컷을 모으는 동시에 다른 수컷들을 가까이 못 오게 한다. 하지만 망토개코원숭이에게는 '하렘'이라는 말을 써도 무방할 듯하다. 수컷은 암컷을 어릴 적부터 격리하여 주도면밀하게 감시한다.

9 '길들이기habituation'는 사람이 동물에게서 10미터 내에 서 있거나 앉아 있어도 동물이 그 사람을 무리 구성원보다 더 자주 쳐다보지 않는 상태로 정의할 수 있다.

10 페체이Jocelyn Scott Peccei는 옛 할머니 가설과 새 할머니 가설을 폭넓게 비판한 바 있다.

11 일부 극단적 종교인은 인간 아닌 동물이 동성애 행위를 전혀 하지 않는다고 주장함으로써 인간의 동성애가 나쁜 것이라고 결론 내리지만 이는 잘못된 주장이다. 브루스 베이지밀과 내가 상술했듯, 암수를 막론하고 수백 종의 동물이 동성애 행위를 한다.

12 일반적으로 늙은 해양포유류의 몸에는 배에 부딪혀 생긴 흉터와 파인 자국이 젊

은 해양포유류에 비해 많다. 공교롭게도 늙은 동물은 이러한 과거 부상의 흔적 때문에 사람 눈에 띄어 더 학대받는다.

13 늙은 영장류는 과식하게 내버려두면 식탐 때문에 뚱뚱해질 수 있다. 태국의 로프부리에서는 해마다 방목 긴꼬리마카크를 위해 푸짐한 만찬을 차리는데(이렇게 하면 행운을 가져다준다고 알려져 있으며 관광객도 끌어모을 수 있기 때문이다) 이 때문에 원숭이들은 오랫동안 엄청난 양을 먹어치웠다. 일부 원숭이는 하도 뚱뚱해져서 제대로 움직이지 못하는 지경까지 되었다.

참고 문헌

Abegglen, Jean-Jacques. 1985. *On Socialization in Hamadryas Baboons*. Cranbury, NJ: Associated University Presses.

Ackerman, Diane. 1998. The moon by whale light. In Linda Hogan, Deena Metzger, and Brenda Peterson, eds., *Intimate Nature: The Bond between Women and Animals*, 304-308. New York: Fawcett Books.

Alcock, John. 1988. *The Kookaburra's Song: Exploring Animal Behavior in Australia*. Tucson: University of Arizona Press.

Alexander, Shana. 2000. *The Astonishing Elephant*. New York: Random House.

Altmann, Jeanne. 1980. *Baboon Mothers and Infants*. Cambridge, MA: Harvard University Press.

Amoss, Pamela T. 1981. Coast Salish elders. In Pamela T. Amoss and Stevan Harrell, eds., *Other Ways of Growing Old*, 227-247. Stanford, CA: Stanford University Press.

Amoss, Pamela T. and Stevan Harrell, eds. 1981. *Other Ways of Growing Old: Anthropological Perspectives*. Stanford, CA: Stanford University Press.

Anderson, Connie M. 1986. Female age: Male preference and reproductive success in primates. *International Journal of Primatology* 7,3: 305-326.

Angel Fund. 2006. www.cincyzoo.org/conservation/GlobalConservation/cheetah/AngelFund/ angelfundrev.html.

Apio, Ann, Martin Plath, Ralph Tiedemann, and Torsten Wronski. 2007. Age-dependent mating tactics in male bushbuck (*Tragelaphus scriptus*). *Behaviour* 144,5: 585-610.

Archie, Elizabeth A., Thomas A. Morrison, Charles A.H. Foley, Cynthia Moss, and Susan C. Alberts. 2006. Dominance rank relationships among wild female African elephants, *Loxodonta africana*. *Animal Behaviour* 711,1: 117-127.

Askins, Renee. 2002. *Shadow Mountain: A Memoir of Wolves, A Woman, and the Wild*. New York: Anchor Books.

Atsalis, Sylvia and Susan W. Margulis. 2006. Sexual and hormonal cycles in geriatric *Gorilla gorilla gorilla. International Journal of Primatology* 27,6: 1663-1687.

Atsalis, Sylvia, Susan W. Margulis, Astrid Bellem, and Nadja Wielebnowski. 2004. Sexual behavior and hormonal estrus cycles in captive aged lowland gorillas (*Gorilla gorilla*). *American Journal of Primatology* 62: 123-132.

Bagemihl, Bruce. 1999. *Biological Exuberance: Animal Homosexuality and Natural Diversity.* New York: St. Martin's Press.

Bailey, Theodore N. 1993. *The African Leopard: Ecology and Behavior of a Solitary Felid.* New York: Columbia University Press.

Balcombe, Jonathan. 2006. *The Pleasurable Kingdom: Animals and the Nature of Feeling Good.* London: Macmillan. 한국어판은 노태복 옮김, 《즐거움, 진화가 준 최고의 선물》(도솔, 2008).

Barclay, Robert M.R. and Lawrence D. Harder. 2003. Life histories of bats: Life in the slow lane. In Thomas H. Kunz and M. Brock Fenton, eds., *Bat Ecology*, 209-253. Chicago: University of Chicago Press.

Bass, Rick. 1993. The way wolves are. In John A. Murray, ed., *Out Among the Wolves: Contemporary Writings on the Wolf*, 177-187. Vancouver: Whitecap Books.

Beehner, J.C., T.J. Bergman, D.L. Cheney, R.M. Seyfarth, and P.L. Whitten. 2005. The effect of new alpha males on female stress in free-ranging baboons. *Animal Behaviour* 69,5: 1211-1221.

Bekoff, Marc. 2005. E-mail re. a report by Janet Spittler on "Gorilla religiosus." March 3.

———. 2006. Would you do it to your dog? (e-mail report). September 28.

———. 2007. *Emotional Lives of Animals: A Leading Scientist Explores Animal Joy, Sorrow and Empathy-And Why They Matter.* Novato, CA: New World Library. 한국어판은 김미옥 옮김, 《동물의 감정: 동물의 마음과 생각 엿보기》(시그마북스, 2008).

Berthold, Peter. 1996. Control of Bird Migration. London: Chapman and Hall.

Best, P.B., C.M. Schaeff, D. Reeb, and P.J. Palsboll. 2003. Composition and possible function of social groupings of southern right whales in South African waters. *Behaviour* 140,11-12: 1469-1494.

Biesele, Megan and Nancy Howell. 1981. "The old people give you life": Aging among !Kung hunter-gatherers. In Pamela T. Amoss and Stevan Harrell, eds., *Other Ways of Growing*

Old, 77–98. Stanford, CA: Stanford University Press.

Birkhead, Tim R. and Anders Pape Moller. 1998. *Sperm Competition and Sexual Selection*. London: Academic Press.

Boguszewski, P. and J. Zagrodzka. 2002. Emotional changes related to age in rats—a behavioral analysis. *Behavior and Brain Research* 133,2: 323–332.

Borries, Carola. 1988. Patterns of grandmaternal behaviour in free-ranging Hanuman langurs (*Presbytis entellus*). *Human Evolution* 3,4: 239–260.

Bouwman, Karen M., Rene E. van Dijk, Jan J. Wijmenga, and Jan Komdeur. 2007. Older male reed buntings are more successful at gaining extrapair fertilizations. *Animal Behaviour* 73,1: 15–27.

Bradshaw, G. A., Allan N. Schore, Janine L. Brown, Joyce H. Poole, and Cynthia J. Moss. 2005. Concept elephant breakdown. *Nature* 433, 807.

Broussard, D. R., T. S. Risch, F. S. Dobson, and J. O. Murie. 2003. Senescence and age-related reproduction of female Columbian ground squirrels. *Journal of Animal Ecology* 72: 212–219.

Brown, Charles R. 1998. *Swallow Summer*. Lincoln: University of Nebraska Press.

Brownlee, Shannon, M. and Kenneth S. Norris. 1994. The acoustic domain. In Kenneth S. Norris, Bernd Wiirsig, Randall S. Wells, and Melany Wiirsig, eds., *The Hawaiian Spinner Dolphin*, 161–185. Berkeley: University of California Press.

Burger, Joanna. 2001. *The Parrot Who Owns Me: The Story of a Relationship*. New York: Random House.

Buss, Irven O. 1990. *Elephant Life: Fifteen Years of High Population Density*. Ames: Iowa State University Press.

Byers, John A. 2003. *Built for Speed: A Year in the Life of Pronghorn*. Cambridge, MA: Harvard University Press.

Cameron, Elissa Z., Wayne L. Linklater, Kevin J. Stafford, and Edward O. Minot. 2000. Aging and improving reproductive success in horses: Declining residual reproductive value or just older and wiser? *Behavioral Ecology and Sociobiology* 47: 243–249.

Campagna, Claudio, Claudio Bisioli, Flavio Quintana, Fabian Perez, and Alejandro Vila. 1992. Group breeding in sea lions: Pups survive better in colonies. *Animal Behaviour* 43: 541–548.

Carey, James R. 2003. *Longevity: The Biology and Demography of Life Span*. Princeton, NJ: Princeton University Press.

Caro, T. M. and M.D. Hauser. 1992. Is there teaching in nonhuman animals? *Quarterly Review of Biology* 67, 2: 151-174.

Carr, Rosamond Halsey, with Ann Howard Halsey. 1999. *Land of a Thousand Hills: My Life in Rwanda*. New York: Viking.

Carrighar, Sally. 1965. *Wild Heritage*. Boston: Houghton Mifflin.

Chadwick, Douglas H. 1992. *The Fate of the Elephant*. San Francisco: Sierra Club Books.

Cheney, Dorothy L. and Robert M. Seyfarth. 1990. *How Monkeys See the World: Inside the Mind of Another Species*. Chicago: University of Chicago Press.

Clapham, Phil. 2004. *Right Whales: Natural History and Conservation*. Stillwater, MN: Voyageur Press.

Clotfelter, Ethan D., Alison M. Bell, and Kate R. Levering. 2004. The role of animal behaviour in the study of endocrine-disrupting chemicals. *Animal Behaviour* 68,4: 665-676.

Clutton-Brock, T.H. 1984. Reproductive effort and terminal investment in iteroparous animals. *American Naturalist* 123,2: 212-229.

Clutter-Brock, T.H., F.E. Guinness, and S.D. Albon. 1982. *Red Deer Behaviour and Ecology of Two Sexes*. Edinburgh: Edinburgh University Press.

Cohen, Gene D. 2005. *The Mature Mind: The Positive Power of the Aging Brain*. New York: Basic Books. 한국어판은 김성현 옮김, 《Mature Mind: 장·노년기 두뇌를 새롭게 하는 8가지 방법》(지식더미, 2008).

Connor, Richard C. and Dawn Micklethwaite Peterson. 1994. *The Lives of Whales and Dolphins*. New York: Henry Holt.

Coren, Stanley. 1994. *The Intelligence of Dogs: Canine Consciousness and Capabilities*. New York: Free Press.

———. 2002. *The Pawprints of History*. New York: Free Press.

Cote, Steve D. and Marco Festa-Blanchet. 2001. Reproductive success in female mountain goats: The influence of age and social rank. *Animal Behaviour* 62,1: 173-181.

Couturier, Lisa. 2005. *The Hopes of Snakes and Other Tales from the Urban Landscape*. Boston: Beacon Press.

Crandall, Lee S. 1966. *A Zoo Man's Notebook*. Chicago: University of Chicago Press.

Creel, Scott. 2001. Social dominance and stress hormones. *Trends in Ecology and Evolution* 16,9: 491–497.

———. 2005. Dominance, aggression, and glucocorticoid levels in social carnivores. *Journal of Mammalogy* 86,2: 255–264.

Dagg, Anne Innis. 1970. Tactile encounters in a herd of captive giraffe. *Journal of Mammalogy* 51: 279–287.

———. 1983. *Harems and Other Horrors: Sexual Bias in Behavioral Biology*. Waterloo, ON: Otter Press.

———. 1984. Homosexual behaviour and female–male mounting in mammals a first survey. *Mammal Review* 14: 155–185.

———. 2005. *"Love of Shopping" Is Not a Gene: Problems with Darwinian Psychology*. Montreal: Black Rose Press.

Dagg, Anne Innis and J. Bristol Foster. 1976. *The Giraffe: Its Biology, Behavior, and Ecology*. New York: Van Nostrand Reinhold.

Dahlberg, Carrie Peyton. 2007. Old monkeys, new memory clues: Research on primate aging could aid humans. *Sacramento Bee*, January 22, A1. http://www.sacbee.com/303/story/83452.html.

Darling, E Fraser. 1969. *A Herd of Red Deer: A Study in Animal Behaviour*. London: Oxford University Press. (Orig. pub. 1937.)

Davidson, Terry. 2005. A more personal way to say goodbye. *National Post* (Toronto). December 31, TO22.

Delean, Paul. 2007. Unbridled love for a racehorse. *Montreal Gazette*. July 3.

DelGiudice, Glenn D., Mark S. Lenarz, and Michelle Carstensen Powell. 2007. Age-specific fertility and fecundity in northern free-ranging white-tailed deer: Evidence for reproductive senescence? *Journal of Mammalogy* 88,2: 427–435.

DeRousseau, C. Jean, Laszlo Z. Bito, and Paul L. Kaufman. 1986. Age-dependent impairments of the rhesus monkey visual and musculoskeletal systems and apparent behavioral consequences. In Richard G. Rawlins and Matt J. Kessler, eds., *The Cayo Santiago Macaques: History, Behavior and Biology*, 233–251. Albany: State University of New York Press.

Diamond, Jared. 1987. Learned specializations of birds. *Nature* 330,5: 16-17.

———. 2001. Unwritten knowledge. *Nature* 410: 521.

Discovery Channel. 2006. 176-year-old tortoise named Harriet passes on. June 26. http://dsc.discovery.com/news/2006/06/26/tortoise_ani.html?category=animals&guid=2006062611114500.

Doidge, Norman. 2007. *The Brain that Changes Itself*. New York: Viking. 한국어판은 김미선 옮김, 《기적을 부르는 뇌: 뇌가소성 혁명이 일구어낸 인간 승리의 기록들》(지호, 2008).

Dolhinow, Phyllis, James J. McKenna, and Julia Vonder Haar Laws. 1979. Rank and reproduction among female langur monkeys: Aging and improvement (they're not just getting older, they're getting better). *Aggressive Behaviour* 5: 19-30.

Douglas-Hamilton, Iain and Oria Douglas-Hamilton. 1975. *Among the Elephants*. London: Collins and Harvill Press.

Dutcher, Jim and Jamie Dutcher. 2002. *Wolves at Our Door*. New York: Pocket Books.

Engel, Cindy. 2002. *Wild Health: How Animals Keep Themselves Well and What We Can Learn from Them*. Boston: Houghton Mifflin. 한국어판은 최장욱 옮김, 《살아 있는 야생》(양문, 2003).

Engh, Anne L., Jacinta C. Beehner, Thore J. Bergman, Patricia L. Whitten, Rebekah R. Hoffineier, Robert M. Seyfarth, and Dorothy L. Cheney. 2006. Behavioural and hormonal responses to predation in female chacma baboons (*Papio hamadryas ursinus*). *Proceedings of the Royal Society B: Biological Sciences* 273: 707-712.

Ericsson, Göran, Kiell Wallin, John P. Ball, and Martin Broberg. 2001. Age-related reproductive effort and senescence in free-ranging moose, *Alces alces*. *Ecology* 82,6: 1613-1620.

Fairbanks, L.A. and M.T. McGuire. 1986. Age, reproductive value, and dominance-related behaviour in vervet monkey females: Cross-generational influences on social relationships and reproduction. *Animal Behaviour* 34: 1710-1721.

Fedigan, Linda Marie. 1991. History of the Arashiyama West Japanese macaques in Texas. In Linda Marie Fedigan and Pamela J. Asquith, eds., *The Monkeys of Arashiyama*, 54-73. Albany: State University of New York Press.

Fedigan, Linda Marie and Mary S. McDonald Pavelka. 2001. Is there adaptive value to reproductive termination in Japanese macaques? A test of maternal investment hypotheses. *International Journal of Primatology* 22, 2 : 109-125.

Findley, Timothy. 1990. *Inside Memory*. Toronto : HarperCollins.

Fleetwood, Mary Anne. 1998. An interview with Linda Tellington-Jones. In Linda Hogan, Deena Metzger, and Brenda Peterson, eds., *Intimate Nature: The Bond between Women and Animals*, 203-208. New York : Fawcett Books.

Fossey, Dian. 1983. *Gorillas in the Mist*. Boston : Houghton Mifflin. 한국어판은 최재천·남현영 옮김, 《안개 속의 고릴라》(승산, 2007).

Fox, Michael W. 1980. *The Soul of the Wolf*. Boston : Little, Brown.

Fukuyama, Francis. 1988. Women and the evolution of world politics. *Foreign Affairs* (September/October): 24-40.

Galef, Bennett G. 1992. The question of animal culture. *Human Nature* 3, 2 : 157-178.

Galef, Bennett G., Elaine E. Whiskin, and Gwen Dewar. 2005. A new way to study teaching in animals: Despite demonstrable benefits, rat dams do not teach their young what to eat. *Animal Behaviour* 70, 1 : 91-96.

Gauthier-Pilters, Hilde and Anne Innis Dagg. 1981. *The Camel: Its Ecology, Behavior and Relationship with Man*. Chicago : University of Chicago Press.

Geist, Valerius. 1971. *Mountain Sheep: A Study in Behavior and Evolution*. Chicago : University of Chicago Press.

Glavin, Terry. 2006. According to science, whales are for the killing. *Globe and Mail* (Toronto), July 1, F7.

Goodall, Jane. 1986. *The Chimpanzees of Gombe: Patterns of Behavior*. Cambridge, MA : Belknap Press.

Gordon, Jonathan. 1998. *Sperm Whales*. Stillwater, MN : Voyageur Press.

Gorman, Anna. 2006. Death of Gita renews calls to move elephants to sanctuary: Activists demonstrate at the L.A. Zoo to protest its plans to keep two remaining pachyderms. *Los Angeles Times*, June 12, B3.

Grandin, Temple and Catherine Johnson. 2005. *Animals in Translation: Using the Mysteries of Autism to Decode Animal Behavior*. New York : Scribner. 한국어판은 권도승 옮김, 《동물과의 대화》(샘터사, 2006).

Grice, Samantha. 2006. Curious gorge. *National Post* (Toronto), November 28, AL8.

Grogan, John. 2005. *Grogan and Me: Life and Love with the World's Worst Dog*. New York :

William Morrow.

Groning, Karl and Martin Sailer. 1999. *Elephants: A Cultural and Natural History*. Cambridge: First Edition Translations, from the German.

Gunderson, Harvey L. 1976. *Mammalogy*. New York: McGraw-Hill.

Gunji, Harumoto, Kazuhiko Hosaka, Michael A. Huffman, Kenji Kawanaka, Akiko Matsumoto-Oda, Yuzuru Hamada, and Toshisada Nishida. 2003. Extraordinarily low bone mineral density in an old female chimpanzee (*Pan troglodytes schweinfurthii*) from the Mahale Mountains National Park. *Primates* 44:145-149.

Haas, Emmy. 1967. *Pride's Progress: The Story of a Family of Lions*. New York: Harper and Row.

Hanby, Jeannette. 1982. *Lions Share*. Boston: Houghton Mifflin.

Hatkoff, Craig, Isabella Hatkoff, and Paula Kahumbu. 2005. *Owen and Mzee: The True Story of a Remarkable Friendship*. New York: Scholastic Press.

Hauser, Marc D. 1988. Invention and social transmission: New data from wild vervet monkeys. In R.W. Byrne and A. Whiten, eds., *Machiavellian Intelligence: Social Expertise and the Evolution of Intellect in Monkeys, Apes, and Humans*, 327-343. Oxford: Oxford University Press.

Hauser, Marc D. and Gary Tyrrell. 1984. Old age and its behavioral manifestations: A study on two species of macaque. *Folia Primatologica* 43: 24-35

Havelka, M.A. and J.S. Millar. 2004. Maternal age drives seasonal variation in litter size of *Peromyscus leucopus*. *Journal of Mammalogy* 85,5: 940-947.

Hawkes, Kristen. 2003. Grandmothers and the evolution of human longevity. *American Journal of Human Biology* 15: 380-400.

Hawkes, Kristen, J.F. O'Connell, and N.G. Blurton-Jones. 1997. Hadza women's time allocation, offspring provisioning and the evolution of long postmenopausal life spans. *Current Anthropology* 38: 551-577.

Hediger, Heini. 1968. The *Psychology and Behaviour of Animals in Zoos and Circuses*. Toronto: General Publishing.

Herman, L. 1980. Cognitive characteristics of dolphins. In L. Herman, ed., *Cetacean Behavior: Mechanisms and Functions*, 363-430. New York: Wiley-Interscience.

Hinde, Gerald. 1992. *Leopard*. London: HarperCollins.

Hinton, H.E. and A.M.S. Dunn. 1967. *Mongooses: Their Natural History and Behaviour.* Edinburgh: Oliver and Boyd.

Hoogland, John L. 1995. *The Black-Tailed Prairie Dog: Social Life of a Burrowing Mammal.* Chicago: University of Chicago Press.

Howard, Carol J. 1995. *Dolphin Chronicles.* New York: Bantam Books.

Hoyt, Erich. 1990. *Orca: A Whale Called Killer.* Toronto: Camden House.

Hrdy, Sarah Blaffer. 1977. *The Langurs of Abu: Female and Male Strategies of Reproduction.* Cambridge, MA: Harvard University Press.

———. 1981. "Nepotists" and "altruists": The behavior of old females among macaques and langur monkeys. In Pamela T. Amoss and Stevan Harrell, eds., *Other Ways of Growing Old*, 59–76. Stanford, CA: Stanford University Press.

———. 1999. *Mother Nature: A History of Mothers, Infants, and Natural Selection.* New York: Pantheon Books.

Huffman, Michael A. 1990. Some socio-behavioral manifestations of old age. In Toshisada Nishida, ed., *The Chimpanzees of the Mahale Mountains: Sexual and Life History Strategies*, 237–255. Tokyo: University of Tokyo Press.

Hyman, J., M. Hughes, W.A. Searcy, and S. Nowicki. 2004. Individual variation in the strength of territory defense in male song sparrows: Correlates of age, territory tenure, and neighbor aggressiveness. *Behaviour* 141,1: 15–27.

Innis, Harold Adams. 1952. Autobiography, 1894 to 1922, typescript, p. 14.

Jackson, Peter. 2007. The elephants' farewell. *Sunday Times* (London), January 28, magazine section.

Jensen, Gordon D., F.L. Blanton, and David H. Gribble. 1980. Older monkeys' (*Macaca radiata*) response to new group formation: Behavior, reproduction and mortality. *Experimental Gerontology* 15: 399–406.

Johnson, Christine M. and Kenneth S. Norris. 1994. Social behavior. Kenneth S. Norris, Bernd Wursig, Randall S. Wells, and Melany Wursig, eds., *The Hawaiian Spinner Dolphin*, 243–286. Berkeley: University of California Press.

Johnstone-Scott, Richard. 1995. *Jambo: A Gorilla's Story.* London: Michael O'Mara Books.

Jolly, Alison. 2004. *Lords and Lemurs: Mad Scientists, Kings with Spears, and the Survival of Diversity in Madagascar.* Boston: Houghton Mifflin.

Kano, Takayoshi. 1992. *The Last Ape: Pygmy Chimpanzee Behavior and Ecology*. Stanford, CA: Stanford University Press.

Kaplan, Gisela and Lesley J. Rogers. 2000. *The Orangutans*. Cambridge, MA: Perseus Publishing.

Kawai, Masao. 1965. Newly-acquired pre-cultural behavior of the natural troop of Japanese monkeys on Koshima Islet. *Primates* 6: 1-30.

Kawanaka, Kenji. 1990. Alpha males' interactions and social skills. In Toshisada Nishida, ed., *The Chimpanzees of the Mahale Mountains: Sexual and Life History Strategies*, 171-187. Tokyo: University of Tokyo Press.

Kempermann, Gerd, Daniela Gast, and Fred H. Gage. 2002. Neuroplasticity in old age: Sustained fivefold induction of hippocampal neurogenesis by longterm environmental enrichment. *Annals of Neurology* 52: 135-143.

Kim, Sin-Yeon, Roxana Torres, Cristina Rodriguez, and Hugh Drummond. 2007. Effects of breeding success, mate fidelity and senescence on breeding dispersal of male and female blue-footed boobies. *Journal of Animal Ecology* 76: 471-479.

Kipps, Clare. 1953. *Sold for a Farthing*. London: Frederick Muller. 한국어판은 안정효 옮김, 《어느 작은 참새의 일대기》(모멘토, 2011).

Knudtson, Peter. 1996. *Orca: Visions of the Killer Whale*. Vancouver: Greystone Books.

Kolata, Gina. 2007. These runners are stronger, faster and older. *National Post* (Toronto), September 15, WP9.

Kumar, Palash. 2006. Lions dying in Indian zoo after failed experiment. Reuters. September 17. http://bigcatnews.blogspot.com/2006_09_01_archive.html and http://www.asiatic-lion.org/news/news-0619.html.

Kummer, Hans. 1995. *In Quest of the Sacred Baboon: A Scientist's Journey*. Princeton, NJ: Princeton University Press.

Lahdenperä, Mirkka, Virpi Lummaa, Samuli Helle, Marc Tremblay, and Andrew F Russell. 2004. Fitness benefits of prolonged post-reproductive lifespan in women. *Nature* 428, 178-181.

Larousse Encyclopedia of Animal Life. 1967. London: Hamlyn.

Lawick-Goodall, Hugo van and Jane van Lawick-Goodall. 1970. *Innocent Killers*. London: Collins.

Laws, R.M., I.S.C. Parker, and R.C.B. Johnstone. 1975. *Elephants and Their Habitats: The Ecology of Elephants in North Bunyoro, Uganda.* Oxford: Clarendon Press.

Lehmann, Julia, Gisela Fickenscher, and Christophe Boesch. 2006. Kin biased investment in wild chimpanzees. *Behaviour* 143,8: 931–955.

Ligon, J.D. and S.H. Ligon. 1990. Great woodhoopoes: Life history traits and sociality. In Peter B. Stacey and Walter D. Koenig, eds., *Cooperative Breeding in Birds,* 31–65. Cambridge: Cambridge University Press.

Lilly, John Cunningham. 1975. *Lilly on Dolphins: Humans of the Sea.* New York: Anchor Books.

Lindau, Stacy Tessler, L. Philip Schumm, Edward O. Laumann, Wendy Levinson, Colm A. O'Muircheartaigh, and Linda Waite. 2007. A study of sexuality and health among older adults in the United States. *New England Journal of Medicine* 357,8: 762–774.

Linden, Eugene. 1999. *The Parrot's Lament and Other True Tales of Animal Intrigue, Intelligence, and Ingenuity.* New York: Penguin.

Logan, Kenneth A. and Linda L. Sweanor. 2001. *Desert Puma: Evolutionary Ecology and Conservation of an Enduring Carnivore.* Washington, DC: Island Press.

Lord, Nancy. 2004. *Beluga Days: Tracking a White Whale's Truth.* New York: Counterpoint.

Macdonald, David. 2000. Night school. In Marc Bekoff, ed., *The Smile of a Dolphin,* 46–49. New York: Discovery Books.

Maples, E.G., M.M. Haraway, and C.W. Hutto. 11989. Development of coordinated singing in a newly formed siamang pair (*Hylobates syndactylus*). *Zoo Biology* 8,4: 367–378.

Marsh, Helene and Toshio Kasuya. 1991. An overview of the changes in the role of a female pilot whale with age. In Karen Pryor and Kenneth S. Norris, eds., *Dolphin Societies: Discoveries and Puzzles,* 281–285. Berkeley: University of California Press.

Marzluff, J.M. and R.P. Balda. 1990. Pinyon jays: Making the best of a bad situation by helping. In Peter B. Stacey and Walter D. Koenig, eds., *Cooperative Breeding in Birds,* 197–237. Cambridge: Cambridge University Press.

Masson, Jeffrey Moussaieff. 1997. *Dogs Never Lie about Love: Reflections on the Emotional World of Dogs.* New York: Crown Publishers.

——— . 2006. *Altruistic Armadillos, Zenlike Zebras.* New York: Random House.

Masson, Jeffrey Moussaieff and Susan McCarthy. 1995. *When Elephants Weep: The Emotional*

Lives of Animals. New York: Delacorte Press. 한국어판은 오성환 옮김, 《코끼리가 울고 있을 때》(까치, 1996).

Masters, Brian. 1988. *The Passion of John Aspinall*. London: Jonathan Cape.

McCarthy, Susan. 2004. *Becoming Tiger: How Baby Animals Learn to Live in the Wild*. New York: HarperCollins. 한국어판은 이한음 옮김, 《사람보다 더 사람 같은 동물의 세계: 신기한 동물들의 학습일기》(팬컴북스, 2012).

McComb, Karen, Cynthia Moss, Sarah M. Durant, Lucy Baker, and Soila Sayialel. 2001. Matriarchs as repositories of social knowledge in African elephants. *Science* 292,5516: 491-494.

McComb, Karen, David Reby, Lucy Baker, Cynthia Moss, and Soila Sayialel. 2003. Long-distance communication of acoustic cues to social identity in African elephants. *Animal Behaviour* 65,2: 317-329.

McCracken, Harold. 2003. *The Beast That Walks Like Man: The Story of the Grizzly Bear*. Lanham, MD: Roberts Rinehart. (Orig. pub. 1955.)

McElroy, Susan Chernak. 1996. *Animals as Teachers and Healers*. New York: Ballantine Books.

———. 2004. *All My Relations: Living with Animals as Teachers and Healers*. Novato, CA: New World Library.

McIntyre, Rick. 1993. The East Fork pack. In John A. Murray, ed., *Out Among the Wolves: Contemporary Writings on the Wolf*, 189-192. Vancouver: Whitecap Books.

Mech, L. David. 1966. *The Wolves of Isle Royale*. Washington, DC: U.S. Government Printing Office.

Meltzoff, A.N. 1988. Imitation, objects, tools, and the rudiments of language in human ontogeny. *Human Evolution* 3,1-2: 45-64.

Melville, Herman. 2001. *Moby-Dick*. 2nd ed. New York: Norton. (Orig. pub. 1851.) 한국어판은 김석희 옮김, 《모비 딕》(작가정신, 2010).

Meredith, Martin. 2007. Like humans, like elephants. *Conservation Magazine* 8,1: 1-2.

Mitani, M. 1986. Voiceprint identification and its application to sociological studies of wild Japanese monkeys (*Macaca fuscata*). *Primates* 27: 397-412.

Mizuhara, Hiroki. 1964. Social changes of Japanese monkey troops in the Takasakiyama. *Primates* 5: 29-51.

Morton, Alexandra. 2002. *Listening to Whales: What the Orcas Have Taught Us*. New York: Ballantine Books.

Moss, Cynthia. 1975. *Portraits in the Wild: Behavior Studies of East African Mammals*. Boston: Houghton Mifflin.

———. 1988. *Elephant Memories: Thirteen Years in the Life of an Elephant Family*. New York: William Morrow.

———. 1998. Elephant memories. In Linda Hogan, Deena Metzger, and Brenda Peterson, eds., *Intimate Nature: The Bond between Women and Animals*, 115–125. New York: Fawcett Books.

Mowat, Farley. 1988. *Virunga: The Passion of Dian Fossey*. Toronto: McClelland and Stewart. (Orig. pub. 1987.)

Muller, Martin N., Melissa Emery Thompson, and Richard W. Wrangham. 2006. Male chimpanzees prefer mating with old females. *Current Biology* 16,22: 2234–2238.

Mysterud, Atle, Erling J. Solberg, and Nigel G. Yoccoz. 2005. Ageing and reproductive effort in male moose under variable levels of intrasexual competition. *Journal of Animal Ecology* 74: 742–754.

Nakamichi, Masayuki. 1984. Behavioral characteristics of old female Japanese monkeys in a free-ranging group. *Primates* 25,2: 192–203.

———. 1991. Behavior of old females: Comparisons of Japanese monkeys in the Arashiyama East and West groups. In Linda Marie Fedigan and Pamela J. Asquith, eds., *The Monkeys of Arashiyama*, 175–193. Albany: State University of New York Press.

———. 2003. Age-related differences in social grooming among adult female Japanese monkeys (*Macaca fuscata*). *Primates* 44: 239–246.

Nakamichi, Masayuki, April Silldorff, Crystal Bringham, and Peggy Sexton. 2004. Baby-transfer and other interactions between its mother and grandmother in a captive social group of lowland gorillas. *Primates* 45: 73–77.

Nakamichi, Masayuki and K. Yamada. 2007. Long-term grooming partnerships between unrelated adult females in a free-ranging group of Japanese monkeys (*Macaca fuscata*). *American Journal of Primatology* 69: 652–663.

Nason, James D. 1981. Respected elder or old person: Aging in a Micronesian Community. In Pamela T. Amoss and Stevan Harrell, eds., *Other Ways of Growing Old*, 155–173.

Stanford, CA: Stanford University Press.

National Post (Toronto). 2006. Patsy the African elephant (1966-2006). July 26, A7.

Nishida, Toshisada, Hiroyuki Takasaki, and Yukio Takahata. 1990. Demography and reproductive profiles. In Toshisada Nishida, ed., *The Chimpanzees of the Mahale Mountains: Sexual and Life History Strategies*, 63-97. Tokyo: University of Tokyo Press.

Nishida, Toshisada and sixteen others. 2003. Demography, female life history, and reproductive profiles among the chimpanzees of Mahale. *American Journal of Primatology* 59: 99-121.

Nollman, Jim. 1999. *The Charged Border Where Whales and Humans Meet*. New York: Henry Holt.

Norris, Kenneth S. 1974. *The Porpoise Watcher*. New York: Norton.

———. 1991. *Dolphin Days: The Life and Times of the Spinner Dolphin*. New York: Norton.

Norris, Kenneth S. and Karen Pryor. 1991. Some thoughts on grandmothers. In Karen Pryor and Kenneth S. Norris, eds., *Dolphin Societies: Discoveries and Puzzles*, 287-289. Berkeley: University of California Press.

Norris, Kenneth S., Bernd Würsig, and Randall S. Wells. 1994. Aerial behavior. In Kenneth S. Norris, Bernd Wiirsig, Randall S. Wells, and Melany Wiirsig, eds., *The Hawaiian Spinner Dolphin*, 103-121. Berkeley: University of California Press.

North, Sterling. 1966. *Raccoons Are the Brightest People*. New York: Dutton.

O'Connell-Rodwell, Caitlin E., Jason D. Wood, Roland Gunther, Simon Klemperer, Timothy C. Rodwell, Sunil Puria, Robert Sapolsky, Colleen Kinzley, Byron T. Arnason, and Lynette A. Hart. 2004. Elephant low-frequency vocalizations propagate in the ground and seismic playbacks of these vocalizations are detectable by wild African elephants (*Loxodonta africana*). *Journal of the Acoustical Society of America* 115,5: 2554.

Olson, Sigurd. 1987. *Songs of the North*. New York: Penguin.

Orell, Markku and Eduardo J. Belda. 2002. Delayed cost of reproduction and senescence in the willow tit *Parus montanus*. *Journal of Animal Ecology* 71: 55-64.

Owens, Anne Marie. 2002. World's oldest known bird found—still looking for sex. *National Post* (Toronto), April 20, A2.

Owens, Mark and Delia Owens. 2006. *Secrets of the Savanna: Twenty-Three Years in the African Wilderness Unraveling the Mysteries of Elephants and People*. Boston: Houghton

Mifflin.

Packer, Craig, Marc Tatar, and Anthony Collins. 1998. Reproductive cessation in female mammals. *Nature* 392: 807–811.

Part, Tomas, Lars Gustafsson, and Juan Moreno. 1992. "Terminal investment" and a sexual conflict in the collared flycatcher (*Ficedula albicollis*). *American Naturalist* 140,5: 868-882.

Paul, Andreas, Jutta Kuester, and Doris Podzuweit. 1993. Reproductive senescence and terminal investment in female Barbary macaques (*Macaca sylvanus*) at Salem. *International Journal of Primatology* 14,1: 105–124.

Pavelka, Mary S. McDonald. 1990. Do old female monkeys have a specific social role? *Primates* 31,3: 363–373.

Pavelka, Mary S. McDonald, Linda M. Fedigan, and Sandra Zohar. 2002. Availability and adaptive value of reproductive and postreproductive Japanese macaque mothers and grandmothers. *Animal Behaviour* 64,3: 407–414.

Payne, Katy. 1998. *Silent Thunder in the Presence of Elephants*. New York: Simon and Schuster.

Payne, Roger. 1995. *Among Whales*. New York: Scribner.

Pearce, Tralee. 2007. $12 million dog. *Globe and Mail*(Toronto), August 30, L1, L5.

Peccei, Jocelyn Scott. 2001. A critique of the grandmother hypotheses: Old and new. *American Journal of Human Biology* 13: 434–452.

Pennisi, Elizabeth. 2001. Elephant matriarchs tell friend from foe. *Science* 292,5516: 417–418. http://www.sciencemag.org/cgi/content/summary/292/5516/417.

Petersen, David. 1995. *Ghost Grizzlies: Does the Great Bear Still Haunt Colorado?* New York: Henry Holt.

Peterson, Brenda. 1998. Apprenticeship to animal play. In Linda Hogan, Deena Metzger, and Brenda Peterson, eds., *Intimate Nature: The Bond between Women and Animals*, 428-437. New York: Fawcett Books.

——. 2001. *Build Me an Ark*. New York: Norton.

Podulka, Sandy, Ronald W. Rohrbaugh, and Rick Bonney. 2004. *Handbook of Bird Biology*. 2nd ed. Ithaca, NY: Cornell University Press.

Poesel, Angelika, P. Kunc Hansjoerg, Katharina Foerster, Arild Johnsen, and Bart Kempenaers. 2006. Early birds are sexy: Male age, dawn song and extrapair paternity in blue tits. *Cyanistes* (formerly *Parus*) *caeruleus*. *Animal Behaviour* 72,3: 531-538.

Poole, Alan. 1989. *Ospreys: A Natural and Unnatural History*. Cambridge: Cambridge University Press.

Poole, Joyce. 1996. *Coming of Age with Elephants*. London: Hodder and Stoughton.

Presty, Sharon K., Jocelyne Bachevalier, Lary C. Walker, Robert G. Struble, Donald L. Price, Mortimer Mishkin, and Linda C. Cork. 1987. Age differences in recognition memory of the rhesus monkey (*Macaca mulatta*). *Neurobiology of Aging* 8,5: 435-440.

Pugesek, Bruce H. 1981. Increased reproductive effort with age in the California gull (*Larus californicus*). *Science* 212,4496: 822-824.

Punzo, Fred and Sonia Chavez. 2003. Effect of aging on spatial learning and running speed in the shrew (*Cryptotis parva*). *Journal of Mammalogy* 84,3: 1112-1120.

Rasmussen, D.R. 1991. Observer influence on range use of *Macaca arctoides* after 14 years of observation? *Laboratory Primate Newsletter* 30,3: 6-11.

Record (Kitchener, ON). 1999. Seventy-two-year-old elephant dies of grief for her friend. May 6, A8.

Record (Kitchener, ON). 2006. Zoo euthanizes 46-year-old elephant. September 2, A12.

Record (Kitchener, ON). 2007. Zoo opens to allow goodbye to dying tiger. January 12, A4

Redekop, Bill. 2006. Patches, the solitary pooch. *National Post* (Toronto), January 10, A2.

Reid, J.M., E.M. Bignal, S. Bignal, D.I. McCracken, and P. Monaghan. 2003. Age-specific reproductive performance in red-billed choughs *Pyrrhocorax pyrrhocorax*: Patterns and processes in a natural population. *Journal of Animal Ecology* 72: 765-776.

Ridley, Jo, Douglas W. Yu, and William J. Sutherland. 2005. Why long-lived species are more likely to be social: The role of local dominance. *Behavioral Ecology* 16,2: 358-363.

Roach, John. 2003. Biologists study evolution of animal cooperation. *National Geographic News*, July 9, 1-4. http://news.nationalgeographic.com/news/2003/07/0709-030709-socialanimals.html.

Robbins, Andrew M., Martha M. Robbins, Netzin Gerald-Steklis, and H. Dieter Steklis. 2006. Age-related patterns of reproductive success among female mountain gorillas. *American Journal of Physical Anthropology* 131: 511-521.

Robbins, Martha M., Andrew M. Robbins, Netzin Gerald-Steklis, and H. Dieter Steklis. 2005. Long-term dominance relationships in female mountain gorillas: Strength, stability and determinants of rank. *Behaviour* 142,6: 779-809.

Robertson, Raleigh J. and Wallace B. Rendell. 2001. A long-term study of reproductive performance in tree swallows: The influence of age and senescence on output. *Journal of Animal Ecology* 70: 1014-1031.

Roof, Katherine A., William D. Hopkins, M. Kay Izard, Michelle Hook, and Steven J. Schapiro. 2005. Maternal age, parity, and reproductive outcome in captive chimpanzees (*Pan troglodytes*). *American Journal of Primatology* 67: 199-207.

Rook, Katie. 2006. Harriet: 1830-2006. *National Post* (Toronto), June 24, A2.

Rose, Naomi A. 2000. A death in the family. In Marc Bekoff, ed., *The Smile of a Dolphin*, 144-145. New York: Discovery Books.

Ross, Mark C. 2001. *Dangerous Beauty*. New York: Hyperion.

Roth, George S., Julie A. Mattison, Mary Ann Ottinger, Mark E. Chachich, Mark A. Lane, and Donald K. Ingram. 2004. Aging in rhesus monkeys: Relevance to human health interventions. *Science* 305,5689: 1423-1426.

Rothschild, Bruce M. and Frank J. Ruhli. 2005. Comparison of arthritis characteristics in lowland *Gorilla gorilla* and mountain *Gorilla beringei*. *American Journal of Primatology* 66: 205-218.

Rowley, I. and E. Russell. 1990. Splendid Fairy-wrens: Demonstrating the importance of longevity. In Peter B. Stacey and Walter D. Koenig, eds., *Cooperative Breeding in Birds*, 1-30. Cambridge: Cambridge University Press.

Russell, Andy. 1977. *Andy Russell's Adventures with Wild Animals*. Edmonton: Best Printing.

Russell, Dick. 2001. *Eye of the Whale: Epic Passage from Baja to Siberia*. New York: Simon and Schuster.

Saino, Nicola, Roberto Ambrosini, Roberta Martinelli, and Anders Pape Moller. 2002. Mate fidelity, senescence in breeding performance and reproductive trade-offs in the barn swallow. *Journal of Animal Ecology* 711: 309-319.

Sapolsky, Robert M. 1990. Stress in the wild. *Scientific American* 1,262: 116-123.

———. 1994. *Why Zebras Don't Get Ulcers: A Guide to Stress, Stress-Related Diseases, and Coping*. New York: Freeman and Co.

———. 1996. Why should an aged male baboon ever transfer troops? *American Journal of Primatology* 39: 149-157.

———. 1997. *The Trouble with Testosterone and Other Essays on the Biology of the Human Predicament*. New York: Simon and Schuster.

———. 2001. *A Primate's Memoir: A Neuroscientist's Unconventional Life among the Baboons*. Waterville, ME: Thorndike Press.

Savage, Candace. 1995. *Bird Brain: The Intelligence of Crows, Ravens, Magpies and Jays*. Vancouver: Greystone Books.

Schaller, George B. 1972a. *The Serengeti Lion*. Chicago: University of Chicago Press.

———. 1972b. *Serengeti: A Kingdom of Predators*. New York: Knopf.

Schmidt, Michael J. 1992. The elephant beneath the mask. In Jeheskel Shoshani, ed., *Elephants: Majestic Creatures of the Wild*, 92–97. Emmaus, PA: Rodale Press.

Schorger, A.W. 1955. *The Passenger Pigeon: Its Natural History and Extinction*. Norman: University of Oklahoma Press.

Scott, J.P. 1945. Social behavior, organization and leadership in a small flock of domestic sheep. *Comparative Psychology Monographs* 18,4: 1–29.

Segal, Nancy L. 1999. *Entwined Lives: Twins and What They Tell Us about Human Behavior*. New York: Dutton.

Shahrani, M. Nazif. 1981. Growing in respect: Aging among the Kirghiz of Afghanistan. In Paula T. Amoss and Stevan Harrell, eds., *Other Ways of Growing Old*, 175–191. Stanford, CA: Stanford University Press.

Sharp, Henry S. 1981. Old age among the Chipewyan. In Pamela T. Amoss and Stevan Harrell, eds., *Other Ways of Growing Old*, 99–109. Stanford, CA: Stanford University Press.

Shortt, Terry. 1975. *Not as the Crow Flies*. Toronto: McClelland and Stewart.

Siebert, Charles. 2006. An elephant crackup? *New York Times*, October 8, magazine section.

Sikes, Sylvia K. 1971. *The Natural History of the African Elephant*. New York: American Elsevier Publishing.

Small, Meredith F. 1984. Aging and reproductive success in female *Macaca mulatta*. In Meredith E Small, ed., *Female Primates: Studies by Women Primatologists*, 249–259. New York: Alan R. Liss.

Smith, Douglas W. and Gary Ferguson. 2005. *Decade of the Wolf: Returning the Wild to Yellowstone*. Guildford, CT: Lyons Press.

Smuts, Barbara. 1985. *Sex and Friendship in Baboons*. New York: Aldine Publishing.

———. 1992. Male aggression against women: An evolutionary perspective. *Human Nature* 3:1-44.

———. 2000. Battle of the sexes. In Marc Bekoff, ed., *The Smile of a Dolphin*, 92-95. New York: Discovery Books.

Smuts, Barbara and John M. Watanabe. 1990. Social relationships and ritualized greetings in adult male baboons (*Papio cynocephalus anubis*). *International Journal of Primatology* 11, 2: 147-172.

Sorin, Anna Bess. 2004. Paternity assignment for white-tailed deer (Odocoileus virginianus): Mating across age classes and multiple paternity. *Journal of Mammalogy* 85,2: 356-362.

Spinage, C.A. 1982. *A Territorial Antelope: The Uganda Waterbuck*. London: Academic Press.

Steinhart, Peter. 1995. *In the Company of Wolves*. New York: Knopf.

Strum, Shirley C. 1987. *Almost Human: A Journey into the World of Baboons*. New York: Random House.

Struhsaker, Thomas T. 1975. *The Red Colobus Monkey*. Chicago: University of Chicago Press.

———. 1977. Infanticide and social organization in the redtail monkey (*Cercopithecus ascanius schmidti*) in the Kibale Forest, Uganda. *Zeitschrift für Tier-psychologie* 45: 75-84.

Thomas, Elizabeth Marshall. 1993. *The Hidden Life of Dogs*. Boston: Houghton Mifflin. 한국 어판은 정영문 옮김, 《인간들이 모르는 개들의 삶》(해나무, 2003).

———. 1994. *The Tribe of Tiger*. New York: Simon and Schuster.

Thompson, Ernest Seton. 1942. *Wild Animals I Have Known*. New York: Scribners. (Orig. pub. 1898, repr. 1926.) 한국어판은 장석봉 옮김, 《아름답고 슬픈 야생동물 이야기》(푸른숲 주니어, 2006).

Thornton, Alex and Katherine McAuliffe. 2006. Teaching in wild meerkats. *Science* 313, 5784: 227-229.

Van Noordwijk, Maria A. and Carel van Schaik. 2001. Career moves: Transfer and rank challenge decisions by male long-tailed macaques. *Behaviour* 138,3: 359-395.

Veenema, Hans C., Berry M. Spruijt, Willem Hendrik Gispen, and Jan A.R.A.M. van Hooff. 1997. Aging, dominance history, and social behavior in Javamonkeys (*Macaca fascicularis*). *Neurobiology of Aging* 18,5: 509-515.

Veenema, Hans C., Jan A.R.A.M. van Hooff, Willem Hendrik Gispen, and Berry M. Spruijt.

2001. Increased rigidity with age in social behavior of Javamonkeys (*Macaca fascicularis*). *Neurobiology of Aging* 22: 273-281.

Venne, Sharon Helen. 1998. *Our Elders Understand Our Rights*. Penticton, BC: Theytus Books.

de Waal, Frans. 1982. *Chimpanzee Politics*. London: Jonathan Cape. 한국어판은 황상익·장대익 옮김, 《침팬지 폴리틱스: 권력 투쟁의 동물적 기원》(바다출판사, 2004).

———. 1989. *Peacemaking among Primates*. Cambridge, MA: Harvard University Press. 한국어판은 김희정 옮김, 《영장류의 평화 만들기》(새물결출판사, 2007).

———. 1996. *Good Natured: The Origins of Right and Wrong in Humans and Other Animals*. Cambridge, MA: Harvard University Press.

———. 1999. Cultural primatology comes of age. *Nature* 399: 635-636.

———. 2005. *Our Inner Ape: A Leading Primatologist Explains Why We Are Who We Are*. New York: Riverhead Books. 한국어판은 이충호 옮김, 《내 안의 유인원》(김영사, 2005).

Walters, J.R. 1990. Red-cockaded woodpeckers: A "primitive" cooperative breeder. In Peter B. Stacey and Walter D. Koenig, eds., *Cooperative Breeding in Birds*, 67-101. Cambridge: Cambridge University Press.

Waterhouse, Mary L. 1983. A life-stage analysis of Taiwanese women: Social and health-seeking behaviors. In Samuel K. Wasser, ed., *Social Behavior of Female Vertebrates*, 215-232. New York: Academic Press.

Watson, Lyall. 2002. *Elephantoms: Tracking the Elephant*. New York: Norton.

Watson, Paul. 2006. Priorities in the plight of ocean creatures. *Vancouver Sun*, December 8, A9.

Webb, Betsy. 2007. *The Emotional Lives of Animals*. Novato, CA: New World Library.

Weber, Bill and Amy Vedder. 2001. *In the Kingdom of Gorillas*. New York: Simon and Schuster.

Weiner, Jonathan. 1994. *The Beak of the Finch*. New York: Vintage Books. 한국어판은 이한음 옮김, 《핀치의 부리》(이끌리오, 2002).

Weladji, Robert B., Atle Mysterud, Oystein Holand, and Dag Lenvik. 2002. Agerelated reproductive effort in reindeer (*Rangifer tarandus*): Evidence of senescence. *Oecologia* 131,1: 79-82.

Wells, Randall S. 2003. Dolphin social complexity: Lessons from long-term study and life history. In Frans B.M. de Waal and Peter L. Tyack, eds., *Animal Social Complexity: Intelligence, Culture, and Individualized Societies*, 32–56. Cambridge, MA: Harvard University Press.

Werner, Tracey K. and Thomas W. Sherry. 1987. Behavioral feeding specialization in *Pinaroloxias inornata*, the "Darwin's Finch" of Cocos Island, Costa Rica. *Proceedings of the National Academy of Science* 84,15: 5506–5510.

Whitehead, Hal. 2003. *Sperm Whales: Social Evolution in the Ocean*. Chicago: University of Chicago Press.

Williams, Elma M. 1963. *Valley of Animals*. London: Hodder and Stoughton.

Winkler, David W. 2004. Nests, eggs and young: Breeding biology of birds. In Sandy Podulka, Ronald W. Rohrbaugh, and Rick Bonney, eds., *Handbook of Bird Biology*, 2nd ed., pt. 2, chapt. 8: 1–152. Ithaca, NY: Cornell University Press.

Wolfe, Linda D. and M.J. Sabra Noyes. 1981. Reproductive senescence among female Japanese macaques *(Macaca fuscata fuscata)*. *Journal of Mammalogy* 62,4: 698–705.

Woodhouse, Barbara. 1954. *Talking to Animals 'The Woodhouse Way'*. Harmondsworth, UK: Penguin Books.

Woolfenden, G.E. and J.W. Fitzpatrick. 1990. Florida scrub jays: A synopsis after 118 years of study. In Peter B. Stacey and Walter D. Koenig, eds., *Cooperative Breeding in Birds*, 239–266. Cambridge: Cambridge University Press.

Yamagiwa, Juichi. 1987. Male life history and the social structure of wild mountain gorillas *(Gorilla gorilla beringei)*. In Shoichi Kawano, Joseph H. Connell, and Toshitaka Hidaka, eds., *Evolution and Coadaptation in Biotic Communities*, 31–51. Tokyo: University of Tokyo Press.

Zahavi, A. 1990. Arabian babblers: The quest for social status in a cooperative breeder. In Peter B. Stacey and Walter D. Koenig, eds., *Cooperative Breeding in Birds*, 103–130. Cambridge: Cambridge University Press.